女人受用一生的心态课

双色版

郑一◎编著

中国纺织出版社

内 容 提 要

女人在生活中扮演着越来越多的角色，在事业上我们是追求优秀的好员工，在婚姻中我们是温柔贤惠的好妻子，在家庭中我们是和蔼可亲的好妈妈。女人想要获得幸福，就需要调整自己的心态去适应各种角色。

本书道出女人心中的秘密，站在女性的角度体味女人的心情，通过对职场、婚姻、社交等场合的再现，让女人有一颗成熟、感恩、乐观的心。试着放下心灵的负担，选择正确的心态面对不同的环境，让良好的心态给人生带来积极的改善。

图书在版编目(CIP)数据

女人受用一生的心态课 ：双色版 / 郑一编著. —北京：中国纺织出版社，2016.8（2022.3 重印）

ISBN 978-7-5180-2326-4

Ⅰ.女… Ⅱ.郑… Ⅲ.女性—修养—通俗读物 Ⅳ.①B821-49

中国版本图书馆 CIP 数据核字(2016)第 023768 号

责任编辑：闫 星　　　责任印制：储志伟

中国纺织出版社出版发行

地址：北京市朝阳区百子湾东里 A407 号楼　邮政编码：100124

销售电话：010—67004422　传真：010—87155801

http://www.c-textilep.com

E-mail:faxing@c-textilep.com

中国纺织出版社天猫旗舰店

官方微博 http://weibo.com/2119887771

佳兴达印刷（天津）有限公司印刷　各地新华书店经销

2016 年 8 月第 1 版　2022 年 3 月第 3 次印刷

开本：710 × 1000　1/16　印张：17

字数：250 千字　定价：52.00 元

序 言
Preface

绝大多数女人在面对“你一生最想要的是什么”这个问题时，都会毫不犹豫地回答 “幸福”。 是的，一个幸福的女人会拥有健康的身体、美满的婚姻、成功的事业、亲密的朋友、快乐的生活……享受如此多的幸福，怎能不羡煞旁人？然而，幸福是不会从天而降的，它需要女人自己去经营，而经营成功与否的关键在于心态。

一位哲人说:“你的心态就是你真正的主人。” 换言之，女人有什么样的心态，就有什么样的人生。积极乐观的心态是女人家庭幸福、事业成功的根本，是女人展露笑靥的源泉。它足以让女人快乐一生、幸福一生。

人生在世，首先要学会调整心态，这才是幸福的关键。把你的心态放开，试着想象，那容纳痛苦和烦恼的不是一杯水，而是一个湖，这样你会发现生活是如此美好。良好的心态是女人幸福一生的法宝。

其实，幸福女人与不幸女人之间并没有太大的区别。唯一的区别就在于自己的心态。

拥有好心态的女人不抱怨生活， 而是选择用乐观积极的态度来面对生活。幸福的女人并不比其他女人拥有更多，而是因为她们对待生活和困难的态度不同，她们从不问”为什么”而是问“为的是什么”。她们不会在“生活为什么对我如此不公平”的问题上做过长时间的纠缠,而是努力去想解决问题的办法。

拥有好心态的女人总是心存感激。爱抱怨的女人把精力都集中在对生活的不满之上，而幸福的女人把注意力集中在能令她们开心的事情上，所以她们能更多地感受到生命中美好的一面。

拥有好心态的女人会善待自己。她们懂得健康的重要性， 她们关爱心灵，关爱身体！万病源于心，身体是心情好坏的晴雨表，百病生于气。幸福的女人知道调适好心态才能拥有健康。好心态是健康的保证；坏心态是疾病的根源。

拥有好心态的女人有成功的事业。一个女人能否成功，心态至关重要。成功女人与失败女人的差别是：成功女人始终用最积极的思考、最乐观的精神和最实用的经验支配和控制自己的人生。而失败女人则刚好相反，她们的人生最容易受过去的种种失败与疑虑支配。

拥有好心态的女人有良好的人际关系。她们天生有一种凝聚力，她们知道如何维系一段友谊。有时候广交朋友并不一定带来幸福感，一段深厚的友谊才能让你感到幸福。友谊所衍生的归属和团结精神让人感到被信任和充实，幸福的女人几乎都拥有团结人的天赋。

拥有好心态的女人善于幽默。脸上的笑容不仅传递着心里的欢愉，也是赠送给世界的美好的礼物，因为笑容可以传染。没有幽默的女人，不懂得自嘲，心事永结于心，拥堵于胸，一生得不到快乐。幸福的女人善用幽默，懂得自我开解，心胸开阔，因此她与快乐常伴。

……

本书从事业、健康、生活、爱情等多方面入手，穿插了大量生动鲜活的有关女人因好心态而获得快乐生活的经典事例，深刻地揭示了这样一个道理：好心态的女人更易拥有幸福。

本书是赠予现代女性的美好礼物，只要你认真研读，用心体会，然后把它们灵活运用到你的人生当中，那么你就会深刻领悟其中的道理。相信阅读本书，一定会对你有所启发，提升你的幸福指数！

编著者

2015年3月

目录
Content

上篇：女人的幸福与心态相连

Chapter 1 心态越成熟，女人越容易创造人生幸福

女人的幸福在于自己心中的体会和感受，一个不会经营自己幸福的女人，问题不在别人，而在于她的心态。人的一生有太多的酸甜苦辣咸，女人的生活到底是沉重的还是轻松的，关键还是看你以怎样的心态来看待。你以高兴的心情看待人生，人生回报你的也将是一片阳光；但如果你以阴郁的心情去体味人生，它必然给你一个阴雨连连。佛曰：一念一清净，心是莲花开。形形色色的人，林林总总的事情，幸福的女人要给予自己心灵更多的滋养，以阳光般的心态让幸福照耀一生。

Chapter 2 善待自己：潇洒女人凡事都要想得开

巴尔扎克曾经说："不论处境如何，女人的痛苦总比男人多，而且程度也更深。"岁月匆

匆，人生短暂，身为女人，一生注定要承受诸多的痛苦；再加上激烈的社会竞争、紧张的生活节奏、复杂的人际关系，要想活得精彩，首先就是善待自己。虽然不是每个女人都能成就伟业，但每个女人都能拥有良好的心态。女人阳光般的心态，能帮助自己减轻痛苦和哀愁，学会平静地接受现实，告诉自己要顺其自然，坦然面对厄运，积极看待人生，凡事都往好处想。

Chapter 3 面对困境：幸福女人要做自己的拉拉队

女人生来就摆脱不了很多命中注定的痛苦和困境，生老病死更是无法逃避的事情，再加上偶然间出现的较大的生活变故和时常不顺利的事情，人生不如意十之八九。面对同样的遭遇，有些女人陷于痛苦之中，不能自拔，自暴自弃；有些女人幻想或逃避，希望有奇迹出现或是有人帮助自己解决问题；有些女人则能坦然接受事实，并想办法解决当前困难。在诸多的不如意之中，良好的心态是女人快乐的护身符。困境时时在折磨女人的心灵和肉体，而女人则应以良好的心态善待自己、善待困境。

Chapter 4 睿智取舍：聪明女人拿得起也要放得下

女人的一生，要面对诸多的选择，是坚持还是放弃，是选择还是逃避，是满足还是放纵等。何取何舍，女人要有良好的心态。人生之道就在于懂得取舍，能进退自如，拿得起也要放得下。聪明的女人不让自己为情所困、为事所困，该争取时争取，该放下时则放下。人之一生，需要我们放弃的东西很多，如果不是我们应该拥有的，我们就要学会放弃。学会放弃才能卸下人生的种种包袱，轻装上阵，安然地等待生活的转机。俗话说"有舍才有得"，放开手，女人才会得到更多的幸福。

Chapter 5 跨越樊篱：女人要做自己心态的领路人

很多女人总感觉世界对她们是不公的，她们责备现实的境况和身边的事物，以此发泄心中的不满，却发现苦闷并不因此而减少。"快乐可以吸引更多快乐，而悲观常带来更多悲观。"女人如果接受了不良心态，斤斤计较、恐惧挫折感等会时常在脑子里出现。当你面对人生中的难题时，如果坚定相信能拨云见日，并能乐观以待，事情最终必将如你所愿，因为好运总是站在积极思想者的一边。因此，追求幸福的女人，首先要跟不良的心态为敌，为自己的心留下更多晴朗的风景。

下篇：用幸福心态做幸福女人

Chapter 6 快乐自留地：给心灵播种自给自足的小种子

快乐是女人内心储备幸福感的自留地，生活中充满欢声笑语的女人，时常在这片地里播种阳光心态的种子。她们并非烦恼很少、忧愁难找，而是她们以快乐的心态来解答生活给出的每一道难题。女人的快乐可以让一个家庭甚至于一个生活圈子里充满活力、生机、信心、希望。这种快乐的心境不易拥有，守住乐观的心态更是难得，然而悲观在寻常的日子里却随处可以找到。因此，女人要时常微笑着翻开生命的每个篇章，不管风景如何，都要欣然面对，这样的心境才能使生命征服纷至沓来的厄运；快乐着，生命才能将不利于自己的局面一点点打开。

Chapter 7 婚恋后花园：满园的春色女人用“心”经营

恋爱的甜蜜使得每个女人都为之无限向往。由恋爱到成就完美的婚姻，女孩如同自己围起了一片小花园，悉心经营。不同的女孩在自己的花园里看到的景象大为不同，积极、主动或被动、消极等复杂的心理状态左右着恋爱的结果。在经历一番博弈后，当女人由恋爱走入婚姻的幸福殿堂时，身份发生了巨大的转变，心态也自然要跟着升华。幸福的婚姻不光是海誓山盟和誓死不渝，这些恋爱中甜蜜的音符在婚姻中应化作扎实的点点滴滴的行为，女人要以包容、欣赏的心将其慢慢消化。

Chapter 8 职场小跑道：在起跑线上女人“心”高一筹

职场犹如不知何时结束的一次赛跑，站在起点，有人心里打鼓，有人两腿发软，有人头脑空白，也有人镇定自若、游刃有余。心态良好的女人，更显得高人一筹。女人有了工作，才有生存的基础，生活的来源，独立的尊严。读懂工作的女人才是真正幸福的女人，她们会发现，自己真正的快乐来自于事业，个人价值的体现来自于工作。工作是生命获得意义的一种过程，也是女人自强独立的唯一途径。年轻的女人能越早地以社会优秀群体的工作观念来要求自己，以成熟的心态对待工作，就越容易感知幸福。

Chapter 9 社交大舞台：女人华丽的身姿要穿上“心”衣

女人在社会中扮演的角色越来越多，如何做一名出色演员，在社交这个大舞台上展现自己华丽的身姿，赢得别人的欣赏，游刃有余地展现自己的魅力，良好的心态是基础。健康的社交心态表现为热情、开朗、豁达、包容、忍让、付出等。聪明的女人在人际交往中不会待人冷若冰霜、小肚鸡肠、斤斤计较，那样只能遭人白眼、受人冷落，不但没有达到预期的目的，还会给自己增添更多的烦恼。相反，她们会以成熟自信的心态，坦然面对他人，让自己活得真实，活得精彩。

Chapter 10 生活滑翔机：女人遨游晴空要有点“心”力

生活是一片充满想象和未知的天空，女人要想在其中尽情、随性地遨游，需要乘坐心态的滑翔机，储备足够的“心”力。面对生活，有些女人积极热情，有些女人消极冷淡；有些女人信心百倍，有些女人愁容满面。人与人之间微小的心态差异，导致了每个人对生活截然不同的感受。生活本是一样的，酸甜苦辣尽在其中，心态使女人分离出了悲与苦，甘与乐。心态健康的女人，在品尝生活的苦楚时也能领略到幸福的滋味；而心态悲观的女人，即使有幸福的生活到处也会弥漫着苦楚！

上篇：女人的幸福与心态相连

{Chapter 1}

心态越成熟，女人越容易创造人生幸福

女人的幸福在于自己心中的体会和感受，一个不会经营自己幸福的女人，问题不在别人，而在于她的心态。人的一生有太多的酸甜苦辣咸，女人的生活到底是沉重的还是轻松的，关键还是看你以怎样的心态来看待。你以高兴的心情看待人生，人生回报你的也将是一片阳光；但如果你以阴郁的心情去体味人生，它必然给你一个阴雨连连。佛曰：一念一清净，心是莲花开。形形色色的人，林林总总的事情，幸福的女人要给予自己心灵更多的滋养，以阳光般的心态让幸福照耀一生。

好心态成就女人的完美人生

幸福来源于自身，来源你的心，独立、平和、感恩、善良、宽容、坦然，一个女性她拥有了这些，无论从事什么职业，家庭是否幸福，孩子是否出色，她的眼神都会清澈，神情都会自信，她的生活会因此充满柔美的乐章，周围的人都喜欢与她在一起，感受她带来的愉悦气息，这样的女人怎会不幸福呢？

何谓心态？简而言之，心态就是我们对自己、对他人、对社会、对事情、对问题所持有的看法与观点，就是我们对工作、对事业、对家庭、对朋友、对同事等的态度。女人的心态如何，在很大程度上决定着她某一阶段的人生走向。好的心态带来好的人生，不好的心态带来不好的人生。

女人可别小看了心态的作用，一个人若总是被不良的心态所左右，人生的航船就有可能驶入河沟浅滩，从而失去发展的机会；而一个人若是一生都能保持良好心态，那么，他的人生路就会越走越宽，生命的景色会越来越美，生命的价值会越来越大……狄更斯说："一个健全的心态，比一百种智慧更有力量。"

对女人而言，现代社会的要求越来越高，既要出得厅堂，又要入得厨房。学业、事业的压力，婚姻家庭的压力……种种压力下，拥有一个好心态就显得尤为重要了。很多女人总是忽视心态，觉得心态是很虚的东西，似乎与一个人的财富、地位、成功无关。但只要我们静下心来，仔细观察周围每个人的言行举止，就会发现，一个人拥有什么样的心态就会有什么样的行为方式，而行为方式又决定着一个人的人生走向。良好的心态能成就一个人，不良的心态也能毁掉一个人。一个女人，如果没有良好心态，智商再高也会受到生活的嘲弄。西方一位心理学家说：心态是横在人生之路上的双向门，人们可以把它转到一边，进入成功，也可以把它转到另一边，进入失败。所以智商高不如心态好，只有好的心态才能调动智商向着成功的方向迈进。

曾在创业阶段屡遭困难的一位女企业家讲道，开始她所遭遇到的难题事实上只是小小的困难，但后来发展成看来似乎已无法克服的障碍。不过后来她发现，原来自己存有失败主义者的意识，因此往往疏于察觉造成障碍的真相，而障碍实际上并没有想象中那般困难重重……于是，她在公司的办公桌上摆了一个箱子，然后将写有“保持积极心态，一切都有可能”的标志贴于箱上。每当发生难题，或者她的失败主义思想又开始作祟时，她便把有关难题的文件或书面资料投掷于此箱中。待一两天后，再把这些文件取出，此时奇妙的事情发生了。据她形容：“当我从箱中取出这些文件时，任何难题看来一点也不觉困难了。”她大声朗读“我不相信失败”，直到这个想法完全进驻自己的潜意识为止，之后这个企业家果真逐渐找到了从商的感觉，将她的小公司逐渐发展成了大企业。

也许你要说每个人都有自己的命运，都有自己既定的人生轨迹。然而在很多情况下，你是否快乐，是否幸福，是否有一个好心态，却会左右你的人生，同样面对逆境，拥有好心态的人，就能成就完美人生，看到“柳暗花明又一村”。大部分女人，都只拥有普通的工作，既没有官员们的风光，也没有商人们的富有，更没有明星艺人们的光环，可既然从事了这份工作，那么就应该千方百计地从中发现它的价值，它的美丽。

宋代诗人苏东坡可谓才华横溢，诗情满怀，可他的一生充满了坎坷，用他调侃自己的话说，是“问汝平生宫掖，黄州、惠州、儋州”，他的一生，不停被贬到各处，可他无论到哪里，都能发现生活的美丽，他的那些略带几分诙谐戏谑的词句反而成了流传至今的佳句，从耳熟能详。林语堂称他为“不可救药的乐天派”，乐天，也正是一个女人拥有好心态的关键词。

没有人总是一帆风顺，没有人一生风平浪静，生活总是充满坎坷，如何面对坎坷却是因人而异，而面对坎坷的不同态度就决定了不同的人生，你是否快乐就决定于此。

只有好心态，才能成就美好人生。聪明的女人，会调整好自己的心态，真诚地面对身边的一切人与物。在自己小小的心里，放着自己的同时，也装下别人，装下父母、丈夫、孩子、朋友，这样就会活得更充实自在，更踏实幸福。拥有好的心态，不抱怨，不懒散，勤快一些，积极一点，慢慢的，你会发现自己拥有了一种朝气，一种力量，让跟你在一起的人感受到你身上的活力。有活力，八十而不老；无活力，二十也不年轻。

每一个女人都向往幸福，常常有女人问，怎样才能拥有幸福？做什么工作最幸福？嫁个什么样的人最幸福？其实幸福来源于自身，来源于你的心，独立、平和、感恩、善良、宽容、坦然，一个女性拥有了这些，无论她从事什么职业，家庭是否幸福，孩子是否出色，她的眼神都会清澈，神情都会自信，她的生活会因此充满柔美的乐章，周围的人都喜欢与她在一起，感受她带来的愉悦气息，这样的女人怎会不幸福呢？聪明的女人，要拥有一个好心态，用细腻的心去感知生活的点滴，怀抱感激，自然会拥有一个完美人生！

心态改变，命运会随之改变

无论一个女人多么有能力，如果缺乏好的心态，就什么事都做不成，良好心态的能量是巨大的，也是动力产生的源泉。有了它，女人就能把握自己的命运，在人生的道路上勇往直前！

快乐的女人并非每天遇到的事情都是好事，而是她满足于自己已有的一切；幸福的女人并不一定一直都是心想事成，而是她会用积极的心态对待生活。其实，决定一个女人命运的关键就是“心态”。有位伟人曾说：“要么你去驾驭生命，要么是生命驾驭你。你的心态决定谁是坐骑，谁是骑师。”人生并非是一种无奈，而是可以通过主观努力去把握和调控的，心态就是调控人生的控制塔。女人有什么样的心态，就会有什么样的生活和命运。

世界上每天每个角落都在上演各种剧目，生活中总是会有各种各样的事情发生，没有人能预料明天会发生什么，但女人可以用良好的心态做人生的指挥官，相信自己才是自己命运的主宰。

有两个30岁的女人，是大学同学，有一天在马路上碰到了。B说："哎哟！你怎么变成这个样子了，脸色这么难看！你心情不好吗？"A说："我苦死了！我离婚了。我这辈子彻底完了！""啊？你离婚了？你不知道吧，我也刚刚离婚。""是么，你也离婚了。那我看你还兴高采烈的样子。""为什么不高兴啊！我终于冲出围城了，我终于自由了！我要好好过我自己的日子！"

同样是离婚，但两人对待离婚的态度却大相径庭。两个人对同一个事情持不同的态度也是很正常的，但随着时间的流逝，她们的情况在慢慢地发生着变化，最后导致了不同的人生命运。那个A认为自己是天底下最倒霉的女士，离婚之后很多天缓不过劲来，也没有去上班，她痛恨那个让自己失去爱和家庭的男人，整天以泪洗面。家人同事刚开始都好心好意劝她，她一点听不进去，还很敏感，觉得大家都在笑话她，不关心她。大家本是好意却换来尴尬和无趣，渐渐地也就没有人再理她、再劝她了。她的心情不好，工作业绩自然也就下来了，不久领导要给她调部门，她心想领导是落井下石，就生气地辞职了。

而B离婚之后觉得从未有过的轻松，她感到终于可以按照自己的想法过日子了。离婚后的第三天，就邀请她的同事、同学、朋友到她家里聚会，大家无拘无束，喝茶、聊天，好开心啊！心情好，工作也积极，好多事她都抢着干。"出差？我去！"领导说："真是不好意思，你已经出差三四次了。这次就算了，还是叫别人去吧。"她却说："没事儿，他们都拖家带口的，有孩子，有家庭。我光棍一个，还是我去吧！"同事感谢她，领导感激她。人缘好，态度好，开朗、热心又阳光，客户也越来越多了，业绩更是逐步提高。业余时间，她还自费参加MBA学习，并顺利地拿到学位证书。她隔三差五约朋友一道去健身房锻炼身体，活得越来越精神了。

十年过去，已是公司副总经理的她，有一天和那个自认倒霉的A又在街头见面了。自认倒霉的女人A说："哎哟，你怎么越活越年轻了，看起来还是三十来岁！""你还好吗？怎么头发白了这么多？"A于是又开始诉苦："是啊，十年前我就给你说，我这辈子彻底完了。你看看我多倒霉，我这辈子真的完了。"B笑着说："没那么严重。我十年前也跟你说过，离婚了，我可以更好地过属于自己的生活了。你看，我也没有说错吧！"

同样的遭遇，不同的心态造就了完全不同的人生。积极的心态就像太阳，无论走到哪里，无论身处何种处境，都照亮自己，并给他人带去温暖与快乐；消极的心态就像寒冷的月亮，看着也令人觉得凄冷萧条。心态可以使天堂变成地狱，也可以使地狱变成天堂；你是想通向天堂还是地狱呢？全在你自己的心态。只有好心情才能欣赏到好风光。你的内心如果是一团火，那你就能释放出光和热；你的内心如果是一块冰，那即便有外力促使你融化坚冰，你的心、你的生活也许还是维持零度。

我们总是说，什么环境造就什么样的人生，而这里所说的"环境"，其实指的是面对环境时的心态。播下一种心态，收获一种思想；播下一种思想，收获一种行为；播下一种行为，收获一种习惯；播下一种习惯，收获一种性格；播下一种性格，收获一种命运。你看，就好像一个连环锁一样，心态最终决定的是命运。聪明的女人，一定会把命运掌握在自己手里，所谓宿命与他人，都不是造成不幸的真正原因，一切症结都可以从自己身上找到归因。聪明的女人不会只让自己看起来美丽，还会培养良好的心态，主宰自己的人生，承受生活的种种压力，并有勇气挑战各种困难和挫折。

无论一个女人多么有能力，如果缺乏好的心态，就什么事都做不成，良好心态的能量是巨大的，也是动力产生的源泉。有了它，女人就能把握自己的命运，在人生的道路上勇往直前！

女人用好心态这把双刃剑

心态是一把双刃剑，好的心态能充实我们的内心，给我们的体力和精力注入能量，提高我们的活动效率，让我们在为人处事中发挥出最高水平，同时心情舒畅，豁达开朗，健康长寿；而不好的心态则使人无精打采，心里空落落的，反应迟钝，判断能力下降。

世间万事万物，就好像一个硬币的正反面，你从正面看它，它是一个样子，你从反面看它，它又是另一副模样。正面抑或反面，积极还是消极？都取决于你的心态，你的想法。好的心态可使人快乐，进取，有朝气，有精神；消极的心态则使人灰心沮丧，难过，失去主动性。心态往往就是一把双刃剑，你认为自己是什么样的人，你就将成为什么样的人。烦恼与欢喜，成功和失败，仅系于一念之间，这一念就是由心态产生出的一刹那的决定。一件事情的成败往往取决于我们如何看待它。女人总是容易太过感性，感情的天平稍微一偏，就走向了敏感脆弱。聪明的女人，要达到的最高境界就是凡事抱一颗平常心，近似无所谓的心态，温柔如水、大智若愚，这样便能成事。

心态是内心的想法，是一种惯性的思维状态。荀子说："心者，形之君也，而神明之主也"，这里说的是"心"乃身体的主宰、精神的领导，可见心态对一个人来说是多么的重要，就好似一把双刃剑，用得好，所向无敌；用得不好，则伤到自己。

从前，有一户人家，父亲是小偷，母亲是妓女。在他们的两个儿子很小的时候，父亲就进了监狱，母亲每天都喝得烂醉如泥，然后回家。两个兄弟长大之后。哥哥在自己的专业领域成绩非凡，成了地方上的名人。而弟弟，却走上了父亲的道路，偷鸡摸狗，最终也进了监狱。

一个记者非常好奇这两兄弟的事，于是就去采访哥哥。记者问："您从小生活在这样恶劣的家庭环境下，请问您，如何才能取得这样的成绩呢？”哥哥听完记者的问话，沉思良久，叹了口气，“我有这样的父母，你说，我能怎么样呢？”记者听完哥哥的话，觉得很有道理，于是记了下来。记者又到了监狱去采访弟弟，他问弟弟：“你能从你的家庭环境讲一下，你为什么走上今天这条道路吗？”弟弟听完记者的问话，沉思良久，叹了口气，“我有这样的父母，你说，我能怎么样呢？”

同样的环境，同样的理由，却造就了两个完全不同的人生结局。究竟是什么造成这么大的差别呢？答案是心态，看当事人如何定义自己的环境，如何定义自己的当下与未来。不好的出生，弟弟将其定义为人生的失败，并确定自己也只能过失败的人生；而哥哥却没有，反过来，他自强不息，从恶劣的处境中求上进，用乐观与勇气去改变自己的人生。心态这把双刃剑与人的一生紧密相连，不可分离。一个有积极心态的人往往会有更多积极健康的情绪，表现到生活中，就是勇敢地面对人生，乐观地相信，阳光总在风雨后。

我们读书求学时，一旦取得好成绩，受到老师、家长的夸奖时，我们就会感到高兴，觉得世界真美好，然后就愈加努力，成绩就越来越好；而当我们成绩下降时，就会忍不住感到忧愁，烦躁，再看一切东西都觉得黯淡无光了，而如果此时没有把握好心态，则很容易一蹶不振，就会怀疑是不是女孩子到了高年级成绩就不如男生。事业上也是如此，心态好则万事总能迎刃而解；心态不好的人，则心浮气躁，天天忙乱，却总是捅娄子。而在家庭中，女人拥有好心态就更为重要了，女主人的心态好不好很大程度决定一个家庭的氛围是否和睦愉快，在家庭成员的相处中，心态的双刃剑作用就体现得更为明显了。

心态这把双刃剑是那么神奇，有时使人精神焕发，干劲倍增，有时又让人浑身无力。比如我们常看到的在运动赛场上，运动员会在观众的助威声中超常发挥，创造出自己从未有过的成绩有时也会因为一个小小的失误变得萎靡不振，把本来唾手可得的金牌让给了别人。再放眼生活，公园里晨练的老人们大多是鹤发童颜，性格开朗乐观；而长期卧病在床的人则多是整日焦虑不安，长吁短叹。

心态是一把双刃剑，好的心态能充实我们的内心，给我们的体力和精力注入能量，提高我们的活动效率，让我们在为人处事中发挥出最高水平，同时心情舒畅，豁达开朗，健康长寿；而不好的心态则使人无精打采，心里空落落的，反应迟钝，判断能力下降，抑制我们的活动能力，降低我们的自控能力，做出一些使我们颓靡、甚至后悔的事，从而继续引起生活和心理的一系列变化，影响自己的身心健康，影响我们的一生。

聪明的女人，生活总是五彩缤纷，虽然也有逆境，但从来不会怨天尤人，对生活失去信心，因为心态这把双刃剑在她们身上体现的是好的一面。聪明女人拥有好心态，而这样的好心态带给她们勇气、信心和力量，让她们摈弃了冲动、懦弱、忧郁与绝望。面对心态这把双刃剑，你就是持剑手，你要用它来为自己的前进披荆斩棘，还是伤害自己？全在你如何去掌控它。

心态是女人幸福的基石

淡定从容，相信爱情，相信人性，相信自己，让心在祈祷中有一个完美的归宿。这样的女人在逆境中不会倒，在困难中不会屈服，在前进中会勇往直前，在处理问题时会表现得大智大勇。以平和包容的心态面对一切，这样，女人便会拥有最终的幸福。

在女人的一生中，从少年求知，到步入社会，到为人妻为人母……不管是哪个阶段的女人，都面临着各种压力和外界的期待，每一步该如何走，该怎样才能拥有幸福？心态是关键。拥有一个健康、快乐的心态，是一个女人战胜一切困难和挑战的巨大财富。然而，良好的心态并不是与生俱来的，没有谁一出生，就懂得如何调整自己的内心，就懂得如何笑对人生；良好的心态是需要女人随着时世的变换，一点一滴总结，一点一滴教会自己，然后才懂得如何针对情况灵活应对和自我控制、自我调整。

人的一生，看起来很漫长，其实很短暂，关键的就是那几步，这几步走得好不好，将深刻影响人的一生。而女人的小小幸福，也就在对“婚姻”“工作”“家庭”这几步的把握和看待上。心态不同，对周围的事物的理解也就不同。总之，心态是女人幸福的基石。

佛学大师、中国佛教协会会长、著名的社会活动家赵朴初先生在92岁时所作的《宽心谣》“日出东海落西山，愁也一天，喜也一天；遇事不钻牛角尖，人也舒坦，心也舒坦；每月领取养老钱，多也喜欢，少也喜欢；少荤多素日三餐，粗也香甜，细也香甜；新旧衣服不挑拣，好也御寒，赖也御寒；常与知己聊聊天，古也谈谈，今也谈谈；内孙外孙同样看，儿也喜欢，女也喜欢；全家老少互慰勉，贫也相安，富也相安；早晚操劳勤锻炼，忙也乐观，闲也乐观；心宽体健养天年，不是神仙，胜似神仙”，正是对人生良好心态的诠释。

赵朴初先生博学多才，历经风雨，屡见世面，人人敬之。高深如他，拥有如此之心态境界，幸福到老。看到这些德高望重之人，拥有如此坦荡幸福的一生，我们为什么不去学习、去揣摩、去借鉴呢？也许我们并不如名人那样有慧根，那样有悟性，我们不知道自己的明天会是怎样，迎接我们的将是什么，但我们可以怀抱良好的心态，憧憬美好的未来，相信自己有一颗勇敢的心面对一切，也有足够坦然的心迎接掌声。一个女人如果拥有乐观、坚强、自信等诸多良好的心态，就算幸福找不到她，她也会找到幸福，体会到世间美好，感受到从容淡定之后的欣喜。

如果问一百个女人，“什么是她们一生最重要的？”九十个以上的女人都会说：“幸福”。做一个幸福的女人是绝大部分女人一生的梦想，然而幸福不会从天而降，怎样才能拥有幸福呢？幸福，需要用心经营。美国著名女性问题专家玛丽·鲍比说：“一个不会经营自己幸福的女人，问题不在别人，而在于她自己。”

良好的心态是女人幸福的基石，要做个幸福的女人首先要时时保持一个乐观的态度。懂得让自己开心，懂得控制自己，即便客观环境如何不堪，遇到多么坎坷的逆境，都用一颗宽广的心去面对，不要让环境影响到心情。人生难得宽容，对一些事和人要宽容，这不是为了别人，而是为了自己，不要对于世界上的事太过认真。一件事情最大的弱点也许就是它最大的优势，所以糊涂的女人有时就能得到男士的欢迎，因为女人糊涂，则不会斤斤计较，不会追根究底，糊涂的女人大多心态好。宽容对于每个女人来说都不可或缺，女人不宽容则容易陷入痛苦的窠臼。

每个人生来就被赋予了一些条件，有的人美丽，有的人富有，同样也有人外表平凡，家境贫寒。然而是否含着金钥匙出身的公主一定比灰姑娘幸福呢？其实倒未必。不可否认先天条件好的女人，在后来的人生路上，可以不用那么努力，不用吃太多苦，不用付出太多代价，但是幸福在人心，很多灰姑娘也通过自己的努力拥有了幸福。相貌不能改变，但是气质是可以培养的，相貌是外在的，而气质则是一个人的内在。一个通过努力，让自己变得优雅、智慧、成熟的女人，没有人会觉得她没有魅力。这样的女人同样幸福。而这些幸福的源泉就是她们的好心态，同样贫寒出身，有人沉沦，有人却得到不一样的提炼和升华。

一个女人的心里想的是快乐的事情，她就会变得快乐；心里想的总是伤心的事情，心情就会变得灰暗沉重。由此，我们知道，幸福其实就是一种心态。

人生就是一条长河，蜿蜒曲折，任何女人只有在摔打之后，磨练之后，才能领悟幸福的内涵。倘若经历过后却不去总结领悟，那她便永远不会懂得什么是幸福。淡定从容，相信爱情，相信人性，相信自己，让心在祈祷中有一个完美的归宿。这样的女人在逆境中不会倒，在困难中不会屈服。在前进中会勇往直前，在处理问题时会表现得大智大勇。以平和包容的心态面对一切，这样，便会拥有最终的幸福。

积极的心态使人生更光彩

聪明的女人要尽快调整心态和情绪，采取积极的行动来改变现状，改变已遭破坏的生活。在失去改变生活的勇气之前，拿出行动来。当你从困境中走出来，再回头看时，会发现当初似乎要压垮你的困难，不过是一片乌云而已。

每个人都随身携带着一件看不见的法宝，它的一面写着“积极心态”，另一面写着“消极心态”。一个拥有积极心态的女人并不是否认消极因素的存在，而是她知道不能让自己沉溺于消极之中。心态积极的女人总是心存光明远景，即使身陷困境，也能以愉悦的态度走出困境，迎向光明。积极的心态，能使懦夫成为英雄，能让人从心志柔弱变为意志坚强。在人的本性中，其实存在一种倾向：我们把自己想象成什么样子，就真的会成为什么样子。诚然，在看待事物时，女人要辩证地看，既看到好的一面，也看到坏的一面，但要强调好的方面，就会产生良好的效果。

拥有积极心态的女人，心中有光明有太阳，总是能改变逆境，甚至创造奇迹。而只有消极心态的人，有时问题并没有那么严重，却被她自己扩大到好几倍，自己折磨自己，却于事无补。

很多时候，我们就是因为钻牛角尖，把问题想得太悲观而看不到积极的一面，从而给自己增加了不少烦恼。其实，与其痛苦哀叹，不如放松心情，想办法解决问题。放松你的心，把心态放平，用一颗积极的心去改变现状，也许一段时间之后，你会发现所有问题都已经迎刃而解了。

生活中我们会遇到许多次低潮，高考失利，参赛落马，情场失恋，婚姻不顺……如果一味忧愁，只会让这些不快成为生命中难以承受的负荷。要去除这些不快，就要摆正心态，怀抱积极的心态，用积极的行动去改变现状，在这个过程中找回自信和力量。

有两个故事，说的就是不同的心态带来的不同的结果。

第一则：在推销员中，流传着这样一个故事——两个欧洲人到非洲去推销皮鞋。由于天气炎热，非洲人向来都是打赤脚。第一个推销员看到非洲人都打赤脚，立刻失望起来：“这些人都打赤脚，怎么会要我的皮鞋呢？”于是放弃努力，失败而归；另一个推销员看到非洲人都打赤脚，惊喜万分：“这些人都没有皮鞋穿，皮鞋市场大得很呢！”于是想方设法，引导非洲人购买皮鞋，最后发大财而归。

第二则：有个叫塞尔玛的女人陪丈夫驻扎在一个沙漠的陆军基地里。

她常常一个人留在陆军的小铁房子里，天气炎热，没人聊天，而当地的土著居民也不懂英语。她非常难过，于是写信给父亲，说要丢开一切回家去。她父亲的回信只有两行字，却完全改变了她的生活："两个人从牢房的铁窗望出去，一个看到泥土；另一个却看到了星星。"塞尔玛一再读这封信，好像读懂了什么。于是她开始和当地人交朋友。他们的反应使塞尔玛非常惊奇：她对他们的纺织、陶器表示兴趣，他们就把他们最喜欢但舍不得卖给观光客人的纺织品和陶器送给了她。在那里她研究那些引人入迷的仙人掌和各种沙漠植物、物态，观看沙漠日出，研究海螺壳，发现这些海螺壳是十几万年前、这沙漠还是海洋时留下来的……原来难以忍受的环境变成了令人兴奋、流连忘返的奇景。一念之差，她改变了原先恶劣的心情，获得了她一生中最有意义的活动，并以此写了一本书，以《快乐的城堡》为书名出版了。她从自己的"牢房"里看出去，终于看到了星星。

"人世难逢开口笑，不如意事常八九。"一帆风顺只是人们心中一种美好的期待。忧愁烦恼，作为自然的心理反应，在我们的一生中，在所难免，但切不可沉溺其中。聪明的女人要尽快调整心态和情绪，采取积极的行动来改变现状，改变已遭破坏的生活。在失去改变生活的勇气之前，拿出行动来。当你从困境中走出来，再回头看时，会发现当初似乎要压垮你的困难，不过是一片乌云而已。你会庆幸自己及时地调整了心态，采取了行动。不然，你可能还在那里唉声叹气，而境况也许一点也没有改变，甚至随事态拖延，变得更糟。

拿破仑·希尔说：心态在很大程度上决定着我们人生的成败，一个人如果心态积极，乐观地面对人生，乐观地接受挑战和应付麻烦事，那他就成功了一半。

聪明的女人，拿出积极的心来吧，无论你现在身处何境，用积极的心态和积极的行动去改变现状，幸福一定属于你！

女人要常做心理美容

女人要让自己活得轻松，即使生活给你太多的挫折，也请你一定要相信自己可以走过去，这样，你才能抓住生活中乍隐乍现的那一缕阳光。善待自己的每一天，给自己的生活沙盘上，多置放一颗幸福的种子。

女人之间相互闲谈交流的时候，常听到有人评价另一个人：她的性格好，心里不装事儿，当然显得年轻。这个结论是几乎每一位女性都认可的，心里不装事儿，于是显年轻。这个所谓"心里不装事儿"的女人，其实是有一副好心态，而保持好的心态离不开时常的"心理美容"。

医学研究证明，精神压力可导致内分泌系统紊乱，出现持久的身心功能失调，使皮肤干燥松弛，失去光泽，肤色呈病态状。而这些症状，不是通过护肤品和化妆品就能改良或者完全遮掩的，这时就需要"心理美容"。所谓"心理美容"，就是指通过疏导与暗示，使人的心情愉快，精神饱满，运行机制顺畅，从而促进血液循环，激活面部和全身肌肤细胞的代谢，使面容富有光泽和弹性。"心理美容"作为近几年女性关注自身而发展出来的新名词、新疗法，可以将其宗旨概括为三句话，即完善自我，发展自我，体现自我。心理美容，"美容"的是一种气质，一种风度，是属于精神上的高层次美容。

心理美容是幸福的女人要常做的事情。疲倦的时候放松自己，听听音乐；伤心的时候，去旅行；遇到苦恼，微笑以对。这些都可以让我们拥有"美容"的效果。经常微笑的人，总让人感觉可亲可近；而经常愁眉苦脸的人，就算今天没什么不顺心的事，你看到她，也觉得她心里苦。

有人特意做了个研究统计：开怀大笑 1 分钟等于运动 45 分钟。笑使你身心舒畅，眼睛明亮，容光焕发，令全身肌肉运动起来，而且更重要的是脑部会释放出一种化学物质，令人心旷神怡，快乐年轻。爱笑的人皮肤通常非常光滑。而与欢笑相反，哭泣也是心理美容的一堂课，这里的哭泣不是凄凄艾艾哭个没完没了，而是想哭的时候用力哭出来，在大哭的过程中将内心的压抑倾诉出来，让身心得到放松，哭过之后继续欢笑着积极前行。据说爱哭的女人比不爱哭的女人显得年轻，道理就在于此。

女人要时常给自己做心理美容，还要保持一颗宽容的心。宽容的心态是沟通感情的法宝。每个人生活在社会中，难免有矛盾和烦恼，难免出现负面情绪，如果处理不好，严重时甚至会形成仇恨报复心理。报复虽得到了一时痛快，却激化了矛盾。退一步海阔天空，忍一时风平浪静，做女人，最明智的选择就是宽容。相由心生，心里纠结仇恨，则面目难免狰狞；而一个宽容的女人的脸色，则总是很明朗。至今为止，世界上还没有哪一种美容化妆品能真正留住人的青春，美容品充其量只能掩饰或延缓衰老而已。真正能留住青春脚步的是那颗宽容的心，常给自己的心做美容，就会由内而外散发出年轻的气息。

法国一个偏僻的小镇，据传有一个特别灵验的水泉，可以医治各种疾病。有一天，一个拄着拐杖，少了一条腿的退伍军人，一跛一跛地走过镇上的马路，旁边的镇民带着同情的口吻说："可怜的家伙，难道他要向上帝祈求再有一条腿吗？"这一句话被退伍军人听到了，他转过身对他们说："我不是要向上帝祈求有一条新的腿，而是要祈求他帮助我，叫我没有一条腿后，也知道如何过日子。"

这名军人无形中，就给自己做了一次"心理美容"。他的腿是残疾的，已经无法再恢复，那么就给心做个美容，接受现实，让自己用其他的方式继续生活下去。接纳失去的事实，感恩现在还拥有的一切，不管人生的得与失，总是让自己的生命充满亮丽与光彩，不为过去掉泪，努力活出自己的价值。这就是心理美容的真谛。

心态的好坏、情绪的好坏不仅会影响人体的生理功能，而且还会直接影响到人的肤色。当人们在心情愉悦、情绪高涨时，体内神经调节物质分泌增多，使血流更加通畅地流向皮肤，这时的人看上去就容光焕发、神采奕奕，充满自信。而当人们过度紧张、情绪低落时，神经调节会使供应皮肤的血液骤减，使人面色苍白或蜡黄，重者还会出现心慌头晕、手脚冰凉等现象。如果一个人长期忧郁寡欢、焦虑烦闷，不但会使皮肤变得灰暗无光，还会因体内黑色素合成过多而出现各种皮肤色斑。

女人时常做心理美容，就会容光焕发，娇艳动人。人们发现这样一个有趣的现象，甜蜜的爱情会使热恋情侣的皮肤更加细嫩柔润，头发也会更具光泽。这是因为两情相悦能促使人的神经调节和心理状态更协调，从而使体内分泌出更多的、有益于健康的激素和酶，自然而然地产生了心理美容的效果。现代医学研究表明，人的肤质与精神状态休戚相关，人的情绪和心态的有序调整是达到全新美容所必需的要素之一。

女人要让自己活得轻松，即便生活给你太多的挫折，也请你一定要相信自己可以走过去，这样，你才能抓住生活中乍隐乍现的那一缕阳光。善待自己的每一天，给自己的生活沙盘上，多置放一颗幸福的种子。现代社会的职业女性，工作和生活节奏都很紧张，要想保持“冰肤玉肌”“面若桃花”，除了具备一定的物质生活条件和必要的美容措施之外，更重要的是具备调整情绪和心态的“内功”。坦然从容地面对喧嚣外界的各种诱惑，保持平和、恬淡、安详的心态，常给自己做做心理美容，相信不久的将来，你会更美丽。

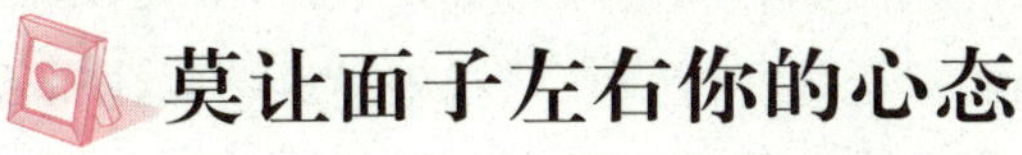

莫让面子左右你的心态

现在开始，不要再去在意那些莫须有的“面子”，不要在意旁人的眼光，养成太爱面子的习惯。习惯是生活的累积，长此以往，你就会发现你曾经认为多么重要的“面子”也没什么不可放下的，那时，你会看到幸福已经悄悄降临。

面子，来源于虚荣之心，于是女人就自然而然成了爱面子的典型。很多女人，看到别人买了贵重的首饰或者漂亮的衣服，就不顾自己的经济财力，也去买；或者看到别人家老公做生意赚了多少钱，就整天在自家发牢骚，甚至强迫老公也去做生意；在小孩子读书上，也顶着一颗虚荣心，在那里暗暗较劲，他家小孩子读的是名校、贵族学校，我家小孩子怎能落后……不一而足。大凡女人，总免不了小心眼和爱慕虚荣，而这两点都是造成女人爱面子的根源所在。

著名作家福楼拜在小说《包法利夫人》中，描述了一个叫爱玛的女人，她的一生毁在爱虚荣、爱面子上。爱玛，是一个农家的女儿，在修道院受过贵族式的教育，读过许多浪漫主义色彩的小说，于是整天活在幻想中，期待浪漫高雅的爱情。一个看起来有身份的医生——包法利·查理，成了爱玛的丈夫。然而爱玛所期待的爱情并没有到来，包法利既无才能，又无雄心，举止没有半点风度可言，谈吐平淡死板，于是爱玛开始瞧不起当乡镇医生的丈夫，整日梦想传奇式的爱情。然而命运弄人，她的第一个情人是道德败坏的乡绅，第二个情人是自私懦弱的文书，她的偷情没有为她带来幸福，倒给投机商带来了可乘之机，使她成为高利贷者盘剥的对象。最后她债积如山，无法偿还，丈夫的薄产早已被他挥霍殆尽，情人不肯伸出援助之手，她在山穷水尽走投无路的情况下，只好服毒自杀。她本来可以有一个平凡幸福的家庭，一个爱她的丈夫，只因为她不切实际的浪漫追求而把一切毁灭掉了。在她临死的时候，她有一丝留恋她的丈夫和女儿，但她更期待快点离开喧嚣的人世，去天国。也许只有那一刻她做到了无牵无挂（她从没真正牵挂过她的女儿和丈夫，牵挂的只是她的爱情），只希望早点结束她痛苦的生命。

包法利夫人就是因为爱慕虚荣而爱面子的典型。为了虚荣的华丽，为了构筑心中虚荣的爱情梦，她超出自己的经济能力去布置自己的生活，以至于最后无力偿还债务，只能走上一条不归路。女人爱面子，总归是因为放不下那颗虚荣的心。其实大可不必，幸福不是简单地来自锦衣华服，不是简单地来自金银珠宝，真正幸福的女人，其实未必多有钱、出身多好，也许她们衣着朴素，也许她们家徒四壁，但是整个人整个家一定都是看上去清清爽爽干干净净的，她们脸上洋溢着发自内心的笑容，这种笑很踏实、真诚。这种女人就是最聪明的女人，她们不为一个不实在的“面子”而弄糟自己的生活，弄糟自己的心态，她们按照自己的步骤、自己的实际情况来安排生活，结果，幸福自然地降临了。

还有一种女人，爱面子是表现在倔犟上。工作上不管多难的事，不管是否在自己能力范围之内，为了逞一时之强，就都答应下来，硬着头皮做，结果事情太多、太忙、太难，反而没做好；生活中，也不愿示弱，觉得示弱就没了面子，表现出一副什么都能做的样子，于是让男人望而生畏："这么强的女人，要我做什么呢，我还是找个弱一点的吧！"；甚至于恋爱中，明明是自己犯了错，心里也知道是自己无理取闹，为了面子，就是不肯认错，死活要闹到男孩子认错才高兴，而男生就算认错了，心里也会不痛快，这就为以后的感情危机埋下了伏笔。

女孩子倔犟，有时候很可爱，让人感觉与众不同，甚至让男生产生小小的征服欲，愈加喜欢。但是，过犹不及，太过倔犟，就不是可爱了。这种情形的"爱面子"，也要不得。聪明女人，会做人会做事，待人接物总是讲究恰到好处，自立自强，但是又不逞强，做不来的时候就温柔地示弱，犯错误了就乖巧地认错，于是大家都爱帮助她，男朋友也觉得她不仅可爱而且明理。

爱面子，大概已经是人类的通病了，很多人也许没有别的缺点，但是爱面子的毛病，却大都会有一点。尤其是女人，不管是太过虚荣，还是太过倔强，总是会沾上一星半点爱面子的毛病。而由于爱面子，让本来宁静甜美的女人心，变得急躁虚浮。因为爱面子而左右了自己的心态，是多么不值得！

聪明的女人，莫让面子左右你的心态。人与人之间原来只有微小的差异，但这种微小的差异却往往会造成巨大的差异。爱面子和不爱面子，看似只是心态上的小问题，形成长期习惯以后，就会造成生活际遇的巨大差异。哪个女人不渴望幸福呢？而为自己寻找幸福的最可靠的办法之一，就是竭尽全力摆正心态。心态不对，幸福就躲你；心态好了，幸福自然来临。从现在开始，不要再去在意那些莫须有的"面子"，不要在意旁人的眼光，养成不爱面子的习惯。习惯是生活的累积，长此以往，你就会发现你曾经认为多么重要的"面子"也没什么不可放下的，那时，你会看到幸福已经悄悄降临。

女人要有一颗年轻的心

女人要让自己的心永葆年轻，这样，“老”就不会降临到头上；无论沧海桑田，事物变迁，即便到了白发苍苍的时候，依然有一颗年轻的心，一种对生活的热爱和激情！

经常看到这样一些女人，虽然年纪不大，却已经暮气沉沉。也有的女人，虽然年过半百，却依旧精神抖擞，每天料理家务，接送孩子，买菜做饭，且不忘记参加社会活动。她们不会时刻提醒自己已经多少岁，而是按照自己内心所想要的去进行思考和行动。有三十出头叫“老”连天的女人，也有五十多岁还开开心心去做美容的女人。我们常常会在小区广场看到一些退休的中老年人，利用晚上休息时间在广场上跳舞，跟着音乐节奏，欢快地扭动，既锻炼了身体，又结交了朋友。于是你感觉不到她们的年纪，只觉得她们全身都洋溢着一种令人欢快的年轻的活力。

岁月总是在不知不觉中留下痕迹，有的人有了一双悲伤的眼睛，有的人有了冷酷的嘴角，有的人是一脸喜悦，有的人却一脸风霜。只要你留心观察，就会发现，岁月总是先躲在我们心里，然后才慢慢改变我们的容貌。我们衰老的最初，是心在变老！年龄可以老去，可我们的心灵不能老去。在岁月的沧桑中，能保持一种真我和年轻的激情是最最难的，也是聪明女人的智慧选择。人生的道路需要勇气，更需要一颗年轻的心。只有这样，不论在人生的哪个阶段，女人才会活得豁达，活得自由，且能坦然面对生活，面对喜乐与哀愁。

时间总是残酷的，它使我们告别纯真，使皱纹爬上我们的眼角眉梢。作为女人，外貌总是折旧最快的资本。然而同样的岁月，在不同女人的脸上，留下的却是不同的痕迹，其间起关键作用的，就在心态。赵雅芝打造了一个东方的不老神话，六十多岁了仍旧看起来像 20 岁一样，虽然皮肤和外貌仔细看还是看得出年龄的差别,但是她依旧美丽,依旧优雅,依旧让世人感叹于她的沉静柔美。而究其保养的根本,就在于拥有乐观、平和的心态,并保持一颗童心。赵雅芝自己是这么说的:“我已经老了,早已配不起‘美人’这样的称呼。我不知道为什么还会有那么多人觉得我依然美丽,我已经50岁了,早过了属于‘美丽’的年代,如果说我现在还不丑,那也只是化妆品的魔力吧。其实我想,美丽就是一种平和、自然的心态,即便不是一个天生丽质的人,只要拥有这样乐观、健康的心理,也一定会很好看。”

是的,只要以一种健康、乐观的心态看待生活,保持一颗年轻的心,你也可以像赵雅芝一样从容优雅,让时光望而却步。拥有一颗年轻的心,会显得天真烂漫;拥有一颗年轻的心,会显得活力无穷;拥有一颗年轻的心,更会显得美丽大方。在忙碌中,抽出空闲来修饰自己,汲取知识来滋养自己,用自己清净、充实的心境,去保养那并不年轻的脸,去呵护那长长的秀发,去美化那绵长的修养,呈现出来的必定是朝阳般的笑容、端庄的气度和醇厚的内涵。年轻的心,有时像蓝蓝的天;有时像多彩的云;有时更像是跳跃的浪花,向着海洋,欢畅无比地驶向人生的彼岸。

据联合国教科文组织的调查,人们在60岁左右才开始进入老年阶段,并且65岁的人只能称为年轻的老年人,离真正进入老龄化还有好多年。而现代生活水平的提高和人们对生活质量的关注,更使得保持年轻成为一种可能。无论什么时候,只要有良好的心态,就会让自己“减龄”。女人只要有一颗年轻的心,就会很有朝气,为人处世也会平和。即便上了年纪,到了更年期,也会和同年龄的女人不一样,自然而然拥有一种气定神闲的风度。仔细看赵雅芝的照片,你会发现,她最年轻的地方就在眼神,没有上了年纪的浑浊,依然如清泉一般,而眼睛正是心灵的窗户。

保持良好的心态是成功的一半,也是快乐生活的源泉。即使你的身体已不再年轻,但是心灵也要和年轻人一样。对于一个女人来说,无论如何,容颜总会老去,但保持年轻的心态却能让人如沐春风。学会爱惜自己,运动、读书,通过种种方式去充实自己,去提升自己的气质和心灵。岁月流水,逝者如斯,这是自然规律。我们留不住岁月,留不住青春,鱼尾纹终将爬上额头,银丝白发终将代替青丝黑发,但是保持年轻的心态,就会流露年轻的眼神和年轻的姿态,这些都是一个聪明女人吸引人的魅力所在。

保持一颗年轻的心,不惧岁月,顺其自然,面对发生在自己身边的变迁,都当是常理之中,坦然处置。年轻是一种心态,聪明的女人,在岁月的无情流逝中,永远把握住那颗年轻的心,守住那份年轻的感觉。让自己的心永葆年轻,这样,“老”就不会降临到我们的头上;无论沧海桑田,事物变迁,即便到了白发苍苍的时候,依然有一颗年轻的心,一种对生活的热爱和激情!

不要束缚自己的心灵

生活的过程就是一种制造艺术的过程,怎样让自己寻找到其间真谛?那就要不断地积累经验,不断地尝试与面对新的事物,轻松快乐地面对每一天,面对每一个人。不要束缚自己的心灵,勇敢地往前走,享受生活带来的一切,生活一定会给你一个美好的答案!

亚伯拉罕·林肯曾说:“我一直认为,如果一个人决心获得某种幸福,那么他就能得到这种幸福。”而大多时候,我们总是畏首畏尾,瞻前顾后。其实,只要我们改变自己的心态,由恐惧转为奋斗,那么很多事情的结局都会改变,而且这种改变会令人兴奋与鼓舞。面对无法避免的情形时,如果我们以愉悦的心情来面对它,它的刺就会脱落,转而变为一株美丽的花树。很多时候,我们只是被心灵所束缚,而并不是我们面对的压力有多大。不要束缚自己的心灵,放开心的枷锁,就算我们真的面临困境,也不要沮丧与惊慌,不管它的力量有多强大,也不要顾虑它们的出现,将注意力转移到别处,该怎样做就怎样做,放开心放开手脚,去做自己想做的事情。

不要束缚自己的心灵,凡事看开一点,看淡一点,有些事情只有经历过了才会懂得分析,什么是好什么是坏,自然而然就会一目了然。大多时候,不是外界的力量束缚了我们,而是我们自己的心将我们的命运框死。

她是一个奇丑无比的女人。据说，她刚生下来的时候，连医生都吓得大叫起来。长大后，谁见了她都说她是这个世界上最丑的女人，连亲戚都避着她，大人小孩没有一个愿意接近她的，更不要说去爱她了。在她的记忆里，只有母亲一个人没有嫌弃过她，可是母亲在她15岁那年就得病死了。她一生唯一能做的事，就是整日躲在母亲开辟的那个不大的花园里摆弄那些花草。直到有一天，人们惊讶地发现，她的花园里开出了很多漂亮的花，比电视上的那些名贵花卉还要漂亮许多。于是，有人要买她的花，可是她不卖，因为她不相信他们真的喜欢那些花。

不久，邻居从报上得知省里要举办花卉大赛，有丰厚奖金，便急着来告诉她，劝说她去参赛，并且断言，一定能够获大奖，她很固执，不肯参赛，但后来还是有人说动了她。当她带着她的花出现在比赛现场的时候，几乎所有人都惊呆了，那些花儿太漂亮了！而这个女人的脸上也散发着动人的光彩。女人鼓起勇气微笑着把花赠给观众，那一刻她觉得自己快乐极了。在人们的盛赞中，她已经忘记了自己丑陋的脸……

当你束缚自己的心灵时，所有人都只看到你不美丽的一面，而你自己也在这样一种自卑中沉溺；而当你解放自己的心时，你会发现世界很美，人们的眼光并不如你想象的那般。

不要束缚自己的心灵，说出来很容易，但要真正做到的确很难。人是一种很复杂的高级动物，因为有了思维，所以会衍生出许多不必要的烦恼，不经意间，总会不自觉被一些生活中的琐事所困扰，就像在心里打了结一样，无法找到解决的方法。每个人都会有这样的时候，无论是看上去珠圆玉润的女人，还是整天奔波劳碌的女人，都有自己一本难念的经，而我们所要做的就是坦然去面对这些现实，不逃避，也不束缚自己的心灵，尝试着去放开心灵，释放一些无谓的烦恼，慢慢的，对于生活你便会有了一个新的认识。

常有女人问，生活好艰难，生活好无谓，活着到底有什么意思。是啊，生活到底给了我们什么呢？其实很简单，生活给了我们经历，给了我们人间冷暖的体验，在给我们刻骨铭心的疼痛时，也给了我们难以忘怀的美好。生活，教会了我们如何更好地生存下去，也告诉了我们应该怎样去看待人生的一点一滴。每个人，生活在这个世界上，本就是一种幸福，而幸福不过是个概念,需要有个相对的参照物,那么,又何必老是被一些不开心的东西束缚着自己呢?没有人知道明天会怎样,未来会发生什么事情,我们所能做的是关注当下,关注今天,从现在开始,善待每一天,善待我们爱着、牵挂着的每一个人。这些人中有我们的父母、我们的伴侣,也有我们的朋友、玩伴……放开自己束缚已久的心灵,更积极主动地迎接生活中的困扰,面对生活中的可能出现的任何烦恼,坦然接受,适时释放,心结很快就会解开。

人的一生难免起起落落,也总有许多难以预料的事情,我们无法视而不见,唯一的解决办法,就是不要束缚自己的心灵,摆正自己的心态,去正视它,通过现象看到一些本质上的东西,只要想清楚了,明白了人生的一些规律,心态就平了,就顺了。生活中很多时候,我们并不能够左右自己,也不能按照自己的想法想做什么就做什么,唯一能做的就是在生活的过程中,尽量地保持一颗平常心,放开自己的心灵,任其在一个相对轻松的地方飞舞。不要束缚自己的心灵,为自己的美好愿望而生活,生活一定不会辜负你!

生活的过程就是一种制造艺术的过程,怎样让自己寻找到其间真谛?那就要不断地积累经验,不断地尝试与面对新的事物,轻松快乐地面对每一天,面对每一个人。不要束缚自己的心灵,勇敢地往前走,享受生活带来的一切,生活一定会给你一个美好的答案!

幸福其实很简单

幸福其实很简单,有时你刻意地找寻它,会发现它在回避你;而当你用乐观的心态对待事物时,就会发现,幸福会随着你的阳光心态出现在你的身旁。

当我们快乐时,总是觉得时间飞快,在不知不觉中就过去了;而当我们痛苦伤心时,总觉得时间漫长,每一分每一秒都沉甸甸的。现代生活节奏快速，每个人都处在压力之下，在这种压力中，我们无暇欣赏周围的风景，无暇去体味美好的快乐，而那些细碎的不如意却总是轻而易举就叩击到我们敏感的心灵，于是哀叹的人比欢笑的人多，埋怨的人比乐观的人多。大多数人都知道快乐的短暂，却不去挖掘和珍惜；知道痛苦时光的漫长，却仍然沉溺其中，自寻烦恼。每个人都是暂时来到这个世界的匆匆过客，没有必要去埋怨事情发生的对与错，更没有理由去伤害我们的同类，因为大家都是一样的命运，殊途同归，又何必自己创造更多的苦痛呢？

聪明的女人，应该把所有的时间、精力都用来为自己的亲人，为这个社会作些力所能及的贡献，"付出是福"，当我们为他人带去快乐时，我们自己也必然会感觉到那种幸福感。让我们用行动去创造快乐，让一点一滴的快乐积累起来，充盈在我们的生命里，让痛苦无处遁形。

有一家花店名叫"幸福回味"，面积不大，屋内摆满了鲜花，门外放着两张长凳，走累的人可以在这里歇歇脚，不管你买不买花，老板娘都会热情地端上一杯凉白开，笑意盈盈地跟你问个好。

人们去那儿光顾久了，就渐渐得知这个老板娘以前是一家大公司的副总，年薪三十多万元，但她说在那个位置上感觉不到幸福，感觉不到快乐。后来，便辞职出来开了这个花店。同样也是每天早出晚归，挣钱还没有以前多，但经常会看到她的脸上露出会心的笑容。

人们问她，是什么让她从以前光芒四射的生活中抽身出来，从容地开起了这家小店。她讲了这样一个故事：那天与平常一样，是忙碌的一天，她从公司出来已经是夜里十点。街上下着小雨，没有什么人，在昏黄的路灯下，她忽然看见一个佝偻着身子的老太太，弯腰从垃圾筒边捡起了一个塑料瓶子，在衣襟上蹭了蹭，一脸的满足与笑意，那份笑意竟含着惬意和幸福，甚至带着充实的满足。那一刻，她十分嫉妒，她被老太太捡到塑料瓶子后会心的笑容和那份简单的心灵震撼了。她在心里问自己：我的幸福哪儿去了呢？我要的生活真的就是这样吗？高处不胜寒！她身为公司高层，容不得工作出现半点差错，时时紧绷着神经，紧张、繁忙，弄得身心疲惫不堪，甚至连要孩子的心情和时间都没有，为此，老公也不知道埋怨过多少回了。在老太太的笑容传递到她心灵的那一刻，她回忆起了自己最初的梦想：在一家充满微笑和芳香的花店里，她修修剪剪忙碌着，来买花和聊天的人络绎不绝，而她的老公和孩子会在花店打烊时来接她，一同踩着昏黄的路灯回家……这似乎才是自己内心真正想要的生活。一想到这些，她心中的幸福感就冉冉升起，她似乎领悟到了什么，于是不久就辞了职。

生活的道理其实很简单，我们应该想清楚什么是自己真正需要的，什么能给自己带来真正的快乐，而不是为了外人眼中的光环，让自己活在抑郁与痛苦中。生命总是短暂，我们看不到前世，也没有来生，我们唯一能做的，就是活好当下，让当下、让今世成为我们最快乐的回忆。对生活充满感恩，积极地去做美好的善事，去听从自己内心的声音，让短暂的快乐时光无限延长，让漫长的痛苦时光逐渐消失。

人生在世，每个人都难免会遇到一些无法回避又难以解决的事情，因此而感到沮丧，感到懊恼，甚至一度悲痛欲绝，每个人身上都有很多难以修补的遗憾，但把自己套在这样的圈子里又有何意义？你想要越来越痛苦，想要无限延长自己的痛苦时限，还是赶紧结束它，去迎接新的快乐与幸福？聪明的女人，当你遇到悲伤或痛苦时，请相信自己并不像别人所说的那么糟糕，放开心灵，你有快乐的权利，只要你愿意，就会得到快乐！学会从不同的角度去看待生活中存在的问题，有时候，也站在别人的角度去看待问题，在理解对方的同时，也放松自己，不知不觉中，你就会释怀，就会走出来。既然痛苦会度日如年，又何必让自己一直不开心，让自己的心情感到躁动呢？幸福其实很简单，有时你刻意地找寻它，会发现它在回避你；而当你用乐观的心态对待事物时，就会发现，幸福会随着你的阳光心态出现在你的身旁。

上篇：女人的幸福与心态相连

{Chapter 2}

善待自己：潇洒女人凡事都要想得开

巴尔扎克曾经说："不论处境如何，女人的痛苦总比男人多，而且程度也更深。"岁月匆匆，人生短暂，身为女人，一生注定要承受诸多的痛苦；再加上激烈的社会竞争、紧张的生活节奏、复杂的人际关系，要想活得精彩，首先就是善待自己。虽然不是每个女人都能成就伟业，但每个女人都能拥有良好的心态。女人阳光般的心态，能帮助自己减轻痛苦和哀愁，学会平静地接受现实，告诉自己要顺其自然，坦然面对厄运，积极看待人生，凡事都往好处想。

明智的女人凡事从好处想

生命中的困难需要突破而不是逃避，凡事让自己往好处想，才不会受负面情绪的影响，日子才能过得随遇而安，怡然自在！

人生就是一场又一场的比赛，没有永远的赢家，也没有永远的输家，只要不肯认输、乐观向上、不断努力，终能领略到成功的壮丽美景。女人亦如此。诚如“乐观始于足下，悲观止于一里”所说，当我们遭遇困难、挫折、失败时，千万不要妄自菲薄，而应该试着甩开消极的念头，往好处想，这样才能使你对生命充满希望，获取面对未知的勇气，支撑自己继续前行。如此，我们才能不断淬砺出生命独特的色泽。

凡事都向好处想，是女人的一种积极进取的人生态度。在如今瞬息万变的社会形势下，每个女人都面临着更多的挑战、更多的机遇。遇事往好处想，才能弱化挑战、放大机遇，以饱满的热情把握机遇，增加成功的机会。

玛丽·贝克·艾迪是基督教信仰疗法的创始人，在她所处的那个时代，人们认为生命中只有疾病、愁苦和不幸。玛丽的前任丈夫，新婚后不久就去世了，第二任丈夫又抛弃她。玛丽只有一个儿子，却由于贫病交加，不得不在他4岁那年就把他送走了，以后几十年之久，都没有再见到这唯一的儿子。

自己可怜的遭遇和不佳的健康状态，使玛丽一直对所谓的“信心治疗法”极感兴趣。玛丽生命中戏剧化的转折点发生在麻省的理安市。那一天，冷极了，天寒地冻，玛丽在城里走着时，突然滑倒了，摔倒在结冰的路面上，不久便昏了过去。这一跤导致她的脊椎受到了伤害，她不停地痉挛，医生甚至认为她活不久了。医生还说，即使奇迹出现能使她活命的话，她也绝对无法再行走了。躺在病床上，玛丽打开《圣经》。她后来说：“我读到马太福音里的‘有人用担架抬着一个瘫子到耶稣跟前来，耶稣……对瘫子说，放心吧，你的罪赦了……起来，拿你的褥子回家去吧。那人就站起来，回家去了’耶稣的这几句话使我产生了一种力量，一种信仰。”

于是，在这种力量的感召下，她始终认为自己能康复并积极参与治疗，结果，奇迹真的降临了，她不仅下了床，而且能自己行走。

生命就是这样充满了不可思议。如果你想美好的事情，美好的心态就跟着来；如果你想邪恶的事情，邪恶的心态就会跟着来。你每天想什么，你就是什么样；你凡事怎么想，就会有什么结果。一旦你对意识下了命令，你的潜意识就不会和你争辩，它只会完全接受这个命令，玛丽正是对她的意识说：“我能康复，我能站起来！”结果，她真的如愿了！

诚然，生命中的每一个际遇、每一件事情不可能完全照着我们所设计的轨迹前进，朝着我们所预定的方向发展，但若你遇到问题只想到其中的困难，那么就只能陷入消极、烦闷的情绪中了。凡事乐观点，往好处想，才能以快乐的心态积极寻找未来。

露西曾经精神崩溃过一次，起因是忧虑。她说：“我什么事情都发愁。我之所以忧虑是因为我太瘦了，因为我觉得我在掉头发，因为我怕永远没办法赚够钱，因为我认为我永远没办法做一个好妈妈，因为我怕失去我想要我爱的男朋友，因为我觉得我现在过的生活不够好，我很担忧我给别人不好的印象；我很担忧，因为我觉得我得了胃溃疡，我无法再工作，辞去了工作后，我内心愈来愈紧张，像一个没有安全阀的锅炉，压力终于到了令人难以忍受的地步。我控制不住自己的思想，充满了恐惧，只要有一点点声音，就会使我吓得跳起来。我躲开每一个人，常常无缘无故地哭起来。我每天都痛苦不堪，觉得我被所有的人抛弃了，甚至上帝也抛弃了我。我真想跳到河里自杀。”

为了改变这种痛苦的生活状态，露西决定到佛罗里达州去旅行，希望换个环境能够对自己有所帮助。露西上了火车之后，父亲交给她一封信并告诉她，等到了目的地之后再打开看。到佛罗里达州的时候正好是旅游的旺季，因为旅馆里订不到房间，露西就在一家汽车旅馆里租了一个房间睡觉。她想找一份差事，让日子充实一点，可是没有成功，所以她把时间都消磨在海滩上，这却让她更难过。这时，她打开了父亲的信，父亲写道：“露西，你现在离家一千五百里，但你并不觉得有什么不一样，对不对？我知道你不会觉得有什么不同，因为你还带着你的麻烦的根源——也就是你自己。你的身体或是你的精神，其实都没有什么毛病，因为并不是你所遇到的环境使你受到挫折，而是你对各种情况的想象，你把一切想得太悲观了。一个人心里想什么，他就会成为什么样子。凡事往好处想吧，这样你的一切都会好起来的。”

后来，露西认真思考了一番，发现父亲说的是对的，使她自己痛苦的，确实不是外在的情况，而是她过于悲观了。了解这点之后，露西的病就完全好了，而且人也越来越快乐了。

女人乐观积极的心态产生的暗示作用是巨大的，不但能影响自己的心理与行为，还能影响到生理机能的运转。遇事应往好处想，困难是客观存在的，是永远的问题，我们无法去改变，但我们可以改变自己，调整自己的心态。

凡事往好处想、乐观处世的女人大多能自信地开拓未来，即使逆境当头，也能凭着百折不挠的精神面对一次又一次的失败，将失败视之为他日成功的基石，不为逆境所苦，持之以恒地付出，满怀信心地期待“山穷水复疑无路，柳暗花明又一村”的人生美景！

女人怎么能总是为小事烦恼

女人数十年的生命何其短暂，切莫让小事绊住了我们的脚步，不要让琐碎的烦恼浪费我们宝贵的青春。

在日常生活中，有很多这样的女人，她们面对各种艰难险阻都非常勇敢，却被小事搞得心烦气躁、垂头丧气，尤其是琐碎的家务事。正所谓“清官难断家务事”，其实清官并非无能，这恰是他们的高明之处，因为生活中有太多事情是女人不值得去计较的。

为小事而烦恼、伤神，这是每个女人都会遇到的：或生活上的，或工作上的，或学习上的，或家长里短的，或金钱纠葛上的……所有不顺心的事都会让我们觉得不如意，如果整天想着，天天愁眉苦脸的，那就更难如意了。不要经常为小事而烦恼，过去的事就让它过去，解决不了的就放下，总之，让自己放松下来，用笑脸迎接一切，让自己的生活过得开心。

丽娜在所有人眼里都可以称得上是一个成功的女人。她不到40岁，就拥有了一家业绩骄人的公司。她常化着淡妆，穿着简单而高雅的服饰，出入各种场合。大家都非常愿意和她相处，做生意时也会觉得和她合作很愉快。因此，她的生意愈做愈好。经常有同龄的女客户好奇地问她："保持青春的秘诀是什么？"丽娜总是这样回答："我不知道。大概是因为我没有烦恼吧！年轻的时候，我常常为鸡毛蒜皮的小事烦恼。连男友说你是不是又吃胖了，我都会烦恼得睡不着觉，甚至会以为他不爱我了。后来，我爸爸因车祸去世了，我忽然发现自己看开了世间的烦恼，从此变成了一个快乐的人。"丽娜接着说，"其实我爸爸也挺不容易的，他20多岁开始创业，40岁时就已经是一个大老板了。他车祸去世前几天，正为公司少了一笔10万元的账而烦恼。他一向不爱看账本，那天，他忽然心血来潮把会计的账本拿出来瞧。管会计的人是他的合伙人，因为这一笔账去路不明，爸爸开始怀疑两个人多年来的合作是否都有被吃账的问题。我爸爸因为这笔钱睡不着觉，睡不着就开始喝酒，有一天晚上应酬后开车回家，就发生了车祸。爸爸走了之后，我妈妈处理他的后事时发现，他的合伙人只不过把这个公司的10万元挪到一个子公司用，不久又挪回来了。没想到我爸爸为了这笔钱，烦了那么久，最终……从爸爸身上，我得到了这一教训，不要制造烦恼，不要自找麻烦，就以最单纯的态度去应付事情本来的样子。"

从丽娜身上我们可以感悟到：人如果总因为不可能发生的事、不足挂齿的小事、事不关己的事而烦恼的话，日积月累下来，便会成为心病，甚至危及自己的生命。

也许你认为要想克服因为一些小事情所引起的困扰十分困难，其实不然，只要稍微转移或改变一下自己的看法和重点就可以了——新的、可以令自己开心一些的看法。在烦恼摧毁你的心态之前，先改掉为小事发狂的习惯吧，请记住下面这个原则：不要让自己因为一些应该抛开和忘记的小事烦心，生命太短促了。

一次，启敏家的电冰箱不知道因为什么原因坏了，这让启敏不由得发起火来。她想这冰箱是名牌原装的，质量保证没问题，肯定不是因骤然停电造成的，一定是老公给电冰箱做清洁时弄坏的。当时老公对她说："把维修人员找来不就解决了吗？"可启敏当时一是顾虑那样做花销太大，二又怕入户师傅是一个"二把刀"，而这冰箱是原装的，怕他修不好修坏了。老公见启敏这样，好像是在跟自己过不去，就拿起电话把他的朋友小君找来。小君问明情况以后对启敏说："你这冰箱已快十岁啦，虽是原装但它容量小，而且是被淘汰的老型号。如果换代买新型冰箱作价不过百元，如果把这冰箱卖给一个蹬三轮收家电的可能就值50元钱。就因为这件老掉牙的家电，发这么大的火你值得吗？"启敏听小君说后也觉得挺有道理的，是啊，不至于发这么大火，还影响了老公的心情。

等启敏心情平复后，小君还不忘对启敏又进行了一通劝说。他让启敏在以后遇到事情时不要自己跟自己较劲，自己想不通可以和老公商量。此后，启敏老公说启敏的脾气小多了，心态也平和了不少。

生活中不要因一些鸡毛蒜皮、微不足道的小事而烦恼，像启敏这样为了一个旧冰箱出故障而耿耿于怀，影响老公情绪，不正是在浪费自己时间、白白耗费精力吗？

想想看，烦恼不但解决不了问题，相反会把问题复杂化。人生在世就那么几十年，为什么非要让烦恼来占据自己的生活空间呢？所以，女人要善于调整自己的心态，学会用忍让、宽容、知足常乐之心排解生活中烦心的事情，化干戈为玉帛，才能不为小事伤身。要知道，换一种角度看世界，世界就会因你而不同！

女人心上的负荷要适时减轻

女人在面对压力的时候，要能找到缓解压力的途径，同时，懂得抵制压力，明确自己生活的重心，让自己过得轻松自在。

如今，越来越多的女人在现代社会与职场中担当了重任之后，在她们生活空间逐步扩展的同时，所承受的压力也越来越大。除了事业上的重担，还有一副沉甸甸的家庭重担在等着她们，大到买房、买车，小到买菜、做家务、照顾家人起居，整天忙忙碌碌，休息时间少之又少，更谈不上私人空间。面对如此现状，女人们难免觉得压力重重，身心疲惫。

女人需要寻找机会来释放自己，减轻沉重的生活和工作压力，努力在点滴生活中培养自己的乐天派性格，留意周遭各种各样的快乐元素，尽量给自己减压。你可以在工作和家庭中为自己设定合理的目标及节奏，在一段时间内完成某项工作或使家庭生活达到某种水平，这就值得你欣慰不已了。

当然，工作和生活不可能事事如意，你难免会遇到不喜欢的工作，觉得做起来没意思、压力大，而影响情绪。这时，请不要随便放弃，不妨尝试着换种心态、处事形式、思考方法，或许，你会发现一个全新的自己，而改变初衷呢！

冰灵从小就是一个文静的女孩。大学毕业后，她做了中学老师，因学生们难以管教，不久，她便不愿意继续从事教育工作了。正巧，她朋友公司缺一名销售助理，冰灵就接手了这个新职位。苦于没有工作经验，又缺乏对工作的兴趣，冰灵最初阶段做得非常辛苦，一向自视能力很高的她第一次谈业务就遭到客户的拒绝，被拒后的沮丧让她倍感委屈，压力十分之大，并打算退却，但不服输的个性让冰灵还是坚持下来了。她先不断调整自己的工作状态，与前辈交流工作经验，改变自己的工作心态。在她坚持不懈的努力下，终于赢得了自己的第一个客户。有了良好的开始，冰灵对以后的工作越发有信心了。一段时间下来，她发现自己变了，曾经并不善于交际的自己，现在居然能和客户拉家常、闲聊，而且还以特有的亲和力博得许多客户的好评。当她越来越起劲地做这些事的时候，她明显地感到自己的心态变了，变得主动起来，压力也小了不少，她明白自己已经喜欢上了这份工作。短短一年后，冰灵成了让人刮目相看的销售人才。

现实中很多女人都无法如愿以偿地从事自己理想的工作，因此，难免会造成心理和情绪上的困扰，感觉压力重重。冰灵一开始也没有做自己喜欢的事情，但她没有怨天尤人，闷闷不乐，而是接受现实，及时调整自己的情绪，让自己尽快融入工作，培养自己对工作的兴趣，为自己减压。

由于职场竞争压力的日益加大，女人们在照顾家庭的同时，还想追求上进，希望能独当一面，不被日新月异发展的社会淘汰，成为一个成功的职业女性。这种状况下，女人的压力可想而知，如若不能为自己减压，就很容易造成心理疾病。

玉梅是一家外贸公司的职工，最近她工作起来觉得非常紧张，因为她听说了“公司压缩开支并整合部门，个别员工可能被辞退”的传言。玉梅生怕自己出错，遭到辞退，影响家里的日常生活，为此只能更加努力工作。公司安排她给客户邮寄资料，她总是担心丢失，本来已经把资料完整地装进信封，但是她仍然反复检查多次，寄出后她还担心客户是否收到资料。公司安排玉梅通知同事开会时，她本来已经通知全体同事，由于担心忘记通知某一位同事，她有时连续多次通知一位同事，这为她带来不少烦恼，同事们甚至质疑她的工作能力，这更让她觉得压力重重，还出现了失眠、烦躁等症状，对她的正常工作造成相当大的影响。

无奈之下，她去看了心理医生，医生告诉她，工作中的焦虑情绪让她压力过大，患上了轻微的强迫症。

女人在工作中，一定要学会自我减压，采取积极心态应对工作中出现的各种问题。另外，避免过分关注某一负面消息，以减少工作的压力。玉梅就是受到“公司可能辞退个别员工”的传言的影响，才会出现心理问题的。

学会寻找快乐是女人为自己减压的好方法。生活中的许多闪光点，就包含在那些每天重复做的事情中，女人应注意培养对这些简单事物的欣赏和理解能力，于平常中寻找闪光点，使自己的生活变得丰富多彩，趣味无穷。此外，女人要有自己的知心朋友，最好能经常在一起聊聊天，倾诉生活、工作中开心或不开心的事情。许多不愉快的事情，只要说出来了，心里会感到充实、舒畅。最重要的是，女人要保持平和心态，用平常心看世界。对于工作、生活中的一些琐事，只要不违背自己的原则，纵然不合心意，我们也就"睁一只眼闭一只眼"就算了，切莫斤斤计较，积郁在心。

身为女人，要经常保持微笑，量力而行，乐观自信，学会理解宽恕、学会倾诉倾听、学会合理拒绝，保持幽默感，维持心理健康，善待自己，做个"无压"女人！

给心情放个假，让思想去旅行

给心情放个假，留一点时间，品味真实的生命，享受人生的美好，不要在忙碌中错过了人生旅途中的靓丽风景。

当终日忙碌的工作令你疲惫不堪时，何不给心情放个假，放首爱听的歌曲，躺在床上，闭目聆听，让音乐放松你绷紧的心弦；当琐碎的家务令你心烦意乱时，何不给心情放个假，寻一个宁静的地方，远离喧嚣，让清新的空气包围你，让烦恼荡然无存；当痛苦的失败令你濒临崩溃时，何不给心情放个假，点一支红烛，与爱人相偎，呢喃细语，让甜蜜抚平你的创伤；当成功的喜悦令你骑虎难下时，何不给心情放个假，品一杯香茗，回忆一段往事，记录一段时光，让记忆清醒你的思绪……

女人在纷繁复杂的生活中，奔波挣扎，难免因不能承受之重，让心疲惫不堪，这时，不如给自己的心情放个假吧！也许你无法辞去内心所担负的所有社会功能，但仍能偷得些许的闲暇，让思想去旅行！

林清最近两个月都很忙碌，这使她的精神状态紧张到了即将崩溃的程度。她说："有一个周末，为了能在周一前把资格考试的习题都做完，我连着两天每天只有4个小时左右的睡眠，那个时候脑袋里没有别的，就是一个信念，必须按照计划把自己定的任务完成了，睁眼就做题，吃饭也是匆匆了事。"一天，朋友打电话来，她们聊着聊着，林清就想笑，想大声地笑，差点把她朋友吓坏了，以为林清精神出了问题。于是，林清就告诉她："我最近太累了，我需要释放我压抑的心情，笑一笑我心里舒服了好多。"

后来，还有一个星期，林清有两天连着考两门很重要的资格考试，她本身并不紧张，因为她觉得复习得不错，但是她晚上睡下后，连着好几个早上很早就醒了，醒来后就再也睡不着了，满脑子都是空白，为了考试时能有一个好的精神状态，她就逼着自己接着入睡，但是辗转反侧，怎么也睡不着，结果考试时状态就不怎么好，也没发挥出理想状态。考完后，为了缓解压力，她便向公司请假休息了几天，给自己的心情好好放了个假。

在家里的几天，林清听了好久没有听的音乐，静静地坐在电脑前享受那种触摸心灵的感觉。她说："我是一个愿意享受生活，享受每一天，每一个过程的人，但是最近所有的事情都匆匆而过，让我的心灵也感觉匆匆忙忙，人在奋斗和拼搏的过程中尤其需要一种心境，一种让自己感受心灵的心境。偶尔给心情放个假，在匆忙的路上享受一下路边的景色，也别有一番情趣呢。"

由于工作节奏快、生活压力大，林清经常高速运转着，忙着工作，忙着生活，忙着奔波。其实，林清的现状是很多女人的写照，当你感到"累"的时候，你的心情一定更"累"。这时，一点不顺心、不如意，就会让你的心情跌落下来，进而满腹牢骚、满腹伤感，所以随时给心情放个假吧，自己也会活得轻松一些。

王萍转眼间已经踏上讲台七年了。从当初的满怀激情与梦想，到现在的平淡与挫败；从当初在课堂上感到满足与快乐，到现在课堂上板着脸孔不愿多露一点笑脸；从当初兴高采烈地在课间与学生畅谈，到现在的疲惫不堪不想多说。这一切的变化，让王萍的心情也降到了低谷。特别是她恰好接受了学校的安排，当上班主任，那不堪重负的"累"就如影随形，怎么也抛不开。一天，王萍因学生问题与校长长谈了一番，校长告诉她说："能救你的人只有自己！要让自己快乐很简单也很复杂，那就是改变自己。只有自己是快乐的，学生才会感受到快乐。偶尔也给你自己的心情放个假吧，不要把自己禁锢着，尝试用一颗快乐的心去迎接生活！”当王萍整理好自己的心情，重新用笑颜去迎接学生时，学生们居然会有一种受宠若惊的感受，议论纷纷说：“王老师，您今天遇到什么喜事了吗？”这时，王萍才发现原来她离学生们已经这么远了。她告诉他们说：“你们的进步就是我的喜事呀！”学生们都开心地笑了。此时，王萍十分庆幸自己还能及时回头。

是呀，作为教育者能够给学生们什么呢？除了知识，更重要的应该就是给他们留下一段快乐的回忆。王萍才意识到，给自己的心情放个假，同时也给学生们的心情放了假。

快乐不是等来的，而是由自己创造的，王萍的快乐就来自她的“心灵假期”。女人常因身不由己而无法跳开自己的生活圈子，殊不知，心情是自己能掌握的。偶尔让自己随着风自由飘荡，感受无拘无束的飞翔，体会飞行的快乐吧。

身在职场的女性记得给自己的心情放个假，整天“两点一线”地围着工作和家庭，终会有累的一天。适时放松自己的心情，回归大自然的怀抱，在心旷神怡的广阔天地里呼吸，做真实的自己，让思想去旅行，用心去品味美好的一切，才能感悟人生的真谛，感受生活的美妙！

经历一点苦难是再正常不过的事

苦难可以夺去一个女人的青春，拖垮一个女人的身体，却不能损耗她对生活的热情，终结她对未来的憧憬。

苦难是与生俱来的，是对女人人生态度的一种严峻考验，是女人生命得以升华的必经之路，只有历经磨难的女人才能更加懂得生活的意义。在苦难中，女人可以感悟“自古巾帼多磨难”的豪情，故不会因挫折、失败而泄气，丧失奋斗的信心；在苦难中，女人可以换一个角度去认识世界、认识自我、改变自我，体会穷则思变的深意，进而拥有前进的斗志。

已经六十多岁的李传惠是澧县邮政局的一名退休职工，她大儿子出生五个月时因患脑神经麻痹症瘫痪，30 年来，李传惠毫无怨言地为工作、为家庭、为儿子忙个不停。后来，小儿子考上了大学，她和老伴退休，当生活刚刚对她露出一点微笑时，老伴却又因高血压中风偏瘫，一家两个残疾病人，但她并没有因生活的磨难而颓废，反而用女人特有的坚强支撑着这个家。

大儿子颜爱华五个月大时，突发高烧，李传惠工作的地方很偏僻，交通不便，连起码的医疗设施也没有，那些日子，正值工作最紧张的阶段，李传惠饭都顾不上吃，儿子的高烧无疑是雪上加霜，她只能找当地的土郎中给儿子打了几针，自己则整夜守护着儿子。当她忙里抽空抱着儿子赶到南京市人民医院，医生的话给了年轻的她当头一棒：儿子因高烧患上了脑神经麻痹症，这种病意味着儿子从此成了废人。生活一下子变得沉重起来，在大儿子没有患病的时候，李传惠觉得生活虽苦却充满希望，每每下班后看到胖嘟嘟的大儿子呀呀细语，一逗一个笑脸时，她就觉得很快乐。可是，这一切都不复存在了。

但李传惠并没有放弃，在她坚持不懈的努力教育下，医生断定一生无法开口说话的大儿子，叫出了第一声“妈妈”。同年，小儿子颜逢春也出生了。李传惠想，既然儿子能够说话，就要送他读书，人残废了思想可不能残废。为了大儿子能够入学，李传惠在周边学校跑了无数次，可别人一看到她儿子的模样，都拒绝接收。

最后，无路可走的她进了县教育局局长办公室，听了她的经历，教育局长落泪了，亲自将她大儿子特招进小学。随着两个孩子一天天长大，忙和累永远围绕着李传惠，大儿子人虽然瘫了，但成绩却一点没落下，这颇让李传惠欣慰。当大儿子小学毕业时，小儿子也到了上学的年龄，可多年求医问药，家里早已没有一点积蓄，那时候两口子工资都不高，只够勉强度日。李传惠想了两天两夜，下了狠心，让小儿子读书，大儿子弃学。

渐渐的，大儿子的病情稳定了，小儿子的学业也进步了，日子慢慢好起来了，可谁料到身体那么好的丈夫说倒就倒了。2005 年，丈夫又因大脑出血中风偏瘫了，经过抢救，丈夫终于醒过来了，把丈夫接回家后，李传惠就把时间分成了两半，一半给大儿子，一半给老伴。如今，她感到最大的压力是经济上的拮据，老伴一个月的药费和小儿子大学每月生活费，就花去了她与老伴的退休工资。

尽管生活如此艰难，她心中仍非常乐观，她说，等小儿子大学毕业了，负担就轻了。这些年来，李传惠的坚强与乐观支撑着她，也感染着身边的每一个人，从来没有同事听到过她有一声抱怨……

或许女人的人生要经历一些波折才算完美，而李传惠的遭遇，足以让每一个女人动容，感动于她的母爱、宽容、坚强、永不放弃；震撼于她能在苦难中保持健康、乐观的心态。苦难可以夺去一个女人的青春、拖垮一个女人的身体，却不能损耗她对生活的热情，终结她对未来的憧憬，扼杀她对明天的期待。

俗话说："吃得苦中苦，方为人上人。"面对生活中的苦难，有的女人总是畏畏缩缩，怨人尤天，不断制造捆缚自己的绳索，让自己的人生步履维艰；有的女人却如同悬崖峭壁之上的白杨，接受着狂风暴雨的洗礼，洗荡着生命中的挫折，最终成为参天大树，在绝境中仍闪烁着耀眼的光芒！

"不经历风雨，怎么见彩虹！"苦难拉长了女人生命的长度，也强化了女人对幸福生活的期待；苦难积蓄了女人的精神能量，也培育了女人的浪漫情怀；苦难增加了女人跋涉前行的勇气，也激发了女人生生不息的毅力！

女人不要让自己不变

女人要学会洒脱、大度、宽容地生活，不要把所有问题都自己扛，要懂得怜惜自己，别让自己活得太累了。

女人的人生只有一次，既然只能活一次，就应该“活”得有质量，而不是活得太累，自己折磨自己。女人活得太累常常是心累，或因处境不佳、或因交往不顺、或因遭遇不顺，人生本就不可能一帆风顺，没必要为此痛心疾首，郁闷不堪。世上不如意事甚多，你的生命只能在岁月的旅途上走一小段，看上几片风景，若是活得太累，又怎么能捕捉到那难得的景致呢？

女人们不要像林黛玉般，把每一件失意之事和每一缕愁思都在心中淤积，滚成雪球，既然事情已成定局，无可变更，那就不要沉溺于懊恼悲哀之中不能自拔！相反，试着走过去，那边就是天，只要心中的信念仍在，前面就会有好日子。

月如常觉得自己活得很累，没有办法快乐地生活，她觉得自己是个没有主见的人，而且幽默感很差，因此她不愿意笑，也很少笑。从小月如的父母就离婚了，她和爸爸生活在一起，爸爸后来又再婚了，她父母离婚的原因就是因为她的父亲背叛了她妈妈。

月如从小大到都没有和她爸爸发过脾气，别的女生都会有青春叛逆期，这些她都没有。其实不是她没有脾气，而是当面对她爸和她后妈时，她就是表现不出来。月如爸爸很有钱，所以她从小到大物质上的东西没有缺少过，但是她觉得很孤单。只要和她爸爸在一起，她就觉得累，她爸爸的家族里有很多人，每个人都爱管着月如，她爸爸就更是如此，任何事情都会干预。

月如如今已经24岁了，但她总觉得自己的心理年龄好像还未成年，一遇到事情，她就老想坏的方面，而且总是反复不能坚持自己的看法，想着爸爸和家里人会怎么看，这让她觉得累极了，她现在把所有的希望都寄托在她的婚姻上，希望能找个简简单单的人，不要再这么累的活下去了。

月如就是放不开自己，总觉得身边充满了束缚，才觉得自己活得很累。女人一定要珍爱自己，学会独立，让自己的每一天都过得快乐、活得精彩，千万别把各种有形无形的枷锁套在自己头上，让自己疲惫不堪。要知道造物主是多么宠爱女人啊，才能将美丽、善良、温柔、多情这些品性毫无保留地赐予女人，所以女人一定要活得舒心，活得快乐，活得潇洒。

子欣的丈夫脾气特别暴躁易怒，整天会无端冲家里人发火，对父母对她都是这样，一件别人看来根本不必发火的事，到他这里马上就可以升级到吼叫的程度，她和他的父母为这个事都很痛苦。子欣觉得自己面对这样的丈夫，随时随地都要准备接受一场大战的感觉，长期如此，她便越来越苦闷，越来越小心翼翼，但还是避免不了他发火，这让她觉得和丈夫在一起生活得很累。本来子欣是个性格开朗的人，但和丈夫在一起后，感觉特别压抑，又觉得自己没有地方发泄情绪，所以常常有和丈夫离婚的念头。后来，子欣怀孕了，本来她以为有了孩子，丈夫可能会改变，但没想到却让她更加失望，丈夫对怀孕的她一点儿也不关心，她一再跟丈夫要求希望他能克制情绪，给她和肚子里的宝宝创造一个和谐温馨的环境，并和她一起做胎教，但丈夫根本做不到，胎教完全不配合，而且更是在家动不动就和家人吵，孩子出生后也还是改变不了这个现状。因为怀孕及孩子出生后丈夫的表现，令子欣对他十分的失望，感觉对他一点感情都没了，现在完全是为了孩子生活在这个一点也不快乐的家里，但自己又不甘心这样活下去，心里便觉得更累了。

如今，子欣把大量的精力和热情投入到如何教育和护理孩子身上了，而丈夫一天也花不到5分钟来看看孩子，更不要提教育和培养孩子了。所以，她感觉跟丈夫维持这样的婚姻没多大意义，但又想给孩子一个完整的家，可现在貌似完整的家，其实也只有子欣一个人在承担着全部父母的角色。他们现在和丈夫的父母住在一起，所以子欣一边要面对丈夫，一面还要去适应他的父母，活得非常累。

公公婆婆虽然拿丈夫没办法，但特别喜欢干预他们的生活，子欣本来希望和丈夫父母分开住，使丈夫有机会独立些，有所成长，但他父母离不开儿子，所以使用了好多办法最后还是和他们住在了一起。因为子欣从小接受的教育就是凡事要忍耐，而且子欣尊重公婆是长辈，所以从吃到住到思想上都放弃自己的喜好去适应他们，从不提自己的要求。子欣跟公婆从来没有因为任何事红过脸，所以公婆以为子欣很随和、很好相处，但只有她自己知道她过的有多累、多压抑，她现在甚至因为这些事情烦得失眠，不知道是应该为了孩子而继续下去，还是为了自己而离婚？

女人的代名词不是牺牲，女人生活的全部也不是付出，子欣有权利享受生活的美好和乐趣，她应该经常给自己的心情按按摩，让自己别为了顾忌孩子而活得太累。

女人别活得太累，方能坐看云起云落、花开花谢，收获一份清凉的好心情。人生毕竟不是演戏，没必要用太多的脂粉去涂抹自己，逢场作戏。生活中就应该想笑就笑，想唱就唱，想哭就哭，想玩就玩，活得朴素自然，活得坦坦荡荡，活得轻松自在！

女人不要纠缠于往事而伤感

每一件往事都是成长的影子，在女人的记忆中留下了深深浅浅的痕迹，但人生中重要的是未来，而不是纠缠于往事，裹足不前。

悠悠往事如铭记于心的照片，凌乱而充满记忆，总是在心灵深处盘旋，让你在毫不经意间忆起，又百无聊赖地想忘记；悠悠往事如默默生长的兰草，总对你含情脉脉地吐露芬芳，而在你留意之时，却不经意间枯萎了；悠悠往事如转瞬即逝的烟花，曾经绚烂非凡，却不可能停留……

女人的记忆中盛放不了太多凌乱、不堪回首的往事，我们无须用过去的伤痛无止境地折磨自己。人生在世，不同的阶段会有不同的使命，过去的快乐和痛苦，请郑重地放下，不再纠缠，不再因它而伤感，而是珍惜地将它留在过去，留在记忆中，慢慢沉淀，而后，放下一切，再次快乐前行！

以前，雅兰每到深夜都会放一张CD——林忆莲的*Sandy*，碟中有《至少还有你》《伤痕》《此情可待成追忆》等脍炙人口的经典歌曲，这张CD带给她无尽的回忆。她曾试着不再纠缠于那段往事中，有一阵，她固执地以为不再听这张CD，就能不再回到那段往事之前，后来她才发现，她还是做不到。

CD是雅兰前男友去韩国前送给她的。那是雅兰生日时，男友把那张CD碟夹在一大堆写满誓言的贺卡与鲜花之间，从身后激情洋溢地递到她的面前，然后抱着雅兰，"是你喜欢的林忆莲"。男友在雅兰耳边说着缠绵的言辞。那是她经历的第一次爱情。等待男友回国的日子里，雅兰满怀期待地听着*Sandy*，幻想着幸福的爱情和未来。

两年后，男友回国了，将一张粉红色的结婚请柬递到雅兰手上。雅兰呆呆地站在那里蓦然间不知所措，最终，雅兰没有参加他的婚礼，他们的爱情终成隔世的回忆。在那个伤心的晚上，雅兰听着*Sandy*，才突然发现：再繁华、美丽的爱情也禁不住时间的洗涤。男友完婚后，回到韩国定居，后来曾回国一次，宴请了除雅兰之外的所有朋友。当闺房密友把这个消息告诉雅兰时，她真的就像死过一次一样，朋友对她说："不见你，可能是不想让你伤心吧，你还是忘了他吧，这样无谓的纠缠、回忆没用的。"

于是雅兰发誓忘了他，让悲伤止步。她离开了曾经充满甜蜜的城市，想从往昔的气息里彻底走出来，心情似乎也好了很多。在新的城市，她邂逅了现在的丈夫，丈夫和她一样也爱听林忆莲的歌。当她再次听到《至少还有你》时候，回忆如潮水般涌来，却带着让她安心的平静。这时，她才知道，她真的不再纠缠于过去了，她能放下一切，开始她的新生活了！

人活着，就要学会放下，放下毫无结果的爱情，放下已成昨日黄花的往事，放下曾经深爱过却无法厮守的人，雅兰就是这样才从悲哀中解脱出来，看到了放晴的天空。

人生中的每一段，走过了都无法再重来，除了偶尔的嗟叹、回忆之外，就不要过多地纠缠了，而应好好想想如何经营余下的人生，让自己短短数十年的人生更加精彩。每一个女人都是独一无二的，每一天也是独一无二的，在通往未来的旅程中，我们不必再为往事痛心，让它成为自己心中的枷锁，为自己徒增烦恼。

往事，早已成梦。当一切已成过去，我们不妨轻轻地拥抱一下回忆里的温暖，感受一下记忆里的温度，然后干干净净地离开，不再纠缠于那一张张陈旧的照片、一页页泛黄的日记，就这样，让那些刻骨铭心的往事慢慢地变成落叶，随风散去……

珍惜现在，莫等失去才后悔

失去了才知道珍惜，当为时已晚的悔恨灼伤自己的心灵时，莫名的煎熬只能自己默默地承受。

年华似水，人生苦短，人生从来都是现场直播，没有彩排。珍惜现在拥有的一切，才能享受人间的美好生活。通常我们若没有经历过一场要失去身体的某部分，甚至将要失去生命的大病，就不知道珍惜自己的身体健康；我们没有经历过与亲人生死离别的那一刻，就不知道道珍惜可贵的亲情；我们没有经历过感情的破裂、分离，就不知道珍惜难得的友情和爱情；我们没有经历过痛苦中的艰难跋涉，就不知道珍惜今天的快乐。

在我们经历了这一切后，才能感悟到：上天赐给女人的生命是短暂而珍贵的，我们应该将生活的主题变成学会、懂得珍惜现在，如此，在我们的生活中，遗憾就可以少一点，快乐与真实就会多一点！

明喜欢上了在便利商店打工的静宜，他每天都会到静宜工作的店里面买一包香烟，渐渐两人开始互相熟悉。当静宜工作感到无聊乏味，或者是心情不好的时候，明就会出现陪静宜说说话、逗她开心。静宜也知道明似乎喜欢上自己了，可是自己已经有很要好的男友，面对明如此的关怀，她自己也不知道如何婉拒他。

一天，商店外头运来一台娃娃机，静宜很喜欢里面的娃娃，明知道以后，就去夹了一只娃娃送给女孩,当天明终于对静宜表白,希望静宜能接受他,不知如何是好的静宜,只能残忍地告诉明,他们之间是不可能的,因为她已经有深爱的男友了。明听了之后默然地点点头,只是他对静宜的喜欢已经超出自己所预期的,他不死心地问静宜,自己真的没有机会了吗?善良的静宜不忍心看到原本开朗风趣的年轻人变得如此消沉寡欢,于是她手指着娃娃机里面的绒毛娃娃说:除非你夹满100个娃娃,而且一天只能夹一个。

静宜希望用时间来冲淡明对自己的感情,她心想,一天夹1个娃娃,最快也要三个多月之后才有100个,而且明应该不会真的有耐心夹满100个娃娃吧!这三个月的时间,她会尽量与明保持距离,她决心让两人恢复到店员和顾客的关系。

明还是每天到商店来,可是静宜开始变得冷淡,明总是试着聊一些静宜有兴趣的话题,不过静宜依然爱理不理。因为她知道唯有这样做,才不会让明越陷越深。明或许是感觉到静宜的用意,于是他每天夹娃娃,有时运气好夹一两次就中了,有时运气差,零用钱花光了也夹不到,只好跟朋友借钱继续夹,一直到夹中为止。无论花多少钱花多少时间,明每天一定会夹一个娃娃,只是他无法与静宜分享夹到娃娃的喜悦,因为他知道静宜有意要避开他。为了不影响到女孩的情绪,他只能在橱窗外头微笑地对静宜点点头。

好几次,看到明因为夹到娃娃兴高采烈的样子,静宜都想要冲出去对他说:"我是骗你的,你不要再夹了,就算你真的夹到100个娃娃,我跟你也是不可能的!"但是一想到明希望破灭的样子,静宜就于心不忍,她只能不断犹豫。就这样一天,两天,三天……明的娃娃数量不断累积,而静宜刻意与明保持距离的结果,则是让自己在工作时显得更孤单。

一天,静宜因为在外地工作的男友无法回来陪她过生日,与男友吵了一架,而明仍一如往常地到便利商店,不同的是那天明竟走进了店里,对静宜说,可不可以破例让他在今天夹两个娃娃回去,因为和男友吵架而心情不佳的静宜,很生气地当场拒绝了明。就这样,明走到娃娃机旁,默默地夹了一个娃娃回去,在明离开时,他深深地看了静宜一眼。隔天以后,明再也没来夹娃娃了，刚开始静宜虽然觉得奇怪，但是仍然庆幸自己终于放下了心中的大石头。可是渐渐地，她突然觉得不习惯，因为那个每天都会为了她来夹娃娃的熟悉背影，好像空气一样就消失不见了，这时静宜才发现到，原来她心中的失落感远远超过明所带给她的负担！

静宜开始想念以前明来店里陪她聊天的点点滴滴，哪怕他只是站在橱窗外头沉默不语地夹娃娃，似乎都会带给静宜莫名的安全感。所以女孩每天上班时，总是不断地抬头张望，那个熟悉的身影来了吗？可惜的是，年轻人始终没出现，只剩下那台没人使用的娃娃机。某天，静宜下班后，在店门口遇到了以前常和明一起来的朋友，她焦急地问他明的下落，不想明的朋友却是一脸黯然。他带静宜来到明的家，当他开启明的房间门时，映入静宜眼帘的是一群娃娃机里面的绒毛娃娃以及躺在床上动也不动的明。原来明的脊椎有病，必须要开刀才能保住生命，可是开刀有一半的几率会失败而导致全身瘫痪。明在开刀的前一天晚上，也就是静宜和男友大吵一架的那天，希望静宜给他机会夹 2 个娃娃，因为他已经累积有 98 个了，然而却遭到女孩的回绝，隔天之后明手术不幸失败，就变成了植物人。而这时静宜才发现自己对明的爱，她不禁泪水涟涟，唏吁自己没有珍惜当时的每分每秒！

珍惜现在吧，女人要从现在开始珍惜爱你的人，珍惜你周围的一切。静宜后悔明在自己身边的时候没有珍惜他，等后来却已经为时过晚。很多女人都是失去了才懂得珍惜，才感觉到后悔，但始终学不会当自己拥有的时候就好好珍惜，仍总是一而再，再而三地失去。

每个女人都应珍惜现在拥有的一切。不知道珍惜，永远也得不到开心；不知道珍惜，永远都得不到满足；不知道珍惜，永远都得不到幸福。珍惜现在看似平平淡淡的生活会让我们自如、自在地生存在这个世界上，欣赏温柔的星空、纯白的雪、绿色的花草、灿烂的星空，感受亲人、爱人、朋友的关怀，聆听为自己祝福的话语和歌声！

善待自己是幸福的起跑线

女人，善待自己才能快乐，学会用宽容和理解来面对生活，生活才会变得多姿多彩，才能活出自我、活出幸福！

身为女人，面对激烈的职场竞争、紧张的社会节奏、复杂的人际关系，如想要获得快乐，首先就要善待自己。女人善待自己，就要把握好自己：在业务周旋中，留一份清醒；在纷繁复杂中，留一个角落；在人际交往中，留一丝真诚；在情感追求中，留一点执着；在家庭亲情中，留一缕宁静。

女人善待自己，就要对自己满意，即使面对困惑与无奈，也要悄悄给自己一个笑脸，为自己加油，让自己拥有一份坦然，能勇敢地面对艰险。女人善待自己，就要相信自己，这种自信不是自以为是，也不是自作聪明，而是要自尊自爱、自立自强，不自傲自卑、自暴自弃，不怕磨难挫折、艰辛打击，坚持用知识充实自己，用道德提升自己，用合适的妆容完善自己，乐于追求一切美好的事物。

张莉发现结婚后丈夫每天依然做着经常做的事：打开电视，手里漫不经心地拿着一张报纸，但是他对自己不像以前那么热情了，不像过去来个拥抱或是说几句热心的话。而张莉依然在厨房里忙着她每天必做的活，默默忍受着。

就这样一天天过着，张莉实在忍受不住了，争吵爆发了。丈夫的话深深地刺痛了她，说她是黄脸婆。张莉终于拿着镜子认认真真地看着自己：发黄并有点暗沉的脸、蓬松的头发随便撇在一边，好像长时间没有打理了。张莉决定彻底改变自己。她到美容院做了个美美的面膜、化了精致的妆。当丈夫再次无精打采回到家看到她的时候一惊，随后脸上绽起了笑容，拉起了她的手……

想必生活中或多或少会出现张莉经历的这一幕。女人总认为丈夫爱自己是不会在意这些的，其实这种想法彻底错了，丈夫也许比我们自己还在意。还等什么呢？现在就行动起来，好好善待自己吧。

善待自己，女人要学做“三件事”：学会“关门”，学会关紧昨天和明天这两扇门，认真地过好每一个今天，每一个今天都过得好，这辈子才过得好；学会计算，学会计算自己的幸福才能让自己越来越幸福，计算自己做对的事情才能对自己越来越自信；学会放弃，就是学会“舍得”，记住是“舍”在先，“得”在后，世界上的事情总是有“舍”才有“得”，“一点都不肯舍”或“样样都想得到”是不可能存在的。

在“三件事”的基础上，我们要学会说“三句话”：“算了”，如果无法改变已经存在的事实时，最聪明的做法就是接受它；“不要紧”，不管发生任何事情，哪怕是自己无能为力的，都要为自己加油，告诉自己不要紧，要知道，积极乐观的态度是解决和战胜任何困难的前提；“会过去的”，无论面临怎样雪上加霜的困境，就算雨下得再大，风刮得再猛，都要相信风雨之后一定是彩虹高挂，未来总会出现晴空万里的艳阳天！

除了会“做”会“说”，我们还要会“乐”：助人为乐、知足常乐、自得其乐。具体说来，就是在自己好的时候要多助人为乐，在自己过得差强人意时要知足常乐，而当自己过得不如意时则要学会自得其乐。

此外，还有非常重要的“三不要”：不要拿别人的错误来惩罚自己。现实中有许多女人不怕苦、不怕累，工作再多也有条不紊，局面再乱也运筹帷幄，但就是受不了委屈、冤枉。事实上，既是别人犯的错误，而你受不起委屈、冤枉，那就是拿别人的错误来惩罚自己，面对这些“莫须有”，最好的办法就是“一笑泯恩仇”。不要拿自己的错误来惩罚别人。当自己犯错时，也冤枉他人或不公正地对待他人，这是不明智的，有时候当你伤害他人时，自己也再次受到了伤害，“己所不欲，勿施于人”方是正道。不要拿自己的错误来惩罚自己。如何定义完美好女人，万事不出差错就完美了吗？就好了吗？其实不然，任何人都会做错事、犯错误，完美女人同样如是，关键是如何能仔细找出错误原因，认真吸取教训，确保日后改正！

女人，快乐生活每一天

每天都快乐的女人，或许不是最美丽的女人，也不是最出色的女人，但一定是活得最自在、最有灵性的女人。

花，是女人的形容词，的确，世上任何花都比不上女人的笑颜。虽然不是每一个女人都有着漂亮的容貌，但是每个女人每天都可以有一颗快乐的心和一张充满笑意的脸。

当今快节奏的生活，让女人背负了比以往更多的责任、负担，外界的压力常会导致许多女人习惯把自己的心囚禁在一个狭小的天地里，于是，烦恼、苦闷、忧郁便随之而来。如果把所有的不快乐都写在脸上，那再美丽的女人都会变得不再动人。明智的女人应该知道要为自己而活，才能活得轻松、随意、自我，活出每天的好心情。

天天快乐的女人自信而乐观，像个漂亮的天使，能给别人带来愉悦，成为他人眼中最灿烂的一缕阳光。她们清楚地知道快乐是最好的化妆品、最靓的服饰品。

新加坡时计宝（郑州）紫荆山百货的总经理巩玉梅，就是这样一个每天都快乐的女人。巩玉梅成功地完成了从普通营业员到商场总经理的蜕变，三十余年商界摸爬滚打、商海风云历练出了她的自信和坚韧，培养了她细致入微的洞察力，铸就了她出众的口才和不同寻常的社交能力，唯一不曾改变的是她的快乐。

巩玉梅快乐地享受着她的每一步成长、每一种角色。事业有成的巩玉梅，有一个幸福的家庭。夫妻工作各有自己的天地，且都有令人羡慕的成就，她和上高中的女儿的关系就像朋友一样。别人问她有什么高招把工作和家庭关系处理得那么好，她笑着说："很简单，就是合理转换自己的角色，让每个人都得到快乐。在单位是领导，在家就是妻子和母亲。我们尊重彼此独立的人格，一定要互相关心，互相照顾，让大家每天都开开心心的。”巩玉梅的办公室里，沙发上摆着两个小猪，沙发靠背上放着芭比娃娃，书架上摆放着一个足球。这些不但给充满浓重商业气氛的办公室增添了几分柔和轻松的味道，也让我们看到这个商场上叱咤风云的女老总内心依然保持着童真和快乐。巩玉梅说：“我喜欢运动。什么美国职业篮球赛、中超都看。瞧我这个足球，这是米卢在河南建业的商业比赛中送给我的，上面还有他的签名呢！”巩玉梅还说：“除非参加正式会议时我会化妆穿正装，平时都是穿休闲服，比较舒服，也适合去做运动。这主要是为了减肥。看我这段时间瘦了吧，看着身体好了，身材好了，心情也就好了，工作也就更投入了，效率才高。”

如今，这位经历了紫百三十余年变迁的女经理人，对企业的把握更加做到了心中有数。在提及她的感受时，她微笑地说：“除了觉得身上的压力大了一点，其他的没什么，只要你天天都快快乐乐的，我想每一天都会过得很好。”

其实快乐不只是一种感觉，还是一种女人对人生的态度。巩玉梅尝试着用这样一种态度认真地对待生活、孝敬父母、相夫教子、创业奋斗，从而不仅有一个温馨幸福美满的家庭，还有了令人艳羡的职业，最重要的是她生活的每一天都是充满阳光的，都是开心快乐的！

{Chapter 3}

面对困境：幸福女人要做自己的拉拉队

女人生来就摆脱不了很多命中注定的痛苦和困境，生老病死更是无法逃避的事情，再加上偶然间出现的较大的生活变故和时常不顺利的事情，人生不如意十之八九。面对同样的遭遇，有些女人陷于痛苦之中，不能自拔，自暴自弃；有些女人幻想或逃避，希望有奇迹出现或是有人帮助自己解决问题；有些女人则能坦然接受事实，并想办法解决当前困难。在诸多的不如意之中，良好的心态是女人快乐的护身符。困境时时在折磨女人的心灵和肉体，而女人则应以良好的心态善待自己、善待困境。

幸福女人，经得起挫折的考验

年轻的女人要明白，逃离困难，躲避挫折，只会把自己的活力与成长力剥夺殆尽，对待挫折的态度往往决定一个女人的命运。

人生之路再笔直，也会有不平整的地方，一不留神，就可能会让你崴到脚，让你步履蹒跚，但你不能因此而中断前进的步伐。一如生活中挫折常常出现，事事也不可能顺利，坚强的女人，她的脚步永远向前。

新时代的女人不能在心里承认自己是弱者，尤其是在遇到挫折的时候，女人更应该表现出和男人一样甚至超出男人的坚韧。哲人说，对待挫折的态度往往决定一个女人的命运。

体坛的微笑美女桑兰，她在面对人生中重大的变故时表现出来的乐观使每个人都曾为之感动。

那是1998年7月21日的晚上，在纽约友好运动会上，桑兰意外受伤，在很多人都为她的体育生涯就此划上句号而万分遗憾、痛心之时，默默无闻的、17岁的桑兰却用自己灿烂的微笑坦然地面对这一切，最终成了备受全世界关注的人。

桑兰当时的受伤确实是个意外。当时桑兰正在进行跳马比赛的赛前热身，在她起跳的那一瞬间，外队一名教练"马"前探头干扰了她，导致她动作变形，从高空栽到地上，而且是头先着地，以致身受重伤。

这个笑容甜美的姑娘来自浙江宁波，1993年进入国家队，个性温顺，但在遭受如此重大的变故后却表现出难得的坚毅。她的主治医生说："桑兰表现得非常勇敢，她从未抱怨什么，对于她，我能找到表达的词就是'勇气'。"就算是知道自己再也站不起来之后，她也绝不后悔练体操，她说："我对自己有信心，我永远不会放弃希望。"

因为她的坚强、乐观，美国院方称她为“伟大的中国人民的光辉形象”，而那么多的普通美国人去看她，并不只是因为她受伤了，而是为她的精神所感染。

桑兰这位不到20岁的年轻姑娘用惊人的毅力和乐观的态度对待突如其来的打击，在她的心中，从没有沮丧和失败这两个词，有的只是对生活的希望与感恩，对关心她的人的无限感激。

巴尔扎克说：世界上的事情永远不是绝对的，结果因人而异。挫折对于天才是一块垫脚石，对于能干的人是一笔财富，对于弱者是一个万丈深渊。对于积极的人来说，它只是一种经历，一片风景，一种使生活更富味道的作料。

逃离困难，躲避挫折，只会把自己的活力与成长力剥夺殆尽。没有与挫折斗争的经历就不是真正的人生。弱者总想找捷径，但强者以达到目标为信念，在挫折面前，他们会卷起袖子来努力迎接挑战。

正如“苦难本是一条狗。生活中，它不经意就向我们扑来。如果我们畏惧、躲避，它就凶残地追着我们不放；如果我们直起身子，挥舞着拳头向它大声吆喝，它就只有夹着尾巴灰溜溜地逃走”一样，挫折如同盘踞在角落的野兽，随时会突然出现，让你防不胜防，所以一定要保持积极的心态，可以随时应对任何挫折。当一个人能抱着积极的心态看人待物的时候，看到更多的是事情美好的一面，相信事情可以有转机，那么事情也一定会按照他的希望去发展。

英国伟大的物理学家牛顿曾经花费十年时间撰写光学手稿，在完成的那一天，他长舒了一口气，走到户外歇息了一会儿。当他回来的时候，与他相依为命的猫从桌子上跳了下来，不慎将正在燃烧的蜡烛碰倒，点燃了放在桌子上的光学手稿，十年的心血在顷刻之间化为灰烬。牛顿伤心至极，抱起那只不知自己已闯下大祸的猫抚摸着。他没有惩罚那只猫，它是牛顿唯一的伙伴。牛顿并没有从此一蹶不振，而是伏案疾书，又用了五年的时间，将他的光学手稿重新写了一遍。

约翰·班杨因为宗教观点被关进监狱里遭受痛苦的惩罚之后，才完成了英国文学史上最著名的作品《天路历程》。

欧·亨利是在遭遇极大不幸而且被关进俄亥俄州哥伦比亚的监狱里之后才发现了他那昏睡在头脑里的天才。由于被迫经历许多不幸，他曾被认为是一个遭亲友遗弃的罪犯，后来人们发现他竟是一个伟大的作家。

海伦·凯勒在她出生不久以后就变得聋、盲、哑。但是她完全不顾虑自己重大的不幸，把她的姓名记载在永垂不朽的伟人历史中。她一生的事迹就是对下面这句话的最好验证："除非挫折被一个人所接受而承认它是不可改变的事实，否则一个人是永远不会被打败的。"

贝多芬的数部交响曲，都是用理智战胜情感，忍受着失恋的伤痛，靠着对事业追求不息的生命支撑点谱写而成。

丹麦的安徒生一贫如洗，全家睡在一个搁棺材的木架上，自己常常流浪在哥本哈根的街头巷尾，但却成为世界文坛的名流豪杰。

英国物理学家法拉第出身贫寒，当过学徒卖过报，吃了上顿缺下顿，但却百折不挠，创立了电磁感应定律，为人类敲开了电气时代的大门。

历尽坎坷的伟大作家曹雪芹，他从原来"锦衣纨绔""饫甘餍肥"的贵族公子，沦为"蓬户瓮牖，绳床瓦灶""举家食粥酒常赊"的破落子弟。但是，巨大的挫折并没有使他气馁，窘迫的生活并没有使他消沉，反而激发了他强烈创作的欲望，最终写出了伟大的现实主义小说《红楼梦》。

历览成功者的足迹，我们发现，他们大多起始于不好的环境并经历许多令人心碎的挣扎和奋斗。他们生命的转折点通常都是在危急时刻才降临。这是因为经历了这些沧桑之后，他们具有更健全的人格。

睿智的女人晓得，一个人驾驭生活的技巧和主宰生活的能力，是从困境和挫折中磨砺出来的。和世间任何事件一样，挫折也具有两重性。一方面它是障碍，要排除它必须花费更多的力量和时间；另一方面它又是一种肥料，在解决它的过程中能够使人更好地得到锻炼与提高。

面对人生接连出现的挫折时，抬起头来，笑对它，相信"这一切都会过去，今后会好起来的"。要谨记，希望是不幸者的第二灵魂，向往美好的未来，是应对挫折时候最好的自我安慰。

没有绝望的境地，只有绝望的女人

幸福的女人，在她的生命中或许有“失望”，但一定不能“绝望”，总要满怀“期望”。

具有多重社会身份的女人，在生活中难免会在某个时候陷入困地，甚至跌入绝境。有些女人能够谷底反弹，超越眼前的障碍，看到更高处的风景。有些人则越陷越深，垂头丧气，失去了拼搏的志气，任由自己顺其自然地发展。她们命运的差别，不是天造，而是自己造成的。那些在绝境中坚信奇迹会出现的人，总能看到更美好的未来。

第二次世界大战结束后，德国的土地上到处是一片废墟。美国社会学家波普诺带着几名随从人员到实地察看。波普诺向随从人员问了一个问题：“你们看像这样的民族还能够振兴起来吗？”“难说。”一名随从人员随口答道。“他们肯定能！”波普诺非常坚定地给予了纠正。“为什么呢？”随从人员不解地问道。波普诺回答说：“任何一个民族，处在这样困苦的境地还没有忘记爱美，桌上还都放着一瓶鲜花，那就一定能在废墟上重建家园！”

在绝望的境地中，只要心中向往美好，对生活怀有希望，就没有真正的绝境。只有我们对自己抱有的信心，别人才会对我们萌生信心的绿芽。

德国精神学专家林德曼用亲身实验证明：一个人只要对自己抱有信心，就能保持精神和肌体的健康。当时，德国举国上下都关注着独舟横渡大西洋的悲壮冒险，已经有一百多名勇士相继驾舟均遭失败，无人生还。林德曼推断，这些遇难者首先不是从肉体上败下来的，主要是死于精神崩溃、恐慌与绝望。为了验证自己的观点，他不顾亲友的反对，亲自进行了实验。1900年7月，林德曼独自驾着一叶小舟驶进了波涛汹涌的大西洋，他在进行一项历史上从未有过的心理学实验，预备付出的代价是自己的生命。在航行中，林德曼博士遇到难以想象的困难，多次濒临死亡，他眼前甚至出现了幻觉，运动感觉也处于麻木状态，有时真有绝望之感。但只要这个念头一升起，他马上就大声自责："懦夫，你想重蹈覆辙，葬身此地吗？不，我一定能成功！"终于，他胜利渡过了大西洋。

女人的一生中，困难和挫折是难免的，人生起起落落也无法预料，但是有一点一定要牢牢记住：永不绝望。当我们遇到逆境时，千万不要忧郁沮丧，无论发生什么事情，无论你有多么痛苦，都不要整天沉溺于其中无法自拔，不要让痛苦占据你的心灵。困难来临时，女人要有勇气直面困难、打倒困难，以顽强的意志战胜困难。

如果你留心，你会发现，越是在逆境中，奇迹反而更容易出现。"水果不仅需要阳光，也需要凉夜。寒冷的雨水能使其成熟。人的性格陶冶不仅需要欢乐，也需要考验和困难。"美国作家布莱克的这句话说出了困难与逆境对于一个人成长的重要作用。生活中，逆境就像刀子，握住刀柄就可以为我们所用，拿住刀刃则会被割破手。

现实生活中许多不期而至的磨难，它给予强者坚实的臂膀，而给予弱者的，则是无限的畏惧与退缩。逆境可以磨炼女人的能力，逆境可以磨炼女人的毅力，逆境可以使女人坚强，逆境可以使女人成长。拥有良好心态的女人，把磨难看做一笔财富，她们以洒脱的心情，看待上天给予的恩赐，把这样的财富，一笔又一笔，存储在人生的银行里，让自己的人生储蓄更为丰厚。

坦然接受不幸，期盼生活的彩虹

每个人都是被上帝咬过的苹果，之所以咬你更深，是因为独爱你的芬芳。

不幸这两个字读来就让人觉得苦楚。我们听过很多悲惨的故事，或许也见过很多不幸的人。但对于大多数人来说，不幸降临到自己身上的几率并不是太大。此时你可以说自己是幸运的，但万一不幸真的光顾了你，那么，你的生活就会百分之百陷入不幸的阴影中。有人说，活着就是一种莫大的幸福。拥有如此胸怀的人，定是经过无数大风大浪后，坦然面对命运的智者。

女人都有一个一辈子当个幸福笼罩着的公主的梦想，希望自己的生活时时都绚烂多彩，同时也无风无浪，事事顺利。但这本身就是一种矛盾。哲人说，每个人都是被上帝咬过的苹果，之所以咬你更深，是因为独爱你的芬芳。不要抱怨生活中的不幸降临到你的身上，不要慨叹你的生活总是出现逆境，所有的苦难不会打倒一个强者，只会让她更坚强。

任何事物、现象的发生，都有它一定的原因。在紧急的情况下我们无法追究原因，也无暇追究原因，唯有面对它、改善它，才是最直接、最要紧的。也就是说，遇到任何困难、艰辛、不平的情况，我们都不要逃避，因为逃避不能解决问题，只有用我们的智慧和勇气把责任担负起来，才能真正从困扰的问题中获得解脱。

所有的不幸只是五彩缤纷的生活中的一种颜色，对于用心生活的女人来说，它只会是轻描淡写的一笔，而不会成为生活中的主旋律。当不幸偶然侵袭，一味悲伤是改变不了现状的，一切都不可能再复原，与其一味悲伤导致第二次不幸，不如振奋精神，转换思路，积极向前开拓自己的人生。除此之外，我们没有其他更好的、可以改变现状的办法。

《我希望能看见》一书的作家盲人波纪儿·戴儿在书中这样写道：我只有一只眼睛，而眼睛上还满是疤痕，只能透过眼睛左边的一个小洞去看。看书的时候必须把书本拿得很贴近脸，而且不得不把我那一只眼睛尽量地往左边斜过去……

然而，尽管生活如此困苦，但波纪儿·戴儿却始终不肯接受别人的怜悯，更不愿意让别人认为她“异于常人”：

小时候，波纪儿·戴儿想和别的小孩子一起玩跳房子，可是她看不见地上所画的白线，只好在别的小孩子都回家以后，自己趴在地上用眼睛仔细地瞄来瞄去，从而尽量地把小朋友们所玩过的每一个地儿都牢牢地记在心里，很快她也就成为玩跳房子游戏的好手了。

在家里看书，波纪儿·戴儿把印着大字的书靠近自己的脸，以至于眼睫毛都要碰到书本了。正是凭着一股子顽强的拼搏劲儿，她先后获得了明尼苏达州立大学的学士学位和哥伦比亚大学的硕士学位。

在波纪儿·戴儿52岁的时候，一个奇迹发生了，在著名的梅育诊所施行一次手术之后，她的视力比以前恢复了40倍，一个全新、可爱的、令人兴奋的美丽世界终于展现在了她的眼前。

波纪儿·戴儿像个小孩子一样不停地手舞足蹈，她发现：即使是在厨房里的水龙头下洗刷碗筷，也让自己特别开心。波纪儿·戴儿这样写道：我开始玩着洗碗盆里的肥皂泡沫，我把手伸进去，抓起了一大把的肥皂泡沫，我把它们迎着太阳举起来，可以清楚地看见，在每一个肥皂泡沫中，竟然都有一道小小的彩虹在闪耀着明丽的色彩……

对于心态良好的女人来说，不幸在她眼里只是前行路途中的一粒粒小小的石子，偶然被踩到脚下，只是微微发硬，抬起脚，再向前迈一步，一切都将成为过去。

其实，幸运女神围绕在每一个人的身边。对于好心态的女人而言，幸运女神总是从身后慢慢地向她走来，在诸多的不幸让她逐渐放慢脚步之后，她才和着幸运女神的脚步慢慢地向前奔去。其间，幸运女神追上了她并和她并肩前行。然后，幸运女神拽着她一口气向前飞奔。

女人不怕摔倒，才能勇敢尝试

即使再顺利的人生，也可能会栽几个跟头；即使没有太大的追求，只想简单生活的女人，也难免会遇到困境。

很多女人渴望成功女神的垂青，渴望机遇女神的怜悯，但又都害怕会遭遇困难和挫折的煎熬。她们害怕跌倒，畏惧失败，更不敢想象接二连三的困境会让自己难以招架。最终，她们把困难的影子拉得太长，覆盖住了激动和渴望独立、成功的心。

一个阳光灿烂的午后，丽莉和几个好朋友一起去郊外爬山。

山清水秀，鸟语花香。丽莉等人玩得非常尽兴，不知不觉地就忘记了时间，等到发现太阳已经落山的时候，这才慌了神。

“如果沿着来时的路返回去，至少需要三个多小时，那样的话就太晚了；咱们干脆走近路吧，一个小时就可以下山了，但途中要跨过一条河沟……”夜色昏暗中，有人提出了这样的建议，很快获得了一致的赞同。

很快，丽莉一行人就来到了那条河沟前。河沟大约有几米深，还流着哗哗的溪水，在杳无人烟的山林中格外刺耳。“跳，还是不跳？稍有不慎，就有可能掉进河沟里去……”丽莉等人犹豫着，徘徊着，迟迟拿不定注意。

天色更加暗了。终于，丽莉狠了狠心，招呼着大家：“没办法了，咱还是跳吧。”说完，弯腰拾起一根木棍，小心翼翼地横放在河沟的两岸之间：“看吧，河沟也就这么宽，咱们用点力就可以跳过去了。”

看到大家还有些犹豫，丽莉就向后退了退，然后紧跑几步，噌地跳了过去。“来吧，很容易就过来了”，在丽莉的鼓励之下，几个人也学着她的样子，后退一些，再紧跑几步，借着惯性作用跳过了河沟。

重新走在山间小路上，大家嘻嘻哈哈地开始说笑。只听丽莉坚定地说：“别看那河沟有些可怕，但还是被咱们征服了。所以说，有些困难并不可怕，可怕的只是我们在心中的想象，如果能大胆地鼓起勇气来，是没有什么困难不能被战胜的！”

没什么苦难是不能战胜的，只要我们心底里存有这样的呼唤，全身就会充满干劲。面对同一个必须作出的选择，有的女人看不到成功的曙光，看到的只是畏惧和跌倒，于是就心灰意冷，感叹时运不济，感慨成功路遥。其实，成功远远比她们想象得要简单！就像丽莉勇敢地作出的决定一样，跨过去，成功就是这么简单地来临了。

在生活中，你可以很平凡，只是芸芸众生中的一员，每天朝九晚五奔波于公司与家庭的两点一线之间，疲于奔命；你可以相貌平平，不归于美女的行列，不在大庭广众之下轻易表现自己。但是你不可以自甘平庸。你需要牢记:平凡不等于平庸。你也一样可以优秀,可以卓越,可以创造属于自己美好的、让人羡慕的人生。

作为女人,你还在害怕遇到困难,担心一次次跌伤,甚至失去现有的一切吗?看看倒霉的林肯吧!这样的话,你的心理会平衡很多。

21 岁,做生意失败;22 岁,角逐州议员落选;24 岁,做生意再度失败;26 岁,爱妻去世;27 岁,一度精神崩溃;34 岁,角逐联邦议员落选;36 岁,角逐联邦议员再度落选;45 岁,角逐联邦参议员落选;47 岁,提名副总统落选;49 岁,角逐联邦参议员再度落选;52 岁,当选美国第 16 任总统。大声对你自己说:“我不相信,我不能成功!”

一个人就是这样在一次又一次“失败”的蜕变中破茧而出!更何况,我们一般人都没有机缘饱尝如此之多“失败”的辛酸,就已经叩响了成功的大门。因为,我们的成功并不是要问鼎白宫当总统,我们的目标只是为了加薪,为了升职,为了衣锦还乡的荣光……这些成功离我们更近,更容易一些,只要你肯努力,一切唾手可得。

处于困境中的女人,要有跌倒后一次次地站起来的勇气。只要站起来的次数比跌倒的次数多,你就是最终的胜利者。有人把女人的幸福比作空气,如果你像需要空气、渴望空气一样渴望幸福的话,它就会推动你快速地成长。还有人说幸福像极了自己的恋人。首先,你之所以追求他,是因为你发自内心地爱慕他、喜欢他。既然决定追他,那么你就要作好遇挫折乃至遭拒绝的准备,需要作好吃苦受罪的准备,需要“衣带渐宽终不悔,为伊消得人憔悴”的勇气。接下来,要想真正追到他,你还需要讲究战略和战术,同时,多少次跌倒,然后再多少次站起,只为能够与他贴得越来越近。

生为女人,注定了一生有太多困难的事情要面对。我们不畏惧生活给予的任何考验,不害怕未知的困境带来的艰辛,我们有能力靠自己在一次次的逆境中逆风飞翔,因为我们要选择做生活中的强者。

女人不要绝望，而要相信有希望

女人的情绪容易激动，负面联想在糟糕情绪的影响下更是异常活跃，本来一件普通的事情会使她们感到格外悲伤。

女人很柔弱，她们的爱含蓄委婉；女人也会很刚烈，她们的恨刺骨寒心。女人难免在生活中遇到挫折，甚至是感情上的背叛。因此，杨澜曾告诫女人，要有经受生活变故的能力，而不是轻易就感到无助和绝望。

有一位妻子因为不满意她丈夫的外遇行为，竟然在悲伤、愤怒、失望之余，决定携子自杀，正当妻子以毒药毒死了自己的儿子，紧接着也要自杀时，刚好丈夫回家，及时制止了妻子的行动。虽然妻子在事后十分后悔自己的一时冲动，但是她却再也无法挽回儿子的性命了，并且还因为毒杀亲生儿子被判处徒刑。像这样的家庭悲剧，本来完全可以通过求助专业人士或者相关机构的帮助，加以妥善地和平处理，结果落得如此令人唏嘘的结果！

在日本，有一名学业成绩非常优秀的女学生报考了一家知名企业，结果在她得知自己名落孙山的时候，深感绝望，萌发了轻生的念头，所幸她被人及时发现，抢救及时，化解了一场悲剧。不久后，她收到了该公司寄来的一封信，内容大致是说计算机在统计她的成绩时出了一点儿差错，其实她在这次报考中考了第一名。本来按照公司的规定，他们将会正式录用她的，可是，正当她为此开心快乐的时候，她又收到了一封来自该企业的解雇信。该公司解雇她的理由是：一个人如果连这种小小的打击都无法承受，那么将来又该如何面对在工作岗位上的种种压力呢？

生活中匪夷所思的事情总会发生在你身上，就如那些美好事物不可能是现成的，女人要有一个平和的心态，切勿冲动而做出傻事。但现实生活中的很多女人经受生活变故的能力很弱，遇到刺激时动不动就萌生“死了算了！死了一了百了”的想法。殊不知这不仅对事情的解决毫无作用，更会使亲者痛、仇者快。女人应当这样告诉自己：我要坚强，要满怀解决事情的希望！

周国平曾经写过的一则寓言对女人会有较大的启示：

有一位少妇哭哭啼啼地来到河边，想也不想就投河自尽。这时，正在河中央划船的老船夫看见了，他立即将少妇救上了船。老船夫叹了一口气，说道：“你年纪轻轻，为何要寻此短见呢？要不是恰巧被我看见了，现在你的尸体已经在河底了！人生没有什么过不去的坎坷，全看你自己要不要走过去而已啊！”

少妇哭诉道：“你不知道啊！我结婚三年，不但丈夫遗弃了我，孩子也不幸病死了，你说我活着还有什么乐趣？还有什么意义呢？”

老船夫问道：“你结婚前的日子是怎么过的呢？”少妇说：“结婚前，我生活得自由自在，无忧无虑。”

老船夫点点头后再问道：“那时候你有先生和孩子吗？”少妇答道：“当然没有。”老船夫这时说：“那么，你不过是被命运之船送回到了三年前，现在你也可以让自己自由自在、无忧无虑，当然，这一切就看你怎么看待你所遭遇到的不幸了。”

少妇听完后，心中立刻燃起了生存的希望。同时，她也为自己刚才投河的冲动行为感到十分地羞愧。幸好，少妇遇见了老船夫。

当女人陷入绝望的境地之时，要相信所有的坏事情都有转圜的余地。很多我们不愿接受的事情，认为痛苦的事，更有其积极的意义。德国作家席勒曾经写过一篇童话，在很久以前，鸟类没有能够用来飞翔的翅膀，直到有一天，上帝把翅膀放在它们的脚边，并要它们拾起来放在背上。鸟儿们一开始并不愿意背上这看起来沉重的翅膀，可是又不想违背上帝的旨意，最后只好一一背上。没想到，当鸟儿背上这些翅膀后，它们才发现，原先它们认为沉重的翅膀，竟然能够带领着它们在天空中自由自在地飞翔。

从这篇寓言中，我们要能够领会到，在人的一生中，无法避免地会遭受到各种各样的打击与失败，但是，很多看起来沉重的事物，在你勇敢地背负起来的那一刻，你便会发现它们并不是你想象中的那么难以负荷，它们并不是真的会压垮你的身心与生活。

人生不会四季都是晴天，难免会有风、雨、霜。我们不能轻易放弃，任何时候都要心存希望，坦然地接受人生四季给你带来的苦与乐、喜与忧。哲人说，希望是抚慰悲伤的最好乐章。我们必须接受有限的失望，但千万不可失去无限地希望，更不要随随便便对生活绝望。

女人要有张力，才能看到更远处的风景

女人如水，不仅要似水温柔、似水纯洁、似水缠绵，而且要有水的张力和适应能力，处于困境时不是坐以待毙，而是挺得住、抗得起，坚强地去处理。

有人说，女人的一生就是一幅没有尽头的画卷，脚步能走多远，画卷就有多长。每个女人都是自己人生的绘画师，画卷上的颜色，是她的心情；画卷上的事物，就是她的故事。

有人说，人生就是一个大舞台，每天我们都在表演，只有具有张力的演员，她的表演才更具内涵。这种张力，是一种内涵、修养，也是指良好的心态。

女人如水的比喻我们经常听到，一滴水，因为由其内在的张力，才能不折不断。水本无色、无形、无味。它能顺应形势，变换出任何一款形状。它能根据需要，调配成任何一种口味。它是单纯的，也是变通的、灵动的。它因时而变，夜结露珠，晨飘雾霭，晴蒸祥瑞，夏为雨，冬为雪，化而生气，而成冰。它因势而变，舒缓为溪，低吟浅唱，陡峭为瀑，虎啸龙吟。它因器而变，遇圆则圆，逢方则方，直如刻线，曲可盘龙。它拥有内在的韧度，即使外界事物发生何种变化，自身的形状、形态有何改变，其本质依然。

人是由水组成的，水在人体中占有很大的比重。人性如水，本如水一样

富有张力。水的张力来源于内分子之间的力量，而人的张力，则在于心的坚强。人生难免经历艰辛、痛苦，也许会遭遇种种的不幸。环境的艰苦不会使人倒下，只要你有一颗“坚强”的心。

在一座高山上的古庙里，生活着一位人人敬仰的智者。

这天，一个失意的女人艰难地爬上山来，向智者询问成功的秘诀。智者递给她一粒带壳的花生，说：“来吧，用力捏碎它。”

只稍稍用了一点儿力，女人把花生捏开了，饱满圆润的花生米一下子就蹦了出来。

但是，智者却微微一笑，叫她再用力去搓花生米。女人也照着办了，搓下红色的花生皮儿，只留下了白白的果实。

智者再叫她用力去捏。这个女人甚是迷惑不解，但还是照着做了。但她怎么也没有想到，不论她如何地用力，却怎么也捏不碎这粒花生仁。

这个时候，智者才语重心长地告诉她：“虽然屡屡遭受打击与磨难，也失去了很多东西，但始终都要拥有一颗坚强不屈的心，只有这样才会有美梦成真的希望啊！”

人生失意何其多，困境总是有，我们若在种种的失意面前垂头丧气，生活只会布满乌云。也许你也总是渴望自己的工作和生活事事如意，每天都事遂心愿，自己能处于一个舒服的环境中，轻轻松松地生活。但你是否知道，轻松的环境看起来是个养人的好地方，但它充其量只是一个“大鱼缸”而已，没有活水源，也没有自己的发展空间，表面的平静之下，其实隐藏着巨大的危机。新时代的女人，所面临的温室式的生活模式，容易弱化一个人能力，限制一个人的发展。

有一家单位办公室门口摆着一个挺大的鱼缸，缸里放养着十几条产自热带的杂交鱼。那种鱼长约三寸，大头红背，长得特别漂亮，惹得许多人驻足凝视。

一转眼两年时间过去了，那些鱼在这两年时间里似乎没有什么变化，依旧三寸来长，大头红背，每天自得其乐地在鱼缸里时而游玩，时而小憩，吸引着人们惊羡的目光。

忽一日，鱼缸的缸底被该单位头头那顽皮的小儿子砸了一个大洞，待人们发现时，缸里的水已经所剩无几，十几条热带鱼可怜巴巴地趴在那儿苟延残喘，人们急忙把它们打捞出来。怎么办呢？人们四处张望了一下，发现只有院子当中的喷水泉可以做它们的容身之所。于是，人们把那十几条鱼放了进去。

两个月后，一个新的鱼缸被抬了回来，人们都跑到喷水泉边来捞鱼。捞来一条，人们大吃一惊，简直有点手足无措了。两个月，仅仅是两个月的时间，那些鱼竟然都由三寸来长疯长到一尺来长！

人们七嘴八舌，众说纷纭。有的说可能是因为喷水泉的水是活水，鱼才长这么长；有的说喷水泉里可能含有某种矿物质；也有的说那些鱼可能是吃了什么特殊的食物。

但无论如何，都有共同的前提，那就是喷水泉要比鱼缸大得多！

生活在重压下的女人，内在张力和对环境的适应能力已变得越来越强，只是有些女人天生畏怯，不愿也不敢主动去寻求一些改变，而是自觉不自觉地习惯于被事情、被环境推着走。她们怕主动选择后的失误，给自己带来终身的遗憾，她们极力在现在被动选择的环境中做到最好，以告慰自己我对得起自己、对得起家人，因为我已竭尽全力。殊不知，人只有不断改变、适应、学习、突破才能逐渐成长。长期固守于特定的环境中，只会如温水里的青蛙一样，最终在竞争到来或生存压力变大时，失去跳跃的本领。

很多女人害怕改变、畏惧变动，除了不舍得放弃现有的优势资源外，更多的是没有了一种从头做起，从低做起，重新面对艰苦条件的心态。其实，艰苦的环境不一定就是人生的不幸，相反还会成为磨砺人生的砥石，它可以培养坚强的品质、意志和毅力。只有经历过不幸、挫折、失败和痛苦的磨练，努力打造心灵的韧度，努力拓展人生的张力，你才能把命运握在自己手中，才能在生活中做到宠辱不惊、镇定自若，在面对突发情况时临危不惧、冷静处之；才能使自己始终保持积极而平和的心态，不偏不倚、不疾不缓地朝着既定目标前行。

生活中没有无风无浪的时候，所以女人期待这样的生活本就是一种奢望。女人们让心坚固起来，特别是身处困境的时候，努力缔造人生的坚韧与顽强，突破自己，改变环境，让自己的生命更具张力，你的生活才会在诸多色彩的点缀中呈现别样的风景。

女人，不要以弱者的姿态自居

“女人啊，你的名字是弱者！”莎士比亚对女人的诠释使多少女人为自己的软弱、顺从和屈服找到了足够的安慰。

人们总是夸奖女人温婉贤淑、小鸟依人，这样的女人很受男人的喜欢和疼爱，以至于有些女人为了追求这种感觉，在心中把自己定位成弱者的角色，以期待别人、特别是自己心仪的男人给予更多的关心和呵护。

在悠久的历史中，男权社会将女人置于低下的位置，由此女人就戴上了弱者这顶沉重的帽子。强和弱，本是对立的统一，女人生性温柔如水，和阳刚相互依存，但温柔不是羸弱。

时至今日，女人在某些情况下仍处于弱势，在以男性为主体的社会里，我们不得不承认这一点，但女人不应该甘心做一个弱者。女人只能承认“弱”是体能的差别，而不是地位的低下。女人与男人相比，是生理上的差异，力气上的柔弱，但这并不能妨碍女人变得坚强。女人首先要看得起自己，尊重自己，才能让别人、让男人看得起，并得到尊重。女人不要为了苛求庇护，而“弱”到没有精神，没有气概，那最后就真的会落得一无所有了。

“女人啊，你的名字是弱者！”莎士比亚对女人的诠释使多少女人为自己的软弱、顺从和屈服找到了足够的安慰，让她们把自己定位于弱者的角色上，甘愿承受许许多多的不公平。殊不知，被打上弱者烙印的女人，所面临的却是廉价的同情、无情的淘汰和粗暴的践踏。正如文学巨匠巴尔扎克所说：“女人的苦难，任何时候都比男人多。”

在中国传统的道德观念里，女人要具有诸多的美德，才能构成贤惠的称号。善良是女人的最基本的美德之一，但是如果这种善良过度了，就变成了缺点，就成了软弱。

有的时候，女人因善良而软弱。善良缺少智慧的调控，没有清晰的是非方向。女人的柔弱，也是因为善良的性情引起的。

女人的善良具有包容的品质，但善良过度了，就好像失去保护的小孩子，成了那些品德不良的人欺辱的对象。因此，从这一点来说，新时代的女性，要学会保护自己。

小莉是某个文化公司的编辑，她过于温柔、性格里掺有懦弱的成分。小莉认为女人对待丈夫就应该温柔，甚至在生活中唯夫命是从。她自认为温婉贤淑的自己定会和丈夫相敬如宾，然而结果却是大大出乎自己的意料——丈夫出轨了。

在离婚的那一刻，她问起丈夫原因，丈夫说："你的温柔让我生活得很幸福，但是你却不懂得提出自己的想法，不懂得宣泄自己的感情。很多事情我需要的是你的意见，而不是你一味的微笑和宽容。"这时小莉才明白，作为女人不能完全依赖丈夫，不能永远以楚楚可怜、娇滴滴的模样出现在丈夫的面前。

看看那些坚强的女人吧，她们用自信、自尊、自爱、自强书写出了属于自己的精彩人生。杨澜，像男人一样胸怀大志，勇于突破现状，毅然离开中央电视台这个几乎全国主持人都向往着的舞台，加盟凤凰卫视，继而组建了阳光文化影视公司，担任董事会主席。

吴士宏，像男人一样不向现实低头，她的事业心甚至强过很多男士。因此她从一个"下岗女工"，变成中国区微软、IBM、TCL 等公司的管理高层。

闾丘露薇，像男人一样理性和勇敢，直击巴格达战火，报道中东局势，话语中既有理性公正，又有温柔花香，因而被称为"战地玫瑰"……

女人，并非生来就注定是一个弱者，只要敢于和男人一样面对世间的风风雨雨，迎接生活的艰辛挑战，胸怀大志，不向现实低头，以强者的姿态走入人生的河流之中，也定能激起惊涛骇浪，由此创造自己可以紧紧把握的幸福。

不放弃的女人，希望永远存在

我们常说坚持就是胜利，在人生的道路上需要坚持的事情很多，作为女人，对于美好生活的追求，更不能轻言放弃。

有些女人认为自己天生就是弱者的角色，要扮演好它，就要显得小鸟依人，在经济上依附于男人，在遇到困难时，赶快找一个肩膀依靠，寻求最强有力的支持。这样的女人也许会受到某些男人的喜欢，但她们也交出了获取幸福的主动权。特别是当她们孤身一人陷入困境的时候，很容易走入绝望的边缘。

大多数女人都不会甘心做一个等待被别人赐福的人，因此，她们会尽自己最大的努力去改变生活现状。她们也早已明白，人生起起落落无法预料，当遇到逆境时，光想着依靠别人，需求帮助，或者只是忧郁沮丧显然毫无作用。无论发生什么事情，无论有多么痛苦，女人都不能整天沉溺于其中无法自拔，不要让痛苦占据自己的心灵。困难来临时，女人要有勇气直面困难、打倒困难，以顽强的意志战胜困难。

我们常说女人要独立、要自强，很多女人在激烈的竞争中也抱着必胜的信念奋力拼搏，但失败却接二连三地出现。然而如果我们经历一次失败，就失去信心，放弃努力，往往会功亏一篑。事实上，人生从来没有真正的绝境，无论遭受多少艰辛，无论经历多少苦难，只要女人的心中还怀着一粒信念的种子，只要不放弃，总能看到美好的希望。

一位心理学家曾做过这样一个试验：将两只白鼠丢入一个装了水的器皿中，它们会拼命地挣扎求生，一般维持的时间是8分钟左右。然后，他在同样的器皿中放入另外两只白鼠，在它们挣扎了5分钟左右的时候，放入一个可以让它们爬出器皿的跳板，这两只白鼠得以活下来。若干天后，再将这对大难不死的白鼠放入同样的器皿，结果真的令人吃惊：两只白鼠竟然可以坚持24分钟,3倍于一般情况下能够坚持的时间。

这位心理学家总结说:前面的两只白鼠,在处于困境的情况下,因为没有逃生的经验,它们只能凭自己本来的体力来挣扎求生;而有过逃生经验的白鼠却多了一种精神的力量,它们相信在某个时候,会凭借跳板得救,这使得它们能够坚持更长的时间。这种精神力量,就是积极的心态,那个跳板,就是它们心中的希望。

希望是一种伟大的精神力量,一个人,即使他一无所有、身陷绝境,只要他有希望,他就可能拥有一切。

尤利乌斯·马吉出生在苏黎世郊区的一个贫困的农家,异常窘迫的家境,让他没有读完初中,便开始了艰难的打工人生。然而,多年过去了,他唯一的特长只是像父亲那样磨面粉。父亲曾悲哀地对他说:"你这辈子就是磨面粉的命了。"

马吉不甘心地回答父亲:"不,我不会一辈子迈着沉重的步子,一圈圈地推着两扇磨。"父亲撒手而去时,唯一留给他的遗产便是那两扇简陋的磨盘。望着那转了无数圈的磨道,望着那两扇默默无言的磨盘,不服输的马吉在思索着走出窘境的途径。

20岁那年,马吉从朋友舒勒医生那里得知——干蔬菜不会损失营养成分。他想:若将干蔬菜和豆类放在一起磨,一定会磨出富有营养的汤料。那样,岂不可以让那些家庭主妇们熬汤更快速、方便一些?

他立刻借钱购置了设备,开始磨自己想象的那种汤料。就这样,一个灵感加上果断的行动,马吉很快便赢得了人们难以想象的成功——最早的速溶汤料。产品一投放市场,便大受欢迎。然而,马吉仍不满足,他的眼睛继续紧紧盯着那两扇磨盘,思索着接下来该磨出什么样的新产品。经过反反复复地试验,他终于在1890年,磨出了可以改变沙司、凉菜、鱼肉、汤和配菜味道的万能调味粉。后来,他又磨出了广为畅销的浓缩肉食品。到1901年,他已是拥有资产超过亿元的大型跨国公司的老板。

在苏黎世大学举办的一次演讲中,马吉自豪地告诉人们:"即使命运只赠给我两扇简单的磨盘,希望也会给予我信心、智慧和执着,让我磨出自己亮丽的人生。"

即使生活留给你两扇磨，心怀希望的人也会用自己的努力磨亮自己的人生。在这个充满竞争色彩的社会，最后的冠军永远都是那些百折不挠、永不放弃的人。

与马吉不同的是，生活中的一些女人每当身陷困境时，悲观、失望就会立即爬上她们的心头，在自己给自己不断施加重压的过程中，希望的种子在她们的心中被压得过早夭折，悲观的情绪则像黑色的墨水一样迅速渲染了她们本来就黯淡的心。女人身处困境时，更需要给予自己更多的肯定，如果你的心想要放弃了，行动力自然会大打折扣，希望也会消失得无影无踪。

圣诞节那一天，吉米临时有事要去出差，但在买火车票的时候，却被售票员告知票早已经卖完了。看着吉米一脸着急的样子，售票员就好心地劝解他："你去候车厅转一转吧，没准儿还能碰上有人临时有事需要退票的呢。不过，像今天这样的日子，估计可能的机会只有万分之一……"也只有这么一个办法了。吉米提起旅行箱，随着人流涌进了候车厅里。

可是，眼看着时间一分一秒地过去，还是不见有人说要退票。不过，吉米倒是非常有耐心地一直坐在位子上等着。当列车进站的广播响起来的时候，吉米只好提起旅行箱准备离开了，但还是满怀希望地扫视着候车厅的每一个角落。就在这个时候，吉米突然看到：一个女人急匆匆地从门口处跑了过来，一边高高举着一张火车票，一边气喘吁吁地喊着："票……谁要火车票……"吉米乐了，赶紧跑了过去，一看：天呐，正是他需要乘坐的那列火车的票啊！原来，这个女人的孩子生病了，不能再冒着严寒外出，就跑来退票了。

坐上列车之后，吉米赶紧给家里的妻子打了一个电话，说："若不是我努力坚持着，从不绝望和放弃，也就抓不住这仅有的万分之一的机会了……"

在人生的道路上，轻易就放弃的女人感受到的幸福总是很少，事事碰壁是常态。对于努力追求幸福生活的女人来说，哪怕是只有百分之一的希望，她们也要做百分之百的努力！

在困境中，给予自己积极的心理暗示

积极的心态是女人走出阴霾的明灯，而心理暗示就如发电机一样，给予女人永不枯竭的力量。

女人的心态经常发生奇妙的变化，特别是外界环境改变时，心态必然跟着改变。在这个过程中，心理暗示也起着重要的作用。

心态与心理暗示紧密相连，心理暗示引导一个人形成某种心态。心理学家研究表明，女人的心态更容易受到心理暗示的影响。受暗示性是人的心理特性，它是人在漫长的进化过程中形成的一种无意识的自我保护能力，当人处于陌生、危险的境地时，人会根据以往形成的经验，捕捉环境中的蛛丝马迹，来迅速作出判断。

多数女人的生活境遇，既不是一无所有，一切糟糕，也不是什么都好，事事如意。这种一般的境遇相当于“半杯咖啡”。你面对这半杯咖啡，心里产生什么念头呢？消极的自我暗示是为少了半杯而不高兴，情绪消沉；而积极的自我暗示是庆幸自己已经获得了半杯咖啡，那就好好享用，因而情绪振作，行动积极。这就造成了两种截然不同的心态。

处于困境中时，积极的自我暗示对人改善环境有着不可思议的作用，有时甚至会创造奇迹。第二次世界大战前，苏联一位天才的演员 N. H. 毕甫佐夫，平时老是口吃，但是当他演出时却能克服这个缺陷。所用的办法就是利用积极的自我暗示，暗示自己在舞台上讲话和做动作的不是他，而完全是另一个人——剧中的角色，这个人是不口吃的。

霍特是美国著名的心理学家，他在阐述心理暗示的作用时，曾举了这样一个例子：有一天，友人弗雷德感到意气消沉。他通常应付情绪低落的办法是避不见人，直到这种心情消散为止。但这天他要和上司举行重要会议，所以决定装出一副快乐的表情。他在会议上笑容可掬，谈笑风生，装成心情愉快而又和蔼可亲的样子。令他惊奇的是，不久他发现自己果真不再抑郁不振了。弗雷德并不知道，他无意中采用了心理学研究方面的一项重要原理：装着有某种心情，往往能帮助他们真的获得这种感受——在困境中有自信心，在不如意时较为快乐。

心态很容易受到心理暗示的影响，它的改变往往带来行为的改变。多年来，心理学家都认为，在一定程度上，心态决定成败。著名的英国心理学家哈德飞，记录了这样一个实验：

哈德飞请来了三个人，并告诉他们，不管在哪种情况下，都要尽全力抓紧握力计。

实验开始，在一般的清醒状态下，三个人平均的握力是101磅。

第二次实验则将他们催眠，并告诉他们，他们非常地虚弱。实验的结果，他们的握力只有29磅——还不到他们正常力量的三分之一。

然后哈德飞再让这些人做第三次实验：在催眠之后，告诉他们说他们非常强壮，结果他们的握力平均达到142磅。

当他们在思想里很肯定地认定自己有力量之后，他们的力量几乎增加了50%。这就是我们难以置信的心理暗示的力量。

积极暗示是以开放的、积极的态度看待环境、他人或自我，给他人或自我以积极的鼓励和信念。女人要在这种心理暗示的作用下，保持阳光心态，利用心态的作用来改善你的生活，促进自己的人生发展。

心理暗示普遍存在于生活之中，它用含蓄、间接的办法对人的心态产生迅速影响的过程，它用一种提示，让我们在不知不觉中接受影响。一个女人，当她以积极的态度来看待自我时，才会产生高自尊和积极的自我意识。要告诉你自己："我能行！""我相信我自己！"通过积极的态度来培养和磨练信心与意志，这种积极的心理状态可以引领女人逐渐摆脱消极、自卑，变得积极、阳光、快乐，逐渐接近成功。

女人也要争强好胜，永不言败

新时代的女人千万不要以为事事迁就、退让就是“淑女”，现在的女人更应该懂得如何在幸福的道路上为自己争取，在人生的道路上“争强好胜”。

对于女人是否要争强好胜的疑问，大部分人给出的结果都很鲜明。对于那些事业心强的女人来说，竞争早已成为她们日常生活中浓重的色彩和氛围，争取胜利或最好的结果，也是她们行事的最终目的。而在另一些较为传统的女人心中，从小被灌输的要做乖乖女、听话女的思想根深蒂固。

生活阅历丰富的女人都有这样的感受，当生活中出现变故、困境的时候，软弱只会使事情向更坏的方向发展。在诸多棘手事情的磨砺中，她们不得已也逐渐习惯了选择坚强，选择为自己的幸福积极争取。

在人生诸多的挫折接二连三地出现时，女人如果一蹶不振，不去挣扎，只会让自己的生命停滞不前，即使美艳如花，生命却早已经枯萎。因此，女人不仅要有坚强的心，更要为自己的幸福生活不断争取。

丽丽在上大学时是众人眼中的能人，不仅品学兼优，人长得更是惊艳，她把学校的文体活动都组织得有声有色，在各种竞赛和评比中，也都力争夺魁。

就是这样一个女子，在她的石榴裙下围了很多男生，但最终她选择了一个家庭条件一般、不苟言辞但很努力的一个男生。

时间飞逝，毕业后，丽丽的生活和工作都以那个男生为重心，也不再积极为自己争取什么。她几次放弃了更好的去外地发展的机会，也放弃了其他条件优秀的男生。

丽丽的好友都以为她的条件那么好，这个男生以后一定会对她千般呵护。但在他们结婚五年以后，当这个男人发展得非常好，也挣了很多的钱时，却突然有一天向丽丽提出了离婚，原因是他对丽丽已经没有了从前的感觉,反而觉得她是个累赘。

丽丽非常痛苦,她十分不解,为什么自己当年的“屈尊”却换来了被抛弃的结果,她想象着自己嫁给有钱男生以后的生活,她也想象着自己拥有好工作的风光。没多久,丽丽便憔悴如纸,任几个好朋友劝也没有办法。她夜夜买醉,常常以泪洗面,很多同学见了她,再也认不出以前那个惊艳和出众的丽丽了。

一个争强好胜的丽丽和一个依附男人的丽丽,心态的不同,使得生活的境遇有了天壤之别,也左右了幸福的方向。丽丽的悲剧是因为爱情而起,开始于她的不争,其他女人的悲剧也可能因为爱情、家庭等因素。家是女人最终的归宿,是心灵的港湾,女人可以为了爱的人付出一切,但得来的未必就是好的结果。

因此,新时代的女人千万不要以为事事迁就、退让就是“淑女”,要懂得如何在幸福的道路上为自己争取,在人生的道路上“争强好胜”。争强好胜不是一味地嫉妒或者傲气冲天,而是做事情的时候以严格的标准要求自己,不管结果如何,都不放弃一丝的希望,凡事要争先、要争赢。女人在心理和生理上相对于男人来说,都处于弱势的位置,再加上社会上遗留的一些偏执的观念,女人很容易会受到伤害。对爱情的专一,对家庭的执着,对事业的投入,这些都可能给女人带来伤害。但是,女人不能让自己的内心脆弱下去。只要有一丝希望,女人就应该坚强地走下去。女人应该在生活中争强好胜,如果你做了生活的强者,那么一切的困难都会在你面前变得渺小和微不足道,如果你向困难妥协,那么等待你的将是无尽的悲伤。只有争强好胜的女人,才能把握住生活的希望,才能将痛苦的经历用不断的努力掩埋起来。任何一个成功女人光鲜的背后,都有伤心落泪的时刻。只不过那些流泪的日子早已经过去,成功的女人已经从阴霾中走出来了。其实,对于女人来说,有一些经历是无法避免的,人的一生也不可能时时事事都顺利,只要度过困苦的时刻,永不言败,那么等待女人的必将是幸福的新生活。

聪明的女人,从来不会轻易交出命运的掌控权,更不会祈求命运能赐给自己一个美好的未来,也不奢望依靠男人过上多么幸福的生活。爱情不是女人幸福的唯一,世界上没有什么是绝对的,但是对于女人来说,自己争取并永不放弃却是必要的。只有对美好人生和未来幸福的不断追求，生活才会翻开自己心仪已久的新篇章。

{Chapter 4}

睿智取舍：聪明女人拿得起也要放得下

女人的一生，要面对诸多的选择，是坚持还是放弃，是选择还是逃避，是满足还是放纵等。何取何舍，女人要有良好的心态。人生之道就在于懂得取舍，能进退自如，拿得起也要放得下。聪明的女人不让自己为情所困、为事所困，该争取时争取，该放下时则放下。人之一生，需要我们放弃的东西很多，如果不是我们应该拥有的，我们就要学会放弃。学会放弃才能卸下人生的种种包袱，轻装上阵，安然地等待生活的转机。俗话说“有舍才有得”，放开手，女人才会得到更多的幸福。

女人懂得取舍，不留任何遗憾

当我们不懂取舍时，也许总是面临抉择，而当我们有能力选择的时候，往往已经没有多少选择的机会了，这是人生的悲哀。所以，女人一定要早早地学会如何取舍、如何选择，让自己的人生少一分遗憾，多一分如意。

人生在世，每个人都要面临很多选择，很多时候，难的不是绝处逢生，因为绝处逢生，是只有一条路，必须往前走；难的是，当你有很多选择的时候，该如何取舍。

懂得取舍，才没有遗憾。如何取舍，才能让内心得到满足，才能最大限度感受到幸福？很多女人，一生犹犹豫豫，把选择权交给父母、交给恋人，甚至交给宿命，于是迷迷糊糊走上一条他人指定的人生轨迹，直到失去改变生活的梦想和勇气，才恍然大悟，一切都已经来不及，唯有遗憾。女人只有把取舍的权利留给自己，让自己去思考、去抉择，无论结果如何，才可以勇敢地去负责。

女人的青春本就短暂，刹那芳华，取孰舍孰？如果不懂取舍，胡乱迈出一步，也许将来就要后悔。聪明女人一定要懂得取舍，让自己不留遗憾。

我们都知道“鱼和熊掌不可兼得”的道理，可是当事情来临时，又总是会贪婪得欲求更多，这时我们往往忘记了“贪心不足蛇吞象”的典故。而真正聪明的女人，她淡泊以明志，宁静以致远，从来不贪心地企图占据全部的好事，在幸福满怀的时候，她懂得要舍弃一些给予他人，而用全部的精力去牢牢抓住对自己而言最重要的东西。这样的心你有没有？这样的沉静姿态你有没有？从现在开始，让我们学会做个聪明女人，把握良好心态，在我们的温馨世界里，把爱分给大家，把美好撒播出去，也许，你给予他人的对你而言不重要的东西却是他人生命里美丽的水晶球。

提起潘石屹和他的“现代城”“长城脚下的公社”，大概无人不知，无人不晓。但是，潘石屹的成功也不是从天上掉下来的。1981 年，潘石屹从北京培黎学校毕业，并以第一名的优异成绩被石油学院录取。1984 年，潘石屹毕业后被分派到河北廊坊石油部管道局经济改革研究室工作。在那里，他的聪明和对数字天生的敏感博得了领导的赏识，并被确定为“第三梯队”。

有一次，办公室新分配来一位女大学生对分配给自己的桌椅十分挑剔。当潘石屹劝她凑合着用时，对方非常认真地说：“小潘，你知道吗，这套桌椅可能要陪我一辈子的。”就是这不经意的一句话深深地触动了潘石屹：难道我这一生将与这套桌椅共同度过？正在思变的时候，他遇见了远在刚刚开放的深圳创业的一位老师，他决定改变自己的命运。

1987 年，潘石屹变卖了自己所有的家当，毅然辞职，揣着 80 元钱去广东打工。后来去了海南，与朋友开公司，自己做老板，开始了经商生涯，凭借着个人的努力，潘石屹迅速完成了原始资本的积累。

1993 年，潘石屹在北京注册了北京万通实业股份有限公司，任法人代表兼总经理，开始了在北京房地产界的创新与创业，最终成了北京地产业的一颗新星。

潘石屹就是典型的懂取舍之人，所以他成功了，走出了自己的人生，闯出了属于自己的一片天空。如果他当年没有舍弃稳定的“饭碗”，如今的他也许还在研究所里过着清贫朴素的日子，北京也会少了一座“现代城”。懂得取舍的人，往往是拥有强大内心的人，他们不依赖外界的力量，不受制于出身与宿命，他们勇敢地为自己作抉择，理智分析，果断地选择自己想要的人生。

也许你要说，你不是潘石屹，稳定的工作未必不比辛苦做生意好。诚然，潘石屹只是一个典型，他的成功说明的不是职业的高低贵贱，而是一种懂选择的智慧与魄力。聪明的女人，要懂得沉静，沉静下来，叩问自己的内心，到底需要的是什么样的生活，究竟什么是自己最大的追求、最不可缺失的梦想？想清楚了，就勇敢地去做，勇敢地去舍弃绊脚石，勇敢地去选择真正属于自己的未来与人生。调整自己的心态，摆正自己的位置，舍旁枝、取主干，只有这样，才不留遗憾。

也许前路坎坷，也许你选择了之后，会有比原先艰难许多的波折，甚至会后悔作了这个决定，怀疑自己是不是选错了。这个时候，请相信自己，当你考虑清楚并痛下决定的那一刻，必然是已经预料到了未来的艰险，并愿意为之付出，为之努力。

什么样的取舍决定什么样的生活。人生只有三天，昨天、今天、明天。今天的取舍决定明日的生活。

每个人的时间和精力都有限，必须作出一些取舍。在丰富多彩的社会中，只有懂得取舍，才能更好地拥有。人生无时无刻不面临着取舍，有时无关紧要，有时事关重大，有时面临生死。懂得取舍，对人们来说是如此重要，取舍的正确与否有时关系到事业成败，家庭和谐，甚至个人的身心健康。

人要懂得取舍，因为选择的机会随时会出现，大到选择求学、就业，谈婚论嫁，小到一日三餐。常听到有人说："哎呀，我们老得太快，如果当初有现在的觉悟和聪慧该多好"。人生既漫长又短暂，能够决定一生命运的，只在那几步，当我们年轻时，当我们不懂取舍时，也许总是面临抉择，而当我们有能力选择的时候，往往已经没有多少选择的机会了，这是人生的悲哀。所以一定要早早地学会如何取舍、如何选择，让自己的人生少一分遗憾，多一分如意。

取舍之间要有好心态

取舍的好心态在于取舍之际，要跟随个人的理想，不要随波逐流，不要人云亦云，找到自己的平衡点，自己的临界点。

世间万物都有一个平衡点，事物之间也有平衡点，或称临界点。临界点之左之右都不能算恰到好处，你能找到那个最佳的临界点吗？取舍之间就有这样的临界点。有时候取舍只在一念之间，悲喜也只在一念之间。

大部分的人总是容易陷入一个怪圈:这山望着那山高。其实你认为最好的东西是否一定适合你呢?你找到那个最适合你最能平衡你生活的临界点了吗?可爱的女人们,从现在开始,每天对着镜子,告诉自己,身边的爱人是你今生最最完美的理想伴侣,目前已经选择的工作是你最最喜欢的工作吧。只有放下那山的风景,内心才能平衡,心灵才能宁静,心情才能舒畅,也才能真正感受到这山的关爱,感受到坦然与洒脱。

取舍间的智慧,全在一个“悟”字。佛家常常说一个人有“悟性”,说的便是一个人懂得取舍的智慧,知道何为可取之物,知道何为必舍之事,取舍之间,如蜻蜓点水,却恰到好处。一念之间,却把世事想透,不多取一分,也不胡乱舍弃。聪慧如此,必然幸福满怀,于是就常听人们说某某人好福气,却忘了自己其实也可以有“福气”,只是曾几何时,自己没有掌握好取舍间的尺度与智慧,于是最终只能艳羡他人。

如今尘世中的女人们,大多“终朝只恨聚无多”,做什么都想赢,做什么都不肯舍弃一分一毫。纵观社会,横看人生,既有饿死、穷死的,也有撑死、富死的,甚至有窝囊死的;有人因祸得福,有人因福得祸……不胜枚举。何时该取,何时该舍?这个平衡点真是很难掌握,而天下也没有放之四海皆准的真理,我们能做的,就是根据此时、此地、此情、此景去综合权衡利弊得失。只要分析出利大于弊,即可作出取舍;而妄求只有利益,没有弊处,就永远选不对,心里永远不平衡。欲求太多的人,最不懂取舍间的玲珑智慧。

乡村有一对清贫的老夫妇,有一天他们想把家中唯一值点钱的一匹马拉到市场上去换点更有用的东西。老头牵着马去赶集了,他先与人换得一头母牛,又用母牛去换了一只羊,再用羊换来一只肥鹅,又把鹅换了母鸡,最后用母鸡换了别人的一大袋烂苹果……但在每次交换中,他都想给老伴一个惊喜。

当他扛着大袋子来到一家小酒店歇息时,遇上两个英国人。闲聊中他谈了自己赶集的经过,两个英国人听得哈哈大笑,说他回去准得挨老婆子一顿揍。老头子坚称绝对不会,英国人就用一袋金币打赌,三人于是一起回到老头子家中。老太婆见老头子回来了,非常高兴,她兴奋地听着老头子讲赶集的经过。每听老头子讲到用一种东西换了另一种东西时,她都充满了对老头的钦佩。最后听到老头子背回一袋已经开始腐烂的苹果时，她同样不愠不恼，大声说："我们今晚就可以吃到苹果馅饼了！"结果，英国人输掉了一袋金币。

取舍间的好心态就在于此，发现平衡点，果断地抉择，然后在这个平衡点之上，把握平衡点，去轻松地感受取舍之后的快乐与美好。拥有取舍之间好心态的女人，脸上总是充满阳光般暖暖的笑意，她们对生活没有抱怨，没有哀叹，她们举重若轻，不多奢求一分，也不委屈自己。

当然，也总有一些女人，她们永不满足，将快乐建立在与人不断的搏斗争取之中，将目标不断地往远处推移。这种女人快乐可能少，但成就可能大。其实，是苦是乐全在个人，每个人的渴求不同，每个人的快乐源泉也不同，了解自己，取舍亦符合自己的内心满足，这便能快乐，也便拥有了取舍间的好心态。正如不爱珠宝的女人，即使置身虚荣浮华之境，也百无聊赖；拥有万卷书的穷书生，对股票或钻石并没多大兴趣；满足于田园生活的清雅之人，从不羡慕任何荣誉头衔或高官厚禄……爱好即方向，兴趣即资本，性情即命运。而这一切的一切都来源于什么呢？来源于一个好心态。睁开眼睛，仔细地去观察，你会发现，每一个聪明的女人，都有一个好心态，慧质兰心，只轻悠悠舀一瓢自己心底最爱喝的那口茶。

作为女人，什么样的人生最成功？没有定论，全看个人。非要一味概之，就落入愚蠢的窠臼。完全照搬那些看似风光的女人的经验与路径，最终只会"舍"错人"舍"错事，最后取得的人生，貌似是自己曾经所羡慕和企求的，却无论怎样也快乐不起来，只有满怀的懊恼，甚至可笑。如果一定要给成功女人的人生下一个定义，给一个框架，那便是，当一切尘埃落定，内心充盈，感觉到实实在在的幸福，而无论外界的眼光。

舍弃的艺术——一颗知足心

掌握舍弃艺术的人，不急躁，不短视，不虚浮，不回避舍弃，即便内心有万般煎熬，舍弃时也是波澜不惊，舍弃后就知足常乐，这种舍弃最是境界，也最易获取幸福与尊敬。

著名作家贾平凹说："舍与得实在是一种哲学，也是一种艺术。"

人活一世，明知生不带来，死不带去，却平白中产生了很多不愿舍弃的东西。诸如"难舍""割舍""舍不得"等词汇，都体现了我们面对舍弃时的痛苦和无奈。然而生活的经验告诉我们，倘若不舍弃一些东西，势必造成生活的负累。当我们面临难以舍弃的抉择瞬间，勇于舍弃既是一种本事，也是一种现实需要，而善于舍弃更是一种处世艺术，而掌握这种艺术的关键，就在一颗知足心，有了知足心，就早早明白自己的底线在哪里，就明白舍与得是必然的，与其逃避，不如静默相处。得所能得，舍所能舍，得所必得，舍所必舍。

该舍弃时就舍弃，特别是当你已经明知不舍只会让痛苦扩大，不舍只会拖延青春，不舍只是如食鸡肋，此时此刻，更没有牢牢不放的理由。舍弃是一种睿智，舍弃得好，可以放飞我们的心灵，可以还原我们的本性，真实地享受到惬意人生；舍弃是一种选择，没有明智的舍弃就没有辉煌的获得。舍弃的艺术，在于进退从容之间积极乐观的态度，在于前行路上不奢求不贪婪的知足心，有这样的心态，就必然会迎来光辉的明天。

舍弃不是闭着眼睛抓阄过人生，也不是知难而退故步自封，舍弃其实是一种欲扬先抑，退一步来寻求主动、积极进取的心态。很多人不惜一切代价来求取成功，可失败依旧不可避免，希望越大失望越大。而倘若我们坦然处之，从平衡中得到平安，从经验中获得成长，就能松开握紧的拳头，去感受自在与活力。

俄国作家托尔斯泰写过一则短篇故事:有个农夫,每天早出晚归地耕种一小片贫瘠的土地,但收成很少。一位天使可怜农夫的境遇,就对农夫说,只要他能不断往前跑,他跑过的所有地方,不管多大,那些土地就全部归他。

于是,农夫兴奋地向前跑,一直跑,一直不停地跑!跑累了,想停下来休息,然而,一想到家里有妻子和儿女,需要更大的土地来耕作、来赚钱啊!所以,又拼命地再往前跑!真的累了,农夫上气不接下气,实在跑不动了!可是,农夫又想到将来年纪大,可能乏人照顾、需要钱,就再打起精神,不顾气喘不已的身子,再奋力向前跑!最后,他体力不支,"咚"地倒在地上,死了!

舍弃是一门哲学,舍弃更是一种本事。没有能力的人、没有悟性的人,往往不懂舍弃或者胡乱舍弃。舍弃的艺术,说起来容易,做起来却很难。史学家范晔说:天下皆知取之为取,而不知予之为取。如今太多女人就是不知如何取舍,什么都不舍得放下,把握不住得失间的转化,只看眼前利益。拥有知足之心的女人,她掌握了舍弃的艺术,不急躁,不短视,不虚浮,不回避舍弃,即便内心有万般煎熬,舍弃时也是波澜不惊,舍弃后就知足常乐,这种舍弃最是境界,也最易获取幸福与尊敬。

有一天,几名学生怂恿苏格拉底去热闹的集市逛一逛。他们七嘴八舌地说:"集市里的东西可多了,有很多好听的、好看的和好玩的,有数不清的新鲜玩意儿,衣、食、住、行各方面的东西应有尽有。您如果去了,一定会满载而归。"他想了想,同意了学生的建议,决定去看一看。

第二天,苏格拉底一进课堂,学生们立刻围了上来,热情地请他讲一讲集市之行的收获。他看着大家,停顿了一下说:"此行我的确有一个很大的收获,就是发现这个世界上原来有那么多我并不需要的东西。"随后,苏格拉底说了这样的话:"当我们为奢侈的生活而疲于奔波的时候,幸福的生活已经离我们越来越远了。幸福的生活往往很简单,如最好的房间,就是必需的物品一个也不少,没用的物品一个也不多。做人要知足,做事要知不足。"

舍弃是艰难的选择,舍弃是勇敢的承担,舍弃是一种忍耐,是一种智慧,更是一种艺术。《左传》中有句话:君以此始,则必以此终。你舍弃了一样,选择了另一样,就必须要承担你的舍弃与选择所带来的连锁反应。

舍弃就充满在我们的琐碎生活中,日日上演或成功或失败的故事。刚者则柔不足，柔者则刚不足，勇者必戾，智者必诈，世间万物，芸芸众生，从来没有绝对的优点，也没有绝对的缺点，舍弃必然伴随着痛苦。何谓“割舍”，说的就是舍弃之时的疼痛，然而没有舍弃，就没有获得，我们能做的，不是逃避舍弃，而是如何舍弃得更艺术，舍弃得更优雅。聪明女人知道，工作不是生活的全部，事业有成更不是职业选择的唯一标准。她们有一颗知足心，懂得舍弃的艺术，反而拥有了更多幸福。

取舍之后，不让自己后悔

取舍了，就义无反顾，克服所有畏难情绪，毫不犹豫，拿出行动，扎扎实实地去做好每一件事。不要抱怨，不要懊恼，不要诉苦，没有人喜欢听一个怨妇倾倒情绪垃圾，没有人有义务做你的心理垃圾桶。

你的身边是否经常有女人天天抱怨，抱怨假使当初选择那个人，今日就不用为柴米油盐而烦忧？是否经常有女人懊恼，责怪自己入错行，不然如今就能年薪多少？是否还有女人整日愁眉苦脸，纠结于自己不错的条件，却要苦哈哈地拼搏于世？女人是感性的动物，喜欢倾诉，而倾诉得多了，就难免成了怨妇。觉得自己日子不好过，觉得自己选错了，种种不满，种种不如意，本来小小的事情，越抱怨，越放大，于是恶性循环，越抱怨，不顺心的事情就好像越多，最后就有了彻彻底底失败的人生。

甲、乙、丙、丁是四个最幸运的年轻人，他们得到上帝的垂青，可以搭上“愿望列车”，去选择自己的将来。“愿望列车”有四个停靠站，分别是金钱站、亲情站、权力站、健康站。甲、乙、丙、丁可以选择在任何一个车站下车。他们选择了哪个停靠站，经过努力后，在这方面的发展会特别的顺利和成功，而其他方面则会相应的失败一些。

于是，四个人带着自己的追求做出了自己的选择。甲在“金钱站”下了车,乙在“亲情站”下了车,丙在“权力站”下了车,丁在“健康站”下了车。

三十年过去了,甲、乙、丙、丁四人不约而同地来找上帝倾诉。

甲说:“谢谢上帝,我现在非常有钱,富可敌国。可是年轻时为了挣钱,我透支了青春,现在身体总有这样、那样的毛病。我觉得很不幸,能否用我的钱把‘健康’买回来?”

乙说:“我很幸福,有一个和谐美满的家庭。可我的烦恼也挺多……我能用亲情换些金钱和权力吗?我想让家人更加幸福。”

丙说:“我有许多权力,人家当面说的是赞美、讨好的话;背后却是恶语谩骂。别人请吃饭,不去不行,因为他们说你有点权力就摆谱。坚持原则办事,亲戚说你六亲不认……我多想有健康和亲情呀!”

丁说:“我身体健康,从没有去过医院。可我的妻子却说我不求上进,像一头猪一样活着,永远也过不上开私家车、住别墅的日子。为此,我常常烦恼。我能不能用我的健康换些钱和权力来呢?”

上帝看了看四位,指了指天空自由飞翔的小鸟,又指了指笼中欢快跳跃的小鸟说:“人其实就像小鸟,天空小鸟的快乐,在于它选择了自由;笼中小鸟的快乐,在于它可以轻松安逸地呆在笼子里。快乐源于选择,快乐源于如何看待自己的选择。后悔是没有用的,后悔是伴着选择的。”

是的,人生就是如此,快乐源于如何看待自己的选择,你有什么样的取舍,也就拥有什么样的人生。那些幸福的女人之所以幸福,不是因为她们选择了多风光的事业或嫁了多有钱的男人,而在于她们取舍之后不后悔。聪明女人总是放平心态,做出最适合自己的取舍,之后就一刻也没有为自己曾经的取舍而后悔。

常言道,一分耕耘,一分收获。怎样的付出,就有怎样的收获,“天上掉馅饼”的事情从来不会降临心存侥幸的人身上。凡是取舍之后又后悔的人,都是选择了却又不珍惜的人,他们不为自己的选择而努力,以为可以一劳永逸,殊不知,取舍只是一切的开始,真正的路还在后面。任何选择,都只有付出艰辛的努力,才能获得成功,才能功德圆满。女人啊,你想收获吗?那么一定要有起码的付出。这个世界有它不公平的地方,每个人的出身就伴随着不平等,你也许不够漂亮,也许家境不够富裕,也许天资不够聪颖……然而这个世界又存在公平之处，就在于只要你在面临人生的机会与选择时，作出正确的取舍，并为之付出努力，那么幸福就会降临。

取舍之后不后悔，是聪明女人需要时刻提醒自己的座右铭，更是一种好心态。要知道，后悔是对自己当初取舍时的不负责任的态度，抱着一颗不负责的心，如何才能把事情做好呢？要想成功，就要把希望放在明天，把计划放在今天，把行动放在现在。取舍了，就义无反顾，克服所有畏难情绪，毫不犹豫，拿出行动，扎扎实实地去做好每一件事。不要抱怨，不要懊恼，不要诉苦，没有人喜欢听一个怨妇倾倒情绪垃圾，没有人有义务做你的心理垃圾桶。太多的抱怨完全于事无补。只有放平心态，勇往直前，心中的慌乱才会得以平定，才能拼出成功的魔方。最终，你会发现，呀，当初的决定是多么正确！

女人有所舍，才有所得

随着成长成熟，人生就像挑选糖果，细细挑选，一点一点舍弃不那么重要不那么爱吃的糖果，最后只保留自己最最宝贵的那一颗，牢牢抓住，好好珍惜，让这颗糖成为相伴终老的幸福与美满。

电影《卧虎藏龙》里有一句很经典的话：当你紧握双手，里面什么也没有；当你打开双手，世界就在你手中。

有所舍，才有所得。不舍，则空空落落什么也得不到，就好像《红楼梦》里说的“机关算尽，反误了卿卿性命”，说的就是无舍也无得，反倒连性命也赔进去的人。有时候，看开一点，淡然一点，退一步海阔天空，舍得舍得，这两个字自古连在一起，因为有舍才有得。

每个人手上其实都攥着自己人生的选择权，但许许多多人并没有使用这一权利，他们不舍，于是终其一生，也没有得到什么，这也许就是成千上万的人碌碌无为、平庸一世、抑郁一生的最直接原因。现代社会的女人，没有必要再抱着“女子无才便是德”的观念委屈自己，女人一样可以实现自己的人生价值，拿起人生的选择权，舍弃该舍弃的。每个人的精力有限，只有舍弃了旁支错节，才能将全部的精力放在最重要的事上，才能有所得有所获。有舍有得，才能给生命不断注入新的激情；摆正心态，对未来怀抱希望，但也作好最坏的打算，有舍有得，才能拥有把握自己命运的伟大力量；有舍有得，才能将人生的美好梦想真正变成辉煌的现实。

在巴勒斯坦，有两个海，但是它们很不一样。一个叫做加黎利海，是一个大湖泊，内有清澈的湖水可以供人畜饮用。不但鱼儿常常在里面嬉戏，而且人们也经常来光顾，游泳度假其乐融融。另一个就是著名的死海，它真的一如其名，因为它的一切东西都是死寂的，海水是咸的！盐度之高就是人躺在上面都不会下沉。这里的水是根本没法饮用的，如果你不小心喝了这里的水，一定会生病的。水中见不到鱼儿的影子，就连海草也没有。两岸更是寸草不生，没有人愿意居住在这块不毛之地。

关于两个海的有趣之处，是两个海同发源于同一条河流，而流入不同的海里。那么，是什么造成了同一源头，却两番截然不同的景象呢？原来，一个接受，然后付出：另一个是只接受，但是永不付出。约旦河水流入加黎利海的顶端，然后从其底部流走。它拥有这水，但是却不自己独占，而是继续将之交给别人使用。但是，约旦河水在注入死海之后，就被死海独吞了，永不外流。

死海自私地保留了富饶的海水，却反而成了死海。因为它只想得到，但是不想付出。正如每个人活在世上，刚开始是个积累的过程，宛如小孩子吃糖果，喜欢什么都抓在手上。然而随着年龄的增长，走向成熟，这时就要知道，糖果抓得太多，最终只会洒了一地。不少人的生活就是如此，满手的糖果，结果不是握不紧而全部失去，就是糖果在手上溶化。每个人都在一天天成长，要达到个人的幸福，就必须学会驾驭生活。随着成长成熟，人生就像挑选糖果，细细挑选，一点一点舍弃不那么重要不那么爱吃的糖果，最后只保留自己最最宝贵的那一颗，牢牢抓住，好好珍惜，让这颗糖成为相伴终老的幸福与美满。

上帝在创造蜈蚣时，并没有为它造脚，但是它仍可以爬得像蛇一样快。

有一天，它看到羚羊、梅花鹿和其他有脚的动物都跑得比自己快，心里很不高兴，便嫉妒地说："哼！脚多当然跑得快。"于是它向上帝祷告说："上帝啊，我希望拥有比其他动物更多的脚。"

上帝答应了蜈蚣的请求，他把好多好多脚放在蜈蚣面前，任凭它自由取用。蜈蚣迫不及待地拿起这些脚，一只一只地往身休上粘，从头一直粘到尾，直到再也没有地方可粘了，它才依依不舍地停止。它心满意足地看着满是脚的躯体，心中暗暗窃喜："现在我可以像箭一样地飞出去了！"但是当它开始要跑时，才发觉自己完全无法控制这些脚。这些脚噼里啪啦地各走各的，它非得全神贯注，才能使一大堆脚顺利地往前走。这样一来它反而比以前走得更慢了。

蜈蚣贪心，什么都不舍，结果却事与愿违。"舍"与"得"是一种人生哲学，更体现一个女人的好心态。舍得舍得，先舍后得，有舍有得；"舍"总是在前，"得"紧随其后，"舍"与"得"虽是反意却是一物之两面。舍与得其实是一个等号的两端，你先舍，然后才能得。所谓，施比受有福，说的就是一个人施予了，他所得的福往往更多。这便是"舍得"的真意。能"舍"能"得"，舍得之间的玄妙与意境，要靠自己去琢磨，去感悟。聪明的女人，你悟出来了吗？

"爱出者爱返，福往者福来。"也许不是每一次付出都有回报，但每一次所得必然要经过舍弃与付出。从某种意义上说，舍得说的就是贡献与索取、获得与舍弃之间关系的平衡和把握。"将欲取之，必先予之"，这是古今中外成功者共同的处世原则。舍弃一物，未必会尽失所有；成就他人，也未必会损伤自己。成功的关键在于，知道何时予，知道何时得。只要怀抱一颗善良积极的心，肯舍，则之后必有得。

聪明女人的取舍标准

女人要时常问自己，对你而言，最不可失去的是什么，然后以此为标准，放弃那些你不需要的、不属于你的东西，从此将悲伤、失败等不好的东西归零，轻装上阵。

也许你要说，我不是不懂要取舍，不是不舍得放弃，只是我真的不知道该如何取舍。的确，现在社会节奏快，生活压力大，每天都有各种各样的事情在逼着你往前走，容不得你停下脚步仔细思考，日子就过得像陀螺一样。于是你想，如果有一个取舍的标准摆在眼前该多好，需要取舍的时候，拿出来看一下，马上就可以作出决定。

那么这种标准是否存在呢？聪明的女人是否有一套专门的取舍标准呢？答案是“有”。但是，这个标准不一定适合你。放之四海皆准的取舍标准，是不存在的。但是，聪明的女人会在人生的历练中，慢慢地去总结，慢慢地去提炼，最后得出一套属于自己的价值体系与取舍标准，然后根据这套标准去果断地取舍，既快捷又准确。所以，要做聪明女人的你，赶紧也建立一套自己的标准吧。

吴士宏在《逆风飞扬》一书中说：“得到今天的一切，我付出了很大的代价，大到我不建议美丽的女人们也去做同样的付出。人生有丰富的意义，不是只有事业、职业经理人，或者是‘企业家’才是有意义的实现。”是啊，除了工作，我们的生活中还有那么多值得我们重视的事物：健康、爱情、亲情、友情……它们之中每一样，都有理由成为我们幸福的源泉，成为我们成功的索引，关键就看你心里怎么想，行动上怎么做。

吴士宏是不是聪明女人？是的，她当然是。因为她深刻认识到自己的出身与条件，她别无选择，要想改变命运，要想过得更好，甚至哪怕只是为了生存，她都必须选择这条与男性博弈的路。吴士宏付出了很多，但是所有的付出、取舍都是根据自己的评判标准，而且她心态很好，从来不抱怨为什么自己就得这么苦，只是行动起来，做个实干家，因而她的人生是成功的；与此同时，她并不建议所有女性都如她一般，因为她清醒地知道，这只是她的取舍，这只是她的人生，而不同的女人，有不同的路要走。

张曼玉的成功尽人皆知。而过去，在她成长的道路上，她却曾经为她错误的坚持付出过不小的代价。刚进入演艺圈的时候，她还是个少女，那时，她只想在银幕上扮靓，只肯演妩媚动人的少女。演了几部电影之后，却没有得到预期的效果，观众不认可她的妩媚，不认可她演美貌少女时的表演。这个时候，圈里的人就劝她，以她的形象、她的演技，她应该有很大的发挥余地，如果不是总演少女，也许会取得成功。这个建议本来是很好的，可那时，张曼玉很相信自己的演技，也相信自己的相貌，相信自己的青春。于是，她固执己见，继续演少女。这样又演了几部戏，结果，还是没有取得预期的成功。

屡遭挫折之后，她终于放弃了那些无意义的坚持，决定改变戏路。于是，一个接一个全新的角色就出现了。从《新龙门客栈》里的老板娘，到《宋庆龄》里的宋庆龄，从《一门喜事》里的新娘子，到《甜蜜蜜》里的打工妹，从《济公》里的放荡妓女，到《青蛇》里的可爱青蛇，她角色多变，演技出色。张曼玉终于成功了。

这些角色的出演，给张曼玉带来了巨大的声誉，她连续四次获香港金像奖最佳女演员奖。可以说，她获得了最辉煌的成功。而这成功，当然得归功于她及时放弃了无意义的坚持的缘故。

今天的张曼玉，已不是什么戏都接了，她有自己的取舍标准，合乎标准，她才接戏；不合乎标准，再诱人的片酬，也不会让她动心。

忙碌可以是一种幸福，只要你清醒地知道忙碌的意义；清闲也可以是一种境界，只要你不至于因此而麻木。每个女人的标准不同，但每个女人都要有自己的标准，你是否尝试问过自己，究竟想要一种什么样的生活？你是否有在喘息之际审视道路，来考虑是否还有重新选择方向的自由？你是否真的有那么多“身不由己”以至于失去自我选择的权利？

不要只把眼睛放在别人身上，别人的路是别人走出来的，家家有喜也家家有忧。女人要时常问自己，对你而言，最不可失去的是什么，然后以此为标准，放弃那些你不需要的、不属于你的东西，从此将悲伤、失败等不好的东西归零，放平心态，轻装上阵。

树结果实，必须放弃美丽的花朵；享受灿烂阳光，必须舍弃雨水的滋润。凡事没有统一的轨迹，根据自己的标准来，有了标准，才能更果断地取舍；有了标准，才能减少失误的概率；有了标准，才能让自己的生活更加有条不紊。放弃过高的奢望，放弃不可能实现的梦想，放弃无法收拾的残局，放弃他人设定的框架，让自己的心回归，用自己的标准，去脚踏实地，去重新开始，去走自己的路，相信自己，一定会拓展出一片属于自己的新天地，一定会拥有一份属于自己的甜蜜幸福！

卸去包袱，轻装上阵

任何时候，都要坚信，只有跟失败的昨日告别，才能看到明日的希望。别人能做到，你为什么做不到呢？只要你心存希望，满怀信心，太阳每一天都是新的！

你是否每天都背着沉沉的行囊，疲惫前行？你是否每天都在给自己定很多目标很多要求？你，是否一直纠结于生活的细枝末节？可爱的女人，问问你自己，这些是否重要到让你每天带着严肃的面孔，是否重要到让你失去轻松纯真的笑容？

在短暂的生命中，苦乐相随，没有人会永远一帆风顺，亦没有人会永远水深火热。家家有本难念的经，每个人同样有每个人的烦恼，而不同的是，我们对待愁苦的态度。面对生活中的磨难，有的女人成了怨妇，有的女人失去了女人的温柔娇媚，而也有一种女人，她反而如花苞绽放，拥有了更加成熟淡定的隽永气质。这种女人，就是聪明女人。

聪明女人懂得为自己“减负”，卸下包袱，轻装上阵。面对每个负担或者苦痛，举重若轻，该舍弃的时候舍弃。因为她懂得，只有彻底地卸下包袱，才能跟悲伤告别，同负累告别；与过往的自己告别，才能继续前行，真正走向成熟，成为更美好的自己，拥有更美好的人生。

有一个人觉得每天不堪生活重负，没有丝毫的快乐可言。于是，他去请教一位德高望重的哲人。哲人把一只竹篓放在他的肩上说：“你背着它上路吧，每走一步都要从路边捡一块石头放在里边，看看是什么感受。”那个人虽然大惑不解，可还是按哲人说的去办了。可刚走了几百步，他就感到背负太重受不了了，因为竹篓里已经装满了沉重的石头。“知道你每天为什么不快乐吗？是因为你背负的东西太沉重了，它已经把你的快乐压抑殆尽了。”哲人从竹篓里一块一块地取着石头说，这块是功名，这块是利禄，这块是小肚鸡肠，这块是斤斤计较。当大半篓石头被扔掉后，那个人背起竹篓走起路来感到从未有过的轻松。

卸下包袱，内心才能恢复宁静，身心才能得到休息。生活中其实有很多美、很多快乐等待我们去挖掘、去发现，然而因为我们庸人自扰，总是把一些莫须有的东西背上身，如一个职称、一笔钱、一段发霉的感情、一些他人的期望……其实女人应该对自己好一点，很多东西并不如我们想象的那样重要，是我们自己把它们背上身，并且又扩大化。

把过去的一切甩在身后，卸下身心包袱，我们才能让心回归最初的宁静，重新开始规划新的生活。人们往往知道这个道理，却很难做到。然而，只有不再受过去一些因素的影响，你才能保持平和健康的心态，正确地把握将要发生的事，去获取新的成功。卸下包袱，做画家手中的那张干净的纸，这样才能画出美妙的图画。对于人生来说每一天都是崭新的开始，每一天都需要付出全部的努力，都需要认真地对待，我们只有卸下昨天的包袱，才能真正一丝不苟地去应对每一个环节和细节，才能把事情做好，才能过好未来。

有一个富翁背着许多金银财宝去寻找快乐，可是，走过千山万水也未找到，于是他沮丧地坐在山道旁。这时，一位农夫背着一大捆柴草从山上下来。富翁说：“我是个令人羡慕的富翁，为何没有快乐呢？”农夫放下沉甸甸的柴草，舒心地擦着汗水说：“快乐也很简单，放下就是快乐呀！”富翁恍然大悟：“是啊，自己背着沉重的珠宝，既怕人偷又怕人抢，还怕被人谋财害命，整天提心吊胆，快乐从何而来？”于是，富翁放下财宝，并用它接济当地的穷人。从此，富翁不再担惊受怕，忧心忡忡，反而因为帮助了穷人，得到了穷人的感激和爱戴而快乐起来。

人之一生，需要我们放弃的东西有太多太多，如果不是我们应该拥有的，就要学会放弃。几十年的人生旅途，会有风风雨雨，有所得也必然有所失，只有学会了放弃，卸下包袱，才能轻装上阵，才会活得更加充实和轻松。就好像这个富翁，放不下，于是快乐不起来；当他放下这些身外之物，卸下了无谓的负累后，他才真正拥有了快乐。

聪明的女人们，无论你的梦想和目标是什么，过去的都已经过去，现在才是真正的开始，立即拿出行动，跟昨天挥手告别，这样才能实实在在地看到明天的希望。许多人总是忽略这一点，于是以失败告终。也许当你需要卸下包袱那一刻，你会犹豫，会怀疑，但是只要迈出这一步，继续前进就不太困难，因为你不再有负累，你的心是轻松的。

成功，其实就是这么简单，忘却过去，刷新自己，才能获得更多灵感，女人也一样，把勤劳致力于当下，致力于未来；远离偷懒，掌握自己的命运，踏踏实实地做事，把握好生命的每一分钟，就有可能实现理想，就能接近成功。患得患失、过分计较自己的利益，则成了世俗小妇，将会成为我们获得成功的大碍。女人在面临任何情况时，都应尽量保持平常心。适应一种生活，就必然要放弃某些观念和欲望。放弃得当，我们就会解脱各种羁绊，打破各种禁锢；甩掉“包袱”，我们才能轻装前行，更快更好地进入适应的角色。

一切的欲望都只存在于我们心中，其实放下了，也不过如此。任何担忧、任何迷茫、任何恐惧和退缩都于事无补，任何时候，都要坚信，只有跟失败的昨日告别，才能看到明日的希望。别人能做到，你为什么做不到呢？只要你心存希望，满怀信心，太阳每一天都是新的！

执着有时只是一种固执

该舍弃时就舍弃，若为了一棵小树而放弃一片森林，那就不是执着，而是固执。适时放弃，有所坚持有所放弃，只有这样，我们的内心才能更平衡，不盲目固执，也许才是人生的捷径。

人生是为了什么？我们要活得开心，最关键的要素是什么呢？聪明如你，一定知道该执着时要执着，该放弃时要放弃的道理。只有放弃了苦恼，才能与快乐同行。生活中，有时不好的境遇会不期而至，搅乱我们的生活，让我们猝不及防，这时我们更要学会放弃，不要以为所有的执着都是好事，有时候，执着只是一种固执，只是当局者迷而已。

在非洲，人们抓捕狒狒有一套十分奇特的招法。他们将狒狒爱吃的食物高高举起，故意让躲在远处的狒狒看见，然后把这些食物放进一个口小里大的洞中。等人们走远，狒狒就会欢蹦乱跳地过来，把爪子伸进洞里，紧紧抓住食物，但由于洞口极小，它的爪子握成拳后就无法从洞口抽出来。这时，人就可以不慌不忙地过来收获猎物，根本不用担心狒狒会跑掉，因为它们舍不得那些可口的食物，越是惊慌和急躁，就将食物攥得越紧，爪子就越是无法从洞中抽出来，最终白白搭上了性命。

其实，那些狒狒只要稍一松开爪子，放弃食物，就可以溜之大吉，但它们却偏偏不！这就是愚蠢的固执。

我们常常说，执着的人值得赞许，因为他不抛弃、不放弃。然而有时，放弃才是另一种选择，才是一种大智慧，更是一种勇气。盲目的执着，有时只是一种自欺欺人的固执。就好比失业者不肯放弃僵化的择业观念，整日萎靡不振、怨天尤人；失恋之人不肯放弃已经逝去的那段感情，把自己弄得丧魂落魄、心灰意冷；赌徒不肯放弃“可能会赢”的侥幸心理，以至于血本无归、倾家荡产。凡此种种，都验证了有时执着是多么要不得。

一味执着，不肯放手，只会占用大量的时间和精力，而让很多真正该做的事情没有做，让真正的梦想失去实现的机会。

1996 年春，12 名攀登珠穆朗玛峰的登山者死于暴风雪，然而当时另外一个登山者——克洛普却保住了性命。因为他在距峰顶仅 300 英尺时转身下山了。

对于克洛普来说，登顶对他意义重大。如果他在不携带氧气的情况下能够成功登顶，将刷新珠峰攀登的世界纪录。但是如果花费 45 分钟的时间到达峰顶，就会超过安全的时限，无法在夜幕降临前下山。那次遇难的 12 名登山者中，大多数人都登上了峰顶，但遗憾的是他们都错过了安全返回时间。克洛普经过几周休养调息后，终于登上了珠峰，重要的是他毫发无损地回到了家乡。

如果克洛普与其他登山者一样，执着于登顶，则必然与他们一样，失去最宝贵的生命。克洛普放弃登顶时，有没有过犹豫？有没有有过挣扎？肯定有，大家都往上走，只有他放弃，他需要多大的力量才能说服自己啊！但是他最终作出了最正确的决定。不执迷于贪欲虚名，不执迷于权力角逐，不执迷于金钱诱惑，才能放弃不必要的执着，才能更好地到达目的地。

不固执，在该放弃时勇敢放弃，是明智之举，是顿悟之果。而主动地去放弃，更是一种坦荡的心境与博大的胸襟，不固执，对感性的女人而言，更是一种勇气和魄力。诚然，永不言弃通常是人们嘉奖的精神，但有时舍弃却是为了更好的明天。在充满种种诱惑的今时今日，我们要学会舍弃，更要善于舍弃。聪明的舍弃会使我们离成功更近，而有时固执却会让我们在错误的路上越走越远。因此，该舍弃时就舍弃，若为了一棵小树而放弃一片森林，那就不是执着，而是固执。适时放弃，有所坚持有所放弃，只有这样，我们的内心才能更平衡，不盲目固执，也许才是人生的捷径。

我们的人生就像繁花，绽放斑斓之时必有终将凋零的烦恼；我们的人生就像红烛，浪漫温馨之际定会留下斑斑泪痕。所以在人生旅途中，我们更不应让自己盲目执着于无谓，沉重而无奈地前行，放下这份固执，去拥有一份好心情，去撷取人间瑰丽的风景吧。

女人学会微笑着放手

有一种爱，叫放手；有一种智慧，叫微笑。聪明的女人，当这样东西还属于你的时候，好好珍惜，多想想它的好；当它想逃离你的时候，也不要死抓不放，放它走，你的幸福就在前方。

华灯初上，城市的夜晚绚丽而寂寥，每个角落都有不同的故事上演，形形色色的女人，都在或认真或不经意地进行着自己的人生剧本，而最终，剧本永远只有编剧自己最喜欢，对于看戏的人，演过一出是一出，很快就淡忘。而什么样的女人，最让人记忆深刻？最让人流连？就是那种该放手时轻轻放手，微笑着转身的女人。

这种女人最聪明，她心如明镜，也许看上去温顺沉静，其实头脑清醒，很敏感地就能觉察出周遭的些微变化，当这个处境已经不值得坚持，便会安安静静放手，没有不舍的泪水，只让你看到她恬淡的微笑。留给他人的，是意味深长的笑容与背影。

微笑着放手，不仅为自己保留了最后的尊严与优雅，也成全了对方的幸福。明知坚持无益，还苦苦不放，既让自己痛苦，也给对方困扰，当爱已成往事，他已经不是曾经的他，你也已经不是曾经的你，所有的事与人，都只存在于那时那地，随风而逝。这个时候唯有微笑着放手，留给双方最后美好的回忆。

有个村子涨洪水了，其中有户人家，一家四口，父母加两个小孩子，就坐上备用的小伐上逃生，因为洪流太急，母亲因小伐的超载猛烈摇晃而掉进水里，父亲伸手拉住她拼命地要救她上来，小伐更剧烈地摇晃着，这样的情景看来不但救不了母亲，还可能因此而令全家葬身于洪水之中……情急之中，母亲拼命地挣脱父亲拉着的她的手，微笑看着他，直至洪流吞没了她……这个伟大的母亲，因为爱，微笑着放手！

微笑着放手,有时候不是因为爱的消逝,而是因为爱在心底。当这份爱不能为我们带来美满的结果时,不放手,只会拖累更多的人。这时,放手,就是智慧;放手,就是宽容;放手,就是大爱。

作为女人,社会赋予我们的角色有很多很多,女儿、妻子、母亲,甚至在职场上也要兢兢业业做一个称职的员工。要扮演好这么多角色,就一定要做个聪明的女人。努力付出,不难,难的是,付出之后舍得放手。很多女人,总是对自己的付出耿耿于怀,于是不管继续坚持还有多大意义,总以为更多的付出一定可以换回自己想要的东西,其实不然,当一个人一件事到达它的临界点时,所有的付出都将成为"沉没成本",失去实际意义。

微笑着放手,既是成就自我,也是成全他人。在生命的际遇中,爱上不该爱的人,放手是为双方好;当我们的子女想摆脱我们独自成长的时候,放手,可以让他们赢得更精彩的人生。

《湖滨散记》的作者梭罗,为了要写一本书,而去森林中度过两年的隐士生活。他自己种豆和玉蜀黍为食,摆脱了一切剥夺他时间的琐事俗务,专心致志,去体验林间湖上的景色和他心灵所产生的共鸣。他从中发现许多道理,从而完成了这本名著。

梭罗认为:"一个人越是有许多事能够放得下,他越是富有。"他悠然地说:"我最大的本领是需要极少""我爱给我的生命留有更多的余地"。生命在他手中支配得游刃有余。与此相反,一些拥有大量金钱的富翁,却被自己的黄金"焊"在某个高位上动弹不得。梭罗不无怜悯地说:"我心目中还有一种人,这种人看来阔绰,实际上却是所有阶层中贫穷得最可怕的。他们固然已积蓄了一些闲钱,却不懂得如何利用它,也不懂得如何摆脱它,因此他们给自己铸造了一副金银的镣铐。"位高自囚,富极如贫,事物常常是这样两极相通。

梭罗淡定、微笑着放弃物质上的富贵,却得到了另一种"富有",获得了另一片天地。适时微笑着放手,我们的内心会更宁静,会拥有更广阔的视野。也许转身之后,会默默落泪;也许,会常常怅然回首,但是,都过去了。微笑着放手,当他回想起时,会感激,会怀念,会记得,有一个女人,冰雪聪颖,慧质兰心,在爱着的时候给了他最大的美满快乐,在不要的时候成全了他最大的幸福。

聪明的女人，请相信，当你给予别人最安静美好的爱时，在未来，一定会有一个冥冥中的人向你走来，给你更多更长久的爱。微笑着放手，忘却曾经的海誓山盟；微笑着放手，忘却那种撕心裂肺的痛；微笑着放手，把更多的爱留给未来。无论在过往的每一日每一幕，是你错或他错，都不该成为今天惩罚自己的枷锁。

谁的成长没有走过痛楚，谁的成熟没有经历波折，我们往往只看到别人的幸福，就觉得上天不公，对自己刻薄。其实，没有人能真正对你刻薄，只有你自己，你放不下，你不肯松手，你不放过对方，其实是不放过自己。那些最终幸福美满的女人，大多是不偏执的，拿得起放得下，不为难别人，也不为难自己，这种女人通常有着乖乖巧巧的姿态，在大部分人还在拿自己的青春瞎折腾的时候，她们已经笑盈盈地坐在那里，过自己最中意的幸福生活。

有一种爱，叫放手；有一种智慧，叫微笑。聪明的女人，当这样东西还属于你的时候，好好珍惜，多想想它的好；当它想逃离你的时候，也不要死抓不放，放它走，你的幸福就在前方。

{Chapter 5}

跨越樊篱：女人要做自己心态的领路人

很多女人总感觉世界对她们是不公的，她们责备现实的境况和身边的事物，以此发泄心中的不满，却发现苦闷并不因此而减少。“快乐可以吸引更多快乐，而悲观常带来更多悲观。”女人如果接受了不良心态，斤斤计较、恐惧挫折感等会时常在脑子里出现。当你面对人生中的难题时，如果坚定相信能拨云见日，并能乐观以待，事情最终必将如你所愿，因为好运总是站在积极思想者的一边。因此，追求幸福的女人，首先要跟不良的心态为敌，为自己的心留下更多晴朗的风景。

消极心态是女人幸福的拦路虎

人生中快乐和悲伤等诸多感受受到心态的影响很大，在消极心态的影响下，女人更多时候只会情绪低落、烦躁不安、失望消沉，但这并非是事情的实质。

很多女人有着平淡的生活和还算稳定的工作，但却总是感觉生活缺乏生气，日子过得无聊至极。她们不曾发觉原来自己也是很幸福的，只是因为长期沉浸在消极状态中，所以忧愁烦闷、失落悲观，沉浸在过去的往事与对未来生活的迷茫中，浮躁的心无法平静。

每个女人内心深处都给消极心态留有一片空间，即使很不情愿，但消极心态总是时不时地光临。特别是当女人受到挫折、感到畏惧时，这种心态表现尤甚。消极心态能够摧毁女人的信心，使希望泯灭。消极心态就像一剂慢性毒药，使女人意志消沉，失去战胜困难的勇气，遇到困难总是往最坏的方面考虑，幸福也就与她背道而驰。消极心态是开发潜能和创造力的大敌，它具体表现为愤世嫉俗、没有目标、缺乏动力、心存侥幸、缺乏恒心、不懂自律、懒散不振、自卑懦弱、清高傲慢等。

一个被"消极心态"困扰的女人，纵然嘴中可能时常在念叨成功、幸福、好运，但这一切都因为她们心中充满着恐惧、畏怯、消极、怠慢等情绪而变得虚无缥缈。

哲人说，在女人一生的航程中，消极心态者一路上都在晕船，无论目前境况如何，她们对将来总是感到失望、恶心，那么还谈何快乐、好运和幸福，更谈不上充分享受人生旅程中美好的风光了。

莉莉在一家夜总会里做事，收入不多，然而，她总是过着非常快乐的生活。

莉莉很爱车，但是，凭她的收入想买车是不可能的事情，与朋友们在一起的时候，她总是说："要是有一辆车该多好啊！"眼中尽是无限向往之情。

后来有人说："你去买彩票吧，中了大奖就可以买车了！"

于是莉莉买了两块钱的彩票。可能是上天过于垂青她了，朋友们几乎不敢相信，莉莉就凭着一张两块钱的彩票，果真中了大奖。

莉莉终于实现了自己的愿望，她买了一辆车，整天开着车兜风，夜总会也去得少了，许多人看见她吹着口哨在林荫道上行驶，车子擦得一尘不染。有一次莉莉把车停在楼下，半小时后下楼时，发现车被盗了。

刚开始，莉莉有些遗憾，但更多的是气愤，她恨透那个偷车贼了，不断地咒骂他，但心里仍很不舒服。过了一整晚，她的情绪仍然暴躁，但天亮时，她又思考了很久，突然变得很开心了。

清晨时分，几个得到消息的朋友，想到她那么爱车如命，这么多钱买的车，眨眼工夫就没了，都担心她受不了，就相约来安慰她。

莉莉正准备出门，朋友们说："莉莉，车丢了你千万不要悲伤啊！"

莉莉却大笑起来："嘿，我为什么要悲伤啊？"

朋友们互相疑惑地望着。

"如果你们谁不小心丢了两块钱，会悲伤吗？"莉莉说。

"那当然不会！"有人说。

"是啊，我丢的就是两块钱啊！"莉莉笑道。

是的，不要为两元钱而悲伤。莉莉之所以过得快乐，就因为她没有在抱怨、悔恨等消极心态的影响下生活，而是很快调整心态，看淡了丢车这件事。

从莉莉的故事中我们看到，生活中经常会有大的变故出现，而自己的心态多数也会在变化中不自然地趋于消极状态。只有懂得调整心态，才有可能开启幸福生活的新篇章。

有心理学家总结了调整消极心态的几种方法，对女性朋友有很好的借鉴作用：

1. 微笑法

在女人的生活中经常遇到不顺心的事，这时，你不妨想想开心的事情，看个笑话、读个故事，在微微一笑间，敞开你的胸怀，让笑化解种种不快和矛盾，把消极心态消灭在萌芽状态。

2. 提醒法

有的女人情绪化较强，脾气太坏，心态也容易受到影响，不断波动。最好的办法是你可以找一位你信得过的人，在你控制不住感情、心态消极的时候，让他给你提个醒：请不要消极思考。

女人不要让悲观在心里久留

"悲观"是一种"恶习"，虽然只是人的一种态度，一种心理的活动，但是，它会结出悲哀的不幸果实。

人常说，女人心，海底针。这不仅是说女人的心思难以琢磨，更表明女人的心态错综复杂。很多女人的心态呈现两极化的状态，或者悲观至极，认为事事都和自己作对，自己再怎么努力也不可能有好的转变。或者整日乐天派，觉得生活一片欣欣向荣，好运会接二连三地关顾自己。女人都希望自己是个乐观的人，每天能开怀大笑，并感染身边的人，给他们带去一份好心情，然而，很多事情却总不会尽如人意，能否让自己拥有好心情，更多的是看你怎样看待发生的事情。

世界上最伟大的发明家爱迪生面对烧毁的实验室，并没有伤心和悲观，而是和同事说："不要紧的，大火烧掉了房子，把我们的错误也烧掉了。"他在困境中看到的更多的是希望。

美国作家富兰克林曾说："世界上有两种人，他们在健康、财富以及生活上的各种享受大致相同，结果，一种人是幸福的，另一种人却得不到幸福。"为什么会有如此决然的不同呢？他说："他们对物、对人和对事的观点不同，那些观点对于他们心灵上的影响因此也不同，苦乐的分野主要也就在此。"那么这两种人平时所关注的是什么呢？他又说："乐观的人所注意的只是顺利的际遇、说话之中有趣的部分、精制的佳肴、美味的好酒、晴朗的天空等，同时尽情享乐。而悲观的人恰恰与他们相反。”

哲人说，世间美好的东西尽为乐观者所有，造物者派给他们的使命就是要他们尽情地占有和享用美好。而悲观的人，一生都在失去，失去快乐、希望、前程和美好的人生。

乐观和悲观是人生的两种态度，拥有乐观心态的女人，看任何事情都能看到事物的长处，看到对自己有利的一面，从而看到希望；悲观的女人看问题总是盯着事情不好的一面，越看越烦，越看越消极沮丧。

有一个国王想从两个儿子中选择一个做王位继承人，就给了他们每人一枚金币，让他们骑马到远处的一个小镇上，随便购买一件东西。而在这之前，国王命人偷偷地把他们的衣兜剪了一个洞。中午，兄弟俩回来了，大儿子闷闷不乐，小儿子却兴高采烈。国王先问大儿子发生了什么事，大儿子沮丧地说：“金币丢了！”国王又问小儿子为什么兴高采烈，小儿子说他用那枚金币买到了一笔无形的财富，足以让他受益一辈子，这个财富就是一个很好的教训：在把贵重的东西放进衣袋之前，要先检查一下衣兜有没有洞。

乐观者认为，每一件事情都有它积极的意义，即使是坏事，我们也能发现它对人生的教益。因此，每个女人都应当主动做个乐观的人，而不让悲观的心态长期主导自己的心理和行为。

乐观与悲观这两种截然不同的心态在每个女人的心中都会交替出现，没有谁能保证自己时刻都是积极的、乐观的。但在更多的时候，我们要引导自己以乐观的心态看待发生在自己周围的事情。

一位挑水的农夫，他有两个用了很久的水桶，分别吊在扁担的两头，其中一个桶有裂缝，另一个则完好无缺。在每趟长途的挑运之后，完好无缺的桶，总是能将满满一种桶水从溪边送到主人家中，但是有裂缝的桶子到达主人家时，却剩下半桶水。

两年来，挑水夫就这样每天挑一桶半的水到主人家。当然，好桶对自己能够装满整桶水感到很自豪。破桶呢？对于自己的缺陷则非常羞愧，对自己的命运感到悲哀，它为自己只能负起一半的责任，感到非常难过。

饱尝了两年失败的苦楚，破桶终于忍不住，在小溪旁对挑水夫说：“我很惭愧,你还是抛弃我吧。”“为什么呢?”挑水夫问道,“你为什么这么想呢?”“过去两年,因为水从我这边一路地漏,我只能送半桶水到你主人家,我的缺陷,使你做了全部的工作,却只收到一半的成果。”破桶说。挑水夫微笑着说:“我们回到主人家的路上,我要你留意路旁盛开的花朵。”

果真,他们走在山坡上,破桶眼前一亮,看到缤纷的花朵,开满路的一旁,沐浴在温暖的阳光之下,这景象使它开心了很多!但是,走到小路的尽头,它又难受了,因为又有一半的水在路上漏掉了!破桶向挑水夫道歉。挑水夫温和地说:“你有没有注意到小路两旁,只有你的那一边有花,好桶的那一边却没有开花呢?虽然你只能为我装半桶水回到目的地,但却浇灌了一路美丽的花草。每回我从溪边来,你就替我一路浇了花!两年来,这些美丽的花朵装饰了主人的餐桌。如果你不是这个样子,主人的桌上也没有这么好看的花朵了!”

生活中的很多事情都如那个漏水的水桶一样,能够从不同的方面给予不同的评价,只要你乐观地看待某事,就能发现其中更多积极的意义,这样也能给自己带来更多的快乐。

乐观之于人生,是浮荡在地平线那袅袅升起的热望与希冀,是寻得一份旷达与美好的铺垫与勇气。在乐观中撷取一份坦然,你的面前就会盎然多彩;若在悲观中摘下一片沉郁的叶子,只能瓦解你积蓄的力量。那些不停抱怨的悲观者,看到的总是事情灰暗的一面,即便到春天的花园里,他看到的也只是折断的残枝,墙角的垃圾;而乐观者看到的却是姹紫嫣红的鲜花,飞舞的蝴蝶,自然,他的眼里到处都是春天。

悲观心态的存在是正常的,它并不可怕,只要你学会调整自己的心态,一切困难,都可以克服。

女人首先要明白,你越怕什么,就会越发生什么。因此,一定要懂得积极态度所带来的力量,要相信希望和乐观能引导你走向胜利。

即使处境危难,女人也要寻找积极因素。这样,你就不会放弃取得微小胜利的希望。你越乐观,克服困难的勇气就越会倍增。

女人要学会以幽默的态度来接受现实中的失败。有幽默感的女人,才有能力轻松地克服噩运,排除随之而来的悲观情绪。

不要认为得不到的是最好的

聪明的女人只看自己所有的，不看自己没有的。哪怕是对于平平淡淡的生活，她也总是怀有一颗感恩的心。

人是贪婪的动物，越是得不到的，越觉得珍贵和美好。这一点在女人身上表现得更为明显。有人说，女人的心总是难以琢磨。给予它多少，它都不会满足；即使拥有了很多，也会更加在意那些没有得到的、不属于自己的东西，羡慕别人拥有的，感伤自己没有的。或许她们还不知道，在艳羡别人的时候，别人也正艳羡着她。

从积极心理学的角度来说，不满足并不是坏事——如果它能够成为你进取的动力的话。女人千万不要去盲目地羡慕别人而落入了忧郁的陷阱。别人手里的糖未必比你的甜，真正的滋味只有自己最清楚。

从前，有一个年轻人，他要到另一个村庄去办事，途中要经过一座大山。出发之前，家人嘱咐他：如果遇到野兽千万不要惊慌，只要爬到树上，野兽就奈何不了你了。

年轻人走到中途野兽果然出现了，一只猛虎飞驰而来，于是他连忙爬到树上。

老虎围着树干咆哮，拼命往上跳。年轻人本想抱紧树干，却因为惊慌过度，一不小心从树上跌了下来，刚好跌在猛虎背上。而老虎也受了惊吓，立即拔腿狂奔，他只得抱住虎身不放。

另外一个路人不知事情的缘由，看到这一场景，十分羡慕，赞叹不已："这个人骑着老虎多威风啊！简直就像神仙一般快活。"

骑在虎背上的年轻人真是苦不堪言："你看我威风快活，却不知我是骑虎难下，心里怕得要死！"

每个人的境遇不同，所获得的感觉也截然不同。当你在心里对别人羡慕不已的时候，他的荣誉、幸福、成功等也许并没有你想得那么好，正所谓酸甜苦辣只有自己知道。

有时女人似乎有一种非常奇怪的心理，那就是得不到的东西是最好的，总认为别人嘴里的糖都比自己的甜！

这种心态在现实生活中极为常见：

有一天，一对夫妇在逛百货公司，刚好遇上名牌女装特价促销，一群女士挤在一个摊位上选衣服。

太太拿着衣服在身上左比右比，还是下不了决心。“喂！你看这件好不好?”太太希望能从先生那里得到答案。

这时，她一抬头，见到对面有位小姐，手里拿的那件上衣的颜色要比自己手上的好看，款式也新颖一点。

“放下，快点放下……”太太眯起眼睛盯着那件衣服，心里开始默念。

说来也怪，她的默念果真奏效，念着念着，那小姐竟然真的就放下了。她马上一伸手，抓过那件衣服，身手矫捷动作利落。

“今天运气可真好，”太太付了钱笑嘻嘻地对丈夫说，“这件衣服差点儿就被那位小姐给抢去了。”

先生扬了扬眉毛笑道：“是啊！我想那位小姐心里想的和你一样，她现在正开心地抓着你原先拿的那一件呢！”

萧伯纳曾说，你可知道，人类总是高估了自己所没有的东西的价值。人很容易去羡慕别人，对自己已拥有的东西却不在意，也不知道珍惜。

欲望总是使女人念念不忘得不到的东西，于是便认定它才是最珍贵的。由于得不到，所以无限憧憬，穷其一生去追求。哪怕像飞蛾扑火，哪怕像空中楼阁，哪怕像懒汉仰头等待天上掉馅饼，哪怕像沙漠行者奔跑着扑向海市蜃楼。得不到它，你会怅然若失，会绝望，会撕心裂肺地痛。这种感觉会深刻地印在你的记忆中，挥之不去；会时时困扰着你的思想，影响你的生活。

佛经有云：得不到的东西，我们会一直以为它是美好的，那是因为你对它了解太少，没有时间与它相处在一起。当有一天你深入了解后，你会发现，它原不是你想象中那么美好的。渴望幸福的女人要有这样的心态：对自己已经拥有的，要倍加珍惜；对自己没有的东西，要尽量正常争取，但不要过分强求。快乐的人生并不需要太多物质的陪衬，而是需要女人培养自己良好的心态。

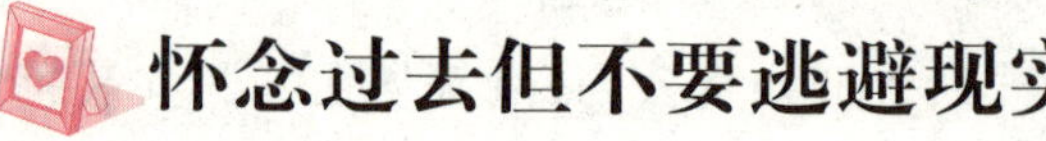

怀念过去但不要逃避现实

人们常常喜欢怀念过去，因为那里没有压力，没有现实！每一个逃避现实的人都选择怀念过去，而每一个挑战现实的人都畅想未来。

感性的女人总喜欢在记忆里寻找对生活更美好的感悟，她们充满诗人的气质和文人的儒雅，她们总喜欢沉浸在过去的状态中，不愿将头伸向现实的一方，接受最真实的考验。

心理学家说：女人之所以喜欢怀念过去的生活，是因为在回忆的过程中，心理得到了在现实生活中无法感受到的慰藉，或者是在过去的状态中，可以减轻现实生活中的挫折感和恐惧感，因而她们也就愈加沉浸在这种感觉里。有一些女人，她们对过去失败的事情不能释怀，在反复思考中给自己找寻借口，以此掩饰过错，或掩盖自己的无能。久而久之，她们习惯了这种思考模式，以至于在现实生活里，找不到真正的自我，不能摆正心态。

一个阳光明媚的午后，在纽约的一家中国餐厅里，丽莉在等一个朋友。这时的她沮丧而消沉，由于她在工作中出现了失误，因此没有完成一个非常重要的项目。即使是在等一位最好的朋友，她也难以像平常一样感到快乐。

过了一会儿，她的朋友终于来了，朋友是一名心理医生，她的诊所就在附近，当时她刚刚和最后一名病人谈完话。

“怎么了，丽莉？”朋友问到，“什么事让你这么不开心？”对朋友这种洞察别人心事的本领，丽莉早就不意外了，所以丽莉直截了当地说出了自己烦恼的事情。听完后，朋友说：“来吧，到我的诊所去，我们来作个小实验。”

到了诊所后，朋友从一个硬纸盒里拿出一卷录音带塞进录音机里，她说："在这卷录音带上，一共有三个来我这儿的病人所说的话。你不用知道他们的名字，我要你仔细听他们的话，看看你能不能挑出支配这三个病人的共同病因。我可以提醒你，只有四个字。"

第一个是男人的声音，他说他刚遭受了生意上的损失。第二个是女人的声音，她说因为照顾寡母的责任太重，而一直没能结婚，她心酸地诉说自己错过了很多结婚的大好机会。第三个是一位母亲，因为她十几岁的儿子和警察起了冲突，为此她一直在责备自己。丽莉听起来，这三个声音的共同特点就是不快乐。而且丽莉注意到，他们一共6次用到相同的四个字："如果"和"只要"。

她将这一发现告诉朋友。朋友微笑了，"你一定感到很惊奇吧。你知道吗，我每天都会听到很多次用这四个字开头的内疚的话。很多时候，他们都在不停地说，直到我让他们停下来。我对他们说，如果只要你们不再说'如果''只要'，也许你们就能把问题解决掉。"

看丽莉好像还是不太明白，朋友进一步解释道："'如果''只要'这四个字的问题，在于这四个字不能改变既成的事实，只能使我们朝着错误的方向走去。你依然沉浸在所犯的错误中，怀念过去更多的事物，并没有从这些错误中学到什么，而是一遍一遍地重复过去，甚至还以此为乐。最后，如果你已经习惯用这四个字，它们就会成为你不再努力的借口。"

在朋友的不断开导下，丽莉终于意识到，自己还沉浸在过去失败的阴影中，而没有用积极上进的态度去改变现在的处境，这是一种"怀旧症"的体现。女人适当怀旧是正常的，也是必要的。但是一味地沉湎于过去而否认现在和将来，就会陷入病态。

心理学家分析说，女人总是容易怀念过去，享受安逸，逃避问题，特别是在她们面对困难的时候，内心的天平会极力向退缩这一方向倾斜，在反复地回首往事的过程中，不自觉地把自己蜷缩起来，期待有个人能在某个时候给自己以勇气，给生活带来改变，而更多的时候，这却只是一种奢望。艾森豪威尔说：回顾一天的时候，感觉不到任何的快乐、满足或者幸福的话，那么这一天绝对是失败的一天。因此，如果你不想成为一个失败者，就要在生活的苦难面前挺起自己的胸膛，做一个让人钦佩的人。

快乐的女人应该拥有活在今天的心态，满怀明天会有更好的希冀。特别是在苦难面前，更要坚持这种想法。人活着不要总是对现状不满意，更不要因此沉溺于对过去的追忆中。当你不厌其烦地重复述说往事时，你可能已经忽略了今天正在经历的体验。记住，今天才是世界上最真实、最重要的一天，是你能够拥有美好的明天的基础。逃避苦难，逃避今天，你的明天依旧会被苦难所包围。

女人要有直面现实的心态。美好的东西总是让人留恋，失败的事情却总是让人悔恨，过去的东西，要在心里给它找一个合适的栖息地。过去的时光是美好的，但已经远去，我们还有更加美好的明天；今天的时光也许是苦涩的，但我们依然要踩着这些令人痛苦、消沉、抑郁的东西大步向前，在挑战现实的过程中畅想明天。

女人的幸福不是祈求来的

女人的幸福不是乞求来的，只能通过自己的双手来创造。

大多数女人一心想要追求幸福的生活，为此不懈努力，甚至忘记了自己的理想、愿望和很多年少时美好的憧憬。在几经磨难之后，女人们发现，生活更多的时候是阴沉的脸，对性情较弱的女人尤甚。有些女人认为自己没有一个好家庭、好工作，也没有找到一个好老公，她们抱怨自己没有好的命运和好的机会，抱怨自己生不逢时、可悲可叹。但最终，她们还是会明白，所有的一切光靠抱怨、奢求是毫无用处的，女人的幸福不是乞求来的，只能通过自己的双手来创造。

丽萨的故事对很多女人来说，也许就是她们自身情况的缩影。

一家外企公司里，部门主任丽萨前一段时间刚从离婚的阴影里走出来，精神状态再也不是以前的样子,同事们都为她高兴。从前,丽萨和她的老公感情一直非常和谐,不管是丽萨的生日还是恋爱和结婚的各种纪念日,丈夫都会送上一份厚礼,和丽萨一起进行烛光晚餐,同事们都非常羡慕他们的感情。慢慢的,由于丽萨和丈夫的工作都非常忙,应酬也非常多,彼此的沟通也都少了很多。

有一次,丽萨的丈夫出差,临行前行色匆匆也没有和她交代很多。第二天,丽萨在家等着丈夫的电话和短消息,但一直到午夜时分也没有等到,丽萨的心都要碎了,因为那一天是丽萨和丈夫的结婚纪念日。丽萨的丈夫出差回来以后,丽萨发现丈夫的目光总是躲躲闪闪,常常偷偷地去阳台打电话,偷偷地上网,丽萨以女人的直觉感到她们的婚姻出现了危机。

一天,丽萨趁着丈夫去洗澡的时候翻了丈夫的手机,发现丈夫的所有通话记录和短消息显示的都是一个叫安妮的女人,丽萨的心彻底崩溃了。当她拿着这些东西质问丈夫的时候,丈夫低头不语,连辩解都没有。丽萨问丈夫是什么时候的事情,丈夫淡淡地说半年了。当"离婚"二字从丈夫的口里说出来的时候,丽萨整个人便瘫在了地上。从此以后,丽萨工作的时候再也提不起精神来了,每当别人说起感情之类的事情,丽萨总是满脸伤感,回到家以后泪如雨下。丽萨拒绝了所有的聚会和娱乐活动,把自己关在家里,想着这几年和丈夫走过的岁月,满心都是酸涩。

有一天,丽萨看了一本书,书上说女人生活幸福与否都是自己创造的,不能因为爱人的离开而对生活丧失了信心。一语惊醒梦中人,丽萨回忆着丈夫离开这段时间自己的生活,觉得真的是如地狱一样可怕。从此,丽萨渐渐地开始参加朋友们的聚会,工作上也积极肯干,并且开始注重自己的外表和穿着,整个人精神焕发。大家还以为丽萨开始了新的恋情,其实丽萨只是自己在给自己生活的力量。

好的男人是女人幸福生活的一个重要因素,但除了这些,构成女人幸福的因素还有很多。

每个女人都有对幸福不同的理解,有些女人觉得经常有人爱慕和送花最幸福,有的女人觉得有工作事业就非常幸福,有的女人觉得有一个爱自己的丈夫和美满的家庭,这是最幸福的。不管对幸福的定义如何,女人们都要记住一点，自己的幸福应该由自己创造，不能依靠别人的赐予，命运的安排，更不能向人祈求。

也许很多女人在社会上闯荡了一段时间后，会觉得很辛苦，很疲惫，心中的坚强在一点点削弱，于是不自然地去祈求老天，祈求命运，让自己的幸福生活快点到来。殊不知，没有任何一个人有责任改变你的生活，改变你的命运，女人不要抱着寻找和祈求幸福的心态生活，而是要坚定地相信自己才是幸福的缔造者。

不要难为自己，开放封闭的心

每个女人的心里都有一道门，打开它的钥匙就在自己的手中。我们很难从外面攻克它，最顺利的方式就是从里面将它打开，让心自由呼吸。

我们常说环境塑造一个人，同样，也塑造了他的心。受限于环境也许是一种客观的悲哀，但对于有思想的女人来说，更多的则是心态的羁绊。

曾听一位女心理学家讲过这样一个故事：

有一个农夫在一次农产品的展览会场上，展示了一个形状如同水瓶的南瓜，参观的人们见了无不啧啧称奇，追问农夫是用什么方法把这个南瓜培育成功的。农夫回答道："当南瓜只有拇指一般大的时候，我就把它装入水瓶里，一旦它渐渐长大，把瓶子内的空间都占满时，南瓜便会停止生长，这时，它就能够一直维持着在水瓶里面的那种形状了。"

南瓜的成长和女人心态的成形是同理的，如果女人把自己的心封闭起来，自己设定限制，那么就会如同被放进水瓶中的南瓜一样，逐渐失去自由成长的可能，心态也难免偏激。

有些女人说："我就喜欢一个人待着，不喜欢和别人交流，不愿去挑战什么，我的个性就是这个样子。"或者说："我也不想这样，但我就是做不到。"这样的女人对自己的心态问题有着较为清醒的认识，之所以说这样的话往往都是在替自己的不肯改变、不思上进找寻合理化的理由。试想一下，若是我们的人生若是始终都保持着这种逃避的心态，那么终将会为自己留下许多无法弥补的缺憾。

丹麦哲学家齐克果曾经说："一旦一个人自我设限，并且一直认定自己就是个什么样的人时，他就是在否定自己，甚至他不会自我挑战，只想任由自己一直如此下去，而这终将导致自我毁灭。"

女人们经常讨论为什么起初处于同一起跑线上的闺中密友，在几年之后却有着截然不同的境遇。除了智力、机遇、情商等诸多因素外，心态的不同有着巨大的作用。我们也发现，在诸多成功的人物当中，女性的比例相对于男性来说要少。这是因为女人的心态较容易产生波动，她们更喜欢把自己封闭起来，以求平稳和安全。她们常常认为人生有很多事情不是自己的能力所能办到的，所以，她们往往连目标设立都还来不及深思，便已经完全放弃了实现它们的念头，甚至还将那些事情当成是遥不可及的天真梦想。事实上，只要女人不对自己进行自我设限，并且给予自己力求改变的自信和勇气，相信每个女人都能活得更加精彩！

一天，一位作家邀请一名女保姆为他收拾房子，这名保姆对作家说："你的家里真是太漂亮了、太棒了，我也想拥有这样的房子，不过呢，我看还是算了吧！"

作家疑惑地问道："既然你想拥有这样的房子，为什么不认真考虑购买呢？"

保姆无奈地摇摇头说："我已经快要50岁了，还有生病的丈夫和孩子需要我一个人养活，我并不认为自己买得起一栋房子。"紧接着，保姆感慨地说："唉！这样的房子都有很高的房价，再说我为了养育孩子需要很多的钱，而每个月靠打工赚来的收入，根本无法完全应付支出，哪还有闲钱能够存下来购买房子呢？你说，像我这样的情形，我要怎么认真考虑买房子的事情呢？算了吧！我知道我是没有办法的。"

作家听完后，一句话都没说，只是走回自己的书房。不久，他抱着一个糖果盒走出来。作家走到保姆的面前，问她身上是否有10元钱的硬币。保姆心中虽然感到万分狐疑，但她还是从口袋中拿出硬币来交给作家。只见作家将硬币丢入糖果盒中以后，再将糖果盒慎重无比地放到保姆的手上，鼓励她说："我相信你一定能够办到的，这10元钱就是你为了买房子做的第一步！"

几年以后，作家收到了一封庆祝新居落成的宴席邀请函，署名者正是当初那位自认无法买得起房子的保姆！

保姆的故事告诉我们，只要你不在心中给自己设限，努力朝着目标迈进，就会有更加积极的进展；相反，如果你一直认为自己办不到，或是在这个过程中你不断怀疑自己的能力、缺乏自信心，你就永远无法实现它。

人的心态就是这般的神奇，如果你给予它更多的阳光，让自己的心门开得更大些，那么你的人生之路就会更加异彩纷呈，最终会让梦想照进现实。

不要为了得到别人的赞美而活

人常说，女人可以生得不漂亮，因为那是父母给的，但一定要活得漂亮，因为这是自己完全可以把握的。

女人非常感性，别人对她容貌的一句赞美就有可能让她高兴好一阵子。爱美是女人的天性，但因此就时时希望得到别人的赞美，甚至为了别人的赞美而影响自己的思想和行动，为获得赞美和那一点点虚荣而活，就是一种病态的心理了。

听身边的朋友讲过这样一个真实的事例：

有一天，一个留了十几年长发的女友突然给梁溪打电话，让她陪着去剪头发。梁溪不知道她为什么要改变发型，但还是陪她去了。

在路上，梁溪了解到，这个朋友由于听到一位男同事夸奖某位女士短发干练、有气质，就萌生了剪短发的念头，而且这种想法很冲动，让她感觉非要立即变换成短发才好。

来到理发店，理发师看到她的头型，不建议她剪短发。梁溪也在旁边一个劲地劝解她，但她一意孤行，一定要拥有自己“理想”的发型。最终，理发师满足了她的要求。在大功告成之后，她显得异常兴奋。

谁知第二天傍晚，梁溪又接到这个朋友的电话，说她的整个头发翘起来了，为此，她今天在公司被同事笑了一天了。她要去理发店再大理一下，让头型更适合自己。梁溪听后只得苦笑，作出一副无奈的表情。

在现实生活中，女人很喜欢听到别人的赞美，特别是异性的夸赞。“你真漂亮”，“你看起来魅力十足”等几句简单的话就能让她们快乐好几天，甚至会如文中梁溪的朋友那样，为了被人称赞而大费周章。

玛乔里说：“不要为得到别人的赞美而活着，要让自己感到骄傲，才是真正的人生。惧怕别人看到自己的短处，这不过是一种虚荣心而已。”俗话说：“金无足赤，人无完人。”人生确实有很多不完美之处，完美只是在理想中存在。生活中的遗憾总会与你的追求相伴，这才是真实的人生。人不应过分地奢求不属于自己的东西，不要让追求完美成为生活中的苦恼。

生活中总有许多事情让人捉摸不透，有些女人活着就是为了得到别人的赞赏，她们太在乎自己的容貌，在乎自己的面子，每天为了穿什么衣服，是否说错了某句话而思考良久，甚至忧心忡忡，这样的人活着很累。她们中的某些人为了掩饰自己的虚荣心，常把自欺欺人当成最好的慰藉。

女人应该活得豁达些，开阔些，自己拥有的要倍加珍惜，不能拥有的也不必过分奢求。别人的赞美只是对你的一种肯定，不夸奖你也不是说你就一无是处。聪明的女人要自主地调节自己的心态，对自己应有清醒的认识和客观的评价，切忌为了获得别人的赞美而活。女人要相信，活得精彩，是自己完全可以把握的。

不要盲目比较，陷入自卑的旋涡

自卑是一种可怕的消极心态，斯宾诺莎曾说，最大的骄傲与最大的自卑都表示心灵的最软弱无力。

在这个世界上，大多数的女性，都会穷其一生地把自己的目光集中在其他女人的身上，明里暗里地与其他女人进行无休无止的比较，从身材到容貌，从工作到家庭，从老公到孩子，从房子到车子，甚至从手到脚，从鼻子到眼睛……这些“愚蠢”的比较使得很多女人陷入失落、困惑和自卑的旋涡中无法自拔。

心理学家研究证明，和男人相比，女人更容易自卑，而导致自卑的主要原因就是女人与女人之间的攀比和嫉妒。这种攀比与嫉妒，会让一个女人觉得自己永远没有别人好，虽然事实并非如此，但她却总是很难逃脱这种内心的自我折磨。

自卑是一种消极的心理状态，它不是凭空出现的。并不是因为客观上看来自己不如别人，而是人主观上认为自己不如别人，认为自己不够好。在你身边，是否有这样的女人，她们经常感叹自己不够好，别人都比自己好；一件衣服，穿在别人身上很好看，但是穿在自己身上即使很合身，也不如别人穿着好看。这就是自卑心态的消极作用。

自卑是女人自尊、自爱、自励、自信、自强的对立面，它严重影响女人身心的健康发展。万事万物都有瑕疵存在，由于自己在某方面存在缺陷就妄自菲薄，这样的女人只会在自卑的泥淖里越陷越深。

其实，每个女人在不同的时期，都会产生不同程度的自卑心理。任何女人都无法做到没有一丝缺陷，关键是看你怎样看待。

有一个农夫整天埋怨自己的命运不好，一辈子都是农夫，被别人看不起，他感觉自己的地位很卑微。

有一天，他弓着腰在院子里清除青草，因为天气很热，所以他脸上不停地冒汗，汗珠一滴一滴地流了下来。

“可恶的青草，假如没有这些青草，我的院子一定很漂亮，为什么要有这些讨厌的青草，来破坏我的院子呢？”农夫这样嘀咕着。

有一棵刚被拔起的小草，正躺在院子里，它回答农夫说：

“你说我们可恶，也许你从来就没有想到过，我们也是很有用的，现在，请你听我说一句吧。我们把根伸进土中，等于是在耕耘泥土，当你把我们拔掉时，泥土就已经是耕过的了。”

“下雨时，我们防止泥土被雨水冲掉；干涸时，我们能阻止强风刮起沙土。我们是替你守卫院子的卫兵，如果没有我们，你根本就不可能享受赏花的乐趣，因为雨水会冲走你的泥土，狂风会刮走种花的泥土……你在看到花儿盛开之际，能不能记起我们青草的好处呢？”

一棵小草并没有因为自己的渺小而自卑，农夫对小草不禁肃然起敬。他擦去额上的汗珠，然后微笑了。

哲人说，自卑是人冲出逆境的绊脚石，自卑是自己为自己设置的障碍，不想受到自卑的影响，女人除了要正确地看待自己之外，还要学会不要总是和人比较，不给自卑以萌生的可能。

一天，一个高傲的武士，前来拜访禅宗大师。他本是一个出色且颇具威名的武士，但当他看到大师俊朗的外形、优雅的举止时，猛然自卑起来。

他对大师说道：“为什么我会感到自卑？仅仅在一分钟前，我还是好好的。但我刚跨进你的院子，便突然自卑起来。以前，我从没有过这种感觉。我曾经无数次面对死亡，但从没有感到恐惧，为什么现在感到有些惊恐了呢？”

大师对他说道：“你耐心地等一下，等这里所有人都离开后，我会告诉你答案。”

一整天，前来拜访大师的人络绎不绝，武士等得心急火燎。

直到晚上，大师终于对他说：“到外面来吧。”

大师指着院子里的一片树林，说道：“看看这些树，这棵树高入云端，而它旁边的这棵，还不及它的一半高，它们在我的窗户外面已经存在好多年了，从没有发生过什么问题。这棵小树也从没有对大树说：‘为什么在你面前我总感到自卑？’”

武士说道：“因为它们不会比较。”

大师回答道：“那么你就不需要问我了。你已经知道答案了。”

世界上没有生来就自卑的人，这种心态是在后天的成长过程中形成的，都是在不断与他人“比较”的过程中形成的。所以，不要和别人比较，因为永远都会有人比你强。你会发现张三比你漂亮，李四比你聪明，王五比你健康……你必须警惕起来！避免自卑对自己造成伤害。

女人要对自己保持一种接纳的态度，而且是一种愉快而满意的接纳。也就是说，女人对自己的容貌、声音、家事等要有正确的认识，并欣然地接受。不跟别人相比，只跟自己的以前比，现在比，为获得未来更加美好的生活继续不断努力。

女人要学会尊重对手

对手的力量会让一个人发挥巨大的潜能，创造出惊人的成绩。

人的一生会遇到各种各样不同的对手。在学校的时候，总是有人成绩在你之上，或者你稍有懈怠就会被别人超过；等到了社会中，你身在职场，总是有些人比你出色，比你更能得到老板的信任，比你更精通专业知识和技能；好不容易有了自己的事业，却发现同行业中存在着那些可以吞并你公司的对手……

拥有一个强劲、卓越的对手是非常难得的事情，因为对手会不断地鞭策你向前行进，不能有丝毫的懈怠和麻痹，否则就会被淘汰出局。

加拿大有一位享有盛名的长跑教练，由于在很短的时间内培养出好几名长跑冠军，所以很多人都向他探询训练秘密。谁也没有想到，他成功的秘密仅在于一个神奇的陪练，而这个陪练不是一个人，是几只凶猛的狼。

因为这位教练给队员训练的是长跑，所以他一直要求队员们从家里出发时一定不要借助任何交通工具，必须自己一路跑来，以此作为每天训练的第一课。有一个队员每天都是最后一个到，而他的家并不是最远的。教练甚至想告诉他改行去干别的，不要在这里浪费时间了。

但是突然有一天，这个队员竟然比其他人早到了20分钟，教练知道他离家的时间，算了一下，他惊奇地发现，这个队员今天的速度几乎可以打破世界纪录。他见到这个队员的时候，这个队员正气喘吁吁地向他的队友们描述着他的遭遇。

原来，在离家不久经过一段五公里的野地时，他遇到了一只野狼。那野狼在后面拼命地追他，他在前面拼命地跑，最后那只野狼竟被他给甩下了。

教练明白了，这个队员超常发挥是因为一只野狼，他有了一个可怕的敌人，这个敌人使他把自己所有的潜能都发挥了出来。

从此，这个教练聘请了一个驯兽师，并找来几只狼，每当训练的时候，便把狼放开。没过多长时间，队员的成绩都有了大幅度的提高。

女人要明白，能够拥有优秀的对手的人也不会是普通的凡庸之辈，必然拥有对手值得敬重的德行和超乎寻常的才干。乔治·巴顿研发M1A2型坦克装甲的故事，正好说明了对手的积极作用。

M1A2型坦克的研制者乔治·巴顿中校是美国陆军最优秀的坦克防护装甲专家之一，他接受研制M1A2型坦克装甲的任务后，立即找来了毕业于麻省理工学院的著名破坏力专家迈克·马茨工程师。两人各带一个研究小组开始工作。巴顿带的是研制小组，负责研制防护装甲；迈克·马茨带的则是破坏小组，专门负责摧毁巴顿已研制出来的防护装甲。

刚开始的时候，马茨总是能轻而易举地将巴顿研制的新型装甲炸个稀巴烂。但随着时间的推移，巴顿一次次地更换材料、修改设计方案，终于有一天，马茨使尽浑身解数也未能奏效。于是，世界上最坚固的坦克在这种近乎疯狂的“破坏”与“反破坏”试验中诞生了，巴顿与马茨也因此而同时荣获了紫心勋章。

在今天这个竞争日趋激烈的社会里，到处都有自己的竞争对手。在与对手竞争的过程中，采用什么样的态度，对于成功而言，非常重要。

没有天敌的动物往往最先灭绝，有天敌的动物则会逐步繁衍壮大。大自然中的这一现象在人类社会也同样存在。对手的力量会让一个人发挥巨大的潜能，创造出惊人的成绩，尤其是当对手强劲到足以威胁你生命的时候。

在生活中，你没有必要憎恨或者抱怨你强劲的“对手”！若仔细回想一下你就会发现，真正促使你进步、成功的，真正激励你昂首阔步向前的，不单是自己的能力和顺境，不单是朋友和亲人的鼓励，更多的时候，是你的“对手”激发了你的潜能，促使你不断进步。在《三国演义》中，诸葛亮和周瑜就是对手。从各为其主上看待他们，他们也是敌人，是非常有力的对手；就个人而言，他们相互欣赏，相互敬重，只是现实把他们的位置摆在了对立面。周瑜亡，孔明吊孝灵堂，大放悲词，泪雨滂沱。孔明为失去一个优秀的对手而悲伤，对于强者来说，遇不到对手，自己的进步也将慢慢停止。

女人轻视自己，人生只会走下坡路

自卑的女人总认为自己不行，不敢抬头做事，对人生缺乏积极的思考。她们的人生也由此逐渐走上一条下坡的路。

女人30岁之前，正是如花似玉的大好年华，是妆点自己的美丽，施展自己的魅力，求得事业有成和幸福归宿的绝佳时期。当命运的航船有条不紊地行驶到这段河流时，我们往往可以看到河流两岸泾渭分明地显现着两种不同的风景——自信的女人和自卑的女人。

三毛是我国著名的作家，她小时候是一个非常勇敢而又聪明活泼的小女孩，她在12岁那年，以优异的成绩考取了台北最好的女子中学——台北省立第一女子中学。在初一时，三毛的学习成绩不错，到了初二。数学成绩一直滑坡，几次小考中最高分才得50分。三毛心里很自卑。

但聪明而又好强的三毛发现了一个考高分的窍门。她发现每次老师出小考题，都是从课本后面的习题中选出来的。于是三毛每次临考时都把后面的习题背过。因为三毛记忆力好，所以她能将那些习题背得滚瓜烂熟。这样，一连六次小考，三毛都得了100分。老师对此很怀疑，决定要单独测试一下三毛。

一天，老师将三毛叫进办公室，将一张准备好的数学卷子交给三毛，限她10分钟内完成。由于题目难度很大，三毛得了零分。老师对她很是不满。

接着，老师在全班同学面前羞辱了三毛。他拿起蘸着饱饱墨汁的毛笔，叫三毛立正，非常恶毒地说："你爱吃鸭蛋，老师给你两个大鸭蛋。"

他用毛笔在三毛眼眶四周涂了两个大圆圈。因为墨汁太多，它们流下来，顺着三毛紧紧抿住的嘴唇，渗到她的嘴巴里。老师又让三毛转过身去面对全班同学，全班同学哄笑不止。然而老师并没有就此罢手，他又命令三毛到教室外面，在大楼的走廊里走一圈再回来，三毛不敢违背，只有一步一步艰难地将漫长的走廊走完。

这件事情使三毛丢了丑，她也没有及时调整过来。于是开始逃学，当父母鼓励她要正视现实，鼓起勇气再去学校时，她坚决地说"不"，并且自此开始休学在家。

休学在家的日子里，三毛仍然不能从这件事的阴影中走出来，当家里人一起吃饭时，姐姐弟弟不免要说些学校的事，这令她极其痛苦，以后连吃饭都躲在自己的小屋，不肯出来见人了，就这样，三毛患上了少年自闭症，渐渐产生了自卑的心理。

少年时期的这段经历，影响了三毛一生，在她成长的过程中，甚至是在她长大成人之后，她的性格始终以脆弱、偏颇、执拗、情绪化为主导。这样的性格对于她的作家职业可能没有太多的负面影响，但这严重影响了她人生的幸福。

我们身处一个开放和竞争的年代，人际交往越发频繁，在一个人的心态因素中，若缺少自信，缺少对情绪的驾驭能力，就会被自卑的乌云笼罩着。这样的女人，即使有旷世的才华，恐怕也难换得人生的幸福。

哲人说，自卑是心灵的杀手，它像一只潮湿的火柴，永远不能点燃人生绚丽的焰火。它像一只破旧的帆船，在社会的浪潮里航行，永远不能带你到达成功的彼岸！

心理学家研究表明，被自卑感心态所控制的人，其精神生活将会受到严重的束缚，聪明才智和创造力也会因此受到影响而无法正常发挥作用。自卑是束缚创造力的一条绳索，是阻碍成功的绊脚石。

英国人弗兰克林在1951年从自己拍得极好的脱氧核糖核酸(DNA)的X射线衍射照片上发现了DNA的螺旋结构之后，就这一发现作了一次演讲。然而，由于弗兰克林生性自卑，缺乏自信，于是就怀疑自己的假说是错误的，从而放弃了这个假说。1953年，在弗兰克林之后，科学家克里克和沃森，也从照片上发现了DNA的分子结构，提出了DNA双螺旋结构的假说，标志着生物时代的到来，二人因此而获得了1962年度诺贝尔医学奖。如果弗兰克林不是自卑，而坚信自己的假说，进一步进行深入研究，这个伟大的发现肯定会以他的名字载入史册。

唐拉德·希尔顿曾说，许多人一事无成，就是因为他们低估了自己的能力，妄自菲薄，以至于缩小了自己的成就。

自卑是一种长时期的心理状态，有自卑心理的人，就如同披着海绵在雨中行走一样，包袱会越来越重，直至压得人喘不过气。它会让人心情低沉，郁郁寡欢，常因害怕别人瞧不起自己而不愿与别人来往，只想与人疏远，因而缺少朋友，甚至自疚、自责、自罪；他们做事缺乏信心，没有自信，优柔寡断，毫无竞争意识，享受不到成功的喜悦和欢乐，因而感到疲惫，心灰意冷。

种种消极的反应都表明，自卑的心理常促使一个人在人生道路上走下坡路。其实，战胜自卑并非难事，不要过于看重一次的失败与丢丑，不要因先天的缺陷而抬不起头，在生活中以平和的心态对待周围的人和事情，慢慢的，当你鼓起自信的风帆，划动奋斗的双桨时，你一定会发现一个生气勃勃的你。

这是一场特殊的演讲会，她站在台上，双手不规律地在空中挥舞着；她的嘴张着，偶尔也会咿咿唔唔地说些什么。别人可以说她是一个不会说话的人，但是她的听力很好，只要有人说出她的意思，她就会激动得歪歪斜斜地向你走来，送给你一张她自己制作的明信片。

她是一位自小就患脑性麻痹的病人。脑性麻痹在夺去她肢体的平衡感的同时，也夺走了她发声讲话的能力。从小，肢体的残疾给她的生活带来了诸多不便，众人异样的眼光更是令她难堪。然而她并没有让这些外在的痛苦击败她内在奋斗的精神，而是接受命运造成的既定事实，她并不自卑，更不畏怯，充分相信自己在艺术方面的天赋，经过常人难以想象的努力，终于获得了加州大学艺术博士学位。

一个学生小声地问她，“请问黄博士，你怎么看待自己的残疾？你都没有怨恨和自卑吗？”“我怎么看自己？”她在黑板上写下这几个字，她写字时有股力透纸背的气势。写完这个问题，她回头看看发问的同学，然后嫣然一笑，又龙飞凤舞地写了起来：

①我很可爱！

②我的腿很长很美！

③爸爸妈妈很爱我！

④我会画画！

⑤我会写稿！

⑥还有……

……

她接着在黑板上写道，“我只看我所有的，不看我所没有的。”

掌声在学生群中响起，她倾斜着身子站在台上，满足的笑容，从她的嘴角荡漾开来，有一种永远也不被击败的傲然，写在她脸上。她就是黄美廉。

在现实生活中，很少女人像黄美廉这样的身体残疾，但能像她这样不自卑的女人也不多。面对自身的缺陷，面对生活中的重重困难，她没有因畏怯和自卑而倒下而是以一种永远也不被击败的傲然姿态面对生活，她是值得每个女人敬佩和学习的榜样。

下篇:用幸福心态做幸福女人

{Chapter 6}

快乐自留地:给心灵播种自给自足的小种子

快乐是女人内心储备幸福感的自留地，生活中充满欢声笑语的女人,时常在这片地里播种阳光心态的种子。她们并非烦恼很少、忧愁难找,而是她们以快乐的心态来解答生活给出的每一道难题。女人的快乐可以让一个家庭甚至于一个生活圈子里充满活力、生机、信心、希望。这种快乐的心境不易拥有,守住乐观的心态更是难得,然而悲观在寻常的日子里却随处可以找到。因此,女人要时常微笑着翻开生命的每个篇章,不管风景如何,都要欣然面对,这样的心境才能使生命征服纷至沓来的厄运;快乐着,生命才能将不利于自己的局面一点点打开。

快乐在心中，关键看你怎么看待

快乐是一种积极的生活态度，只要我们在心中播种快乐的种子，给予它宽慰、乐观、积极的浇灌，那么，它就会自然地扎根，并长出快乐之藤来。

很多时候，我们无法改变自己的境况，但可以改变自己的心态。无论遇到什么样的状况，我们都要坦然面对，并保持快乐的心情。

俗话说，有得必有失。人生总会面临很多的失去，但我们不能没有快乐。如果连快乐都没有了，那样的生活将会了无生机。在现实生活中，只要开开心心，用积极的心态对待生活，生活的乐趣就会更浓厚。

1. 在心里播下快乐的种子

人生一世，草木一秋，能够快快乐乐、开开心心地过一生，相信这是每个女人心中的一个梦。但是，如何才能求得快乐呢？

曾有这样一个传说：

在美丽的终南山上，生长着一种快乐藤，凡是有烦恼的人，见到这种藤，一定会喜形于色，笑逐颜开。把它放在家中，不仅会好运连连，而且会笑声常在。

很多心怀烦恼的人都去终南山寻找过这种神奇的藤，也许是因为他们心不够诚，始终没有找到。有一天，一个伤心的女人为了得到无尽的快乐，不惜跋千山涉万水，去找这种藤。她历尽千辛万苦，终于在终南山险峻的山崖上，找到了快乐藤。可是，她虽然得到了这种藤，却发现自己并没有得到预想中的快乐，反而感到空虚和失落。

这天晚上，她在山里的一位老人的屋中借宿，面对皎洁的月光，她发出了一声长长的叹息，老人闻身而至："年轻人，什么事让你叹息呀？"于是，她说出了心中的疑问："为什么已经得到快乐藤的我，却没有得到快乐呢？"

老人一听，笑着说：“其实，快乐藤并非终南山才有，而是人人心中都有。只要你有快乐的根，无论走到天涯海角，都能得到快乐。”

老人的话让这个女人觉得耳目一新，就又问：“什么是快乐的根呢?”老人只说了一个字：“心。”

听完老人的话，女人顿时大悟。回到了山下，她开了间小茶铺，快快乐乐地生活着。

2. 享受过程中的快乐

从前，大森林里有一个动物王国。动物王国的成员不断发展壮大，很快，动物王国的领地就不能满足如此多的成员栖息了。为此，狮王召开了全体动物大会，在会上，狮王决定派遣一支探险队，到没有同类足迹、没有人类活动痕迹的地方去开拓新的领地。

骆驼被狮王任命为探险队队长，探险队其他成员还包括猎豹、大象、狐狸、长颈鹿、猩猩。大家作好了充足的准备，便踏上了寻找新家园的征程。

一路上，队员们在骆驼队长的带领下，跋山涉水，晓行夜宿，翻山越岭，穿过戈壁荒漠，历尽千辛万苦，可是没能找到适合栖息的理想家园。于是，有的队员就开始心灰意冷，不断地抱怨起来，说路如何难走，说食物如何难吃……只有猩猩一路上始终很愉快。

有一天清晨，队员们还在熟睡中，猩猩起床去河边洗脸，当它返回的时候，其他的队员们才刚刚起床。

“早上好，伙计们!”猩猩心情愉快地向同伴们打招呼，可是，它们一个个都没反应。“伙计们，嗨，今天的天气多好啊，清晨的景色多美啊!”猩猩再一次向同伴们打招呼，并快乐地哼起歌来。猩猩的举动很是让同伴费解。

狐狸翻着白眼问道：“你好像很高兴啊，你难道拾到了宝贝吗，还是找到了什么新鲜玩意儿?”

“是的，你说得没错，”猩猩说，“我看到了一路上我们可以看见的美丽的风景和奇观，我被它们的美丽深深地迷住了，深深地陶醉其中，这难道还不足以高兴吗? 你们为什么只顾低头走路，难道大自然的馈赠还不能让你们满足吗?”

人的一生是短暂的，特别是在青春还在的年纪，不管生活中经历何种遭遇，我们都应该努力笑对各种境遇。要知道，人生就如一场前途未知的艰险路程，重要的不是结果，而是学会欣赏路途上的风景，让更多的快乐在心中留下痕迹。

3. 快乐在于你怎样看待

有个女人去寺庙里拜访一位得道的高僧，向他求教快乐的真经。她问道："我怎样才能变成一个自己愉快也能带给别人快乐的人？"高僧听后只说了这四句意味深长的话："把自己当成别人，把别人当成自己，把别人当成别人，把自己当成自己。"随后，高僧就请她下山了。

女人一头雾水，并没有理解高僧的教诲。过了几年，在人生经历了更多的坎坷后，某一天，她突然想到高僧的话，才顿悟。高僧的四句箴言好比一帖快乐处方，其主旨就是告诉自己该怎样看待生活中的遭遇：把自己当成别人，是指遇到挫折、屈辱时，把自己当成别人，便能置身事外，不快自然减轻；在功成名就、取得成绩时，把自己当成别人，就不至于得意忘形，让胜利冲昏头脑。把别人当成自己，是说与人交往，遇事设身处地为别人着想，这事碰到自己头上，我会怎样想，该怎么办？对别人多点同情心，多给点帮助。把别人当成别人是说做人不要自以为是，要学会尊重别人，任何时候都不应怠慢别人，不能强求别人怎样做，怎样做是别人的自由，你无权干涉。把自己当成自己是说任何人都有自己的独立性、个性，你就是你自己，不是别人，但有时你又是别人。把自己当成自己时，就得承担起自己的责任；该把自己当成别人时，就得站在别人的角度看自己，这样就不至于自我封闭，作茧自缚。

女人快乐与否，其实不在于遭遇什么，因为这些是客观的，不会随着我们主观的想法而发生改变。快乐不需要财富的累加，不需要别人的赐予，而在于我们怎么看待自己身边发生的一切。快乐，其实是一种积极的生活态度。

快乐女人知道怎样调节自己的心态，转变消极的看法，她们善于从身边寻找快乐。失意时不自怨自艾，顺心时也不张扬，而是默默品味生活赋予自己的酸甜苦辣。

女人，不要跟自己过不去

女人应该尽心尽力做好分内的事情，只要积极地朝着目标迈进，付出百分之百的努力，心中就会保存一份悠然自得。

女人总希望生活中充满欢快的音符，在欢声笑语中度过每一天。哲人说，痛苦与快乐是一种感觉——品尝苦与乐的味蕾长在心里，制造苦与乐的机器也安装在心里。也许你的生活偶然发生变故，你的工作不巧丢掉了，种种倒霉事接踵而来，这是没办法的，它们跟你过不去，这是命里安排，但女人不能跟自己过不去。

有这么一位母亲，在事业方面很有成就。可是，在生活方面，她却是个孤僻怪异、愤世嫉俗之人。她听不惯年轻人喜欢的流行音乐，不是一般的"不喜欢"，而是一种"愤恨"，只要听到什么摇滚音乐、网络歌曲，她就会愤愤然痛斥一番，甚至采取用棉花球堵耳朵的方式以示抗议。她也不喜欢那些什么青春小说，一看到什么可爱淘、郭敬明的书就扔掉，也不允许别人在她面前谈论什么狼之诱惑、梦里幻城。

她的女儿很孝顺也很优秀，研究生毕业后被分配在研究所里做学问。母亲说，做什么学问啊，挣钱太少，我都做了一辈子学问了，没什么意思。女儿听了母亲的话，就辞掉了原来的工作，应聘到一家跨国大公司做白领，工资很高，生活得也很好。可这位母亲还是不满意，一天到晚唠唠叨叨，说女儿的工作没有前途，公司总归是别人的，以后老了怎么办。女儿一赌气，不做白领了，自己开了一家公司，又凭着自己的努力，很快成为行业内有名的女强人。

女儿很感激母亲的培育之恩，她也千方百计顺着母亲的心，为的是让母亲能有个幸福的晚年。她以为母亲这下总该满意了，可惜她错了，母亲仍然唠唠叨叨，还是莫名其妙地发脾气，说着一些无关紧要的事，生着无关紧要的人的气。她总是陷入杂事中不能自拔，经常为找一个很小的东西把家里翻得乱七八糟；家里来过水电工人或送水工人，就一会儿埋怨他们事情没做好，一会儿又怀疑他们偷了东西。

这位母亲真是“没事老跟自己过不去”的一个典型。其实，她完全可以过另外一种生活，一种愉悦内心的、完全没有压力的、自己喜欢的生活。她事业上有所成就，经济上没有压力，有什么事女儿随叫随到。按说她应该活得很好。可是，事情并不是这样，她整天愁眉苦脸，总觉得谁欠了她似的。多少人想要这样的生活都只是梦想，她却把这种生活当作负担，觉得生活缺少快乐。

在女人的生活中，除了极少部分“飞来横祸”带来的烦恼以外，有95%以上的个人烦恼都是来自自己，是自己与自己过不去，自寻烦恼罢了。有些女人为了“想做官”“要发财”而绞尽脑汁，看别人比自己活得好就甚感嫉妒，为了觊觎别人的利益、捞取个人非分所得而烦恼等。

聪明的女人不要和自己过不去，将心胸放宽，坦坦荡荡地做人，就不会让烦恼浸入内心。不管遇到什么事都要往开想，往好的一方面想。即使是犯了错误，也同样如此，这不是为自己开脱，而是使心灵不被挤压得支离破碎，永远保持对生活的美好认识和执着追求。

在一个小会议室里，领导讲话：“……要讲团结，心胸开阔，不要瞎琢磨。”小玉为了这句话，整整一宿未合眼，怎么琢磨，都感觉领导是在说自己。越琢磨心里越不舒服，上午一上班就找领导解释：“我从小就知道自己有小心眼儿的毛病，遇到鸡毛蒜皮的小事，我也爱琢磨，与自己过不去……可是我没有……”结果越解释越解释不清，其实领导就是那么笼统地一说，并没有专指谁。

很多事，心胸宽广的人总是一笑了之，而心胸狭窄的女人却斤斤计较，让自己徒增很多烦恼。

生活中苦恼总是有的，有时人生的苦恼，不在于自己获得多少，拥有多少，而是因为自己想得到的更多。人有时想得到的太多，而自己的能力很难达到，所以便感到失望与不满。然后，就自己折磨自己，说自己“太笨”“不争气”等，就这样经常埋怨自己，与自己较劲。

其实，静下心来仔细想想，生活中的许多事情不能如愿，并不是你的能力不强，只是因为你的愿望不切实际。要相信自己的能力，同时，也不可强求自己去做一些力所不能及的事情。

女人应该尽心尽力做好分内的事情，只要积极地朝着目标迈进，付出百分之百的努力，心中就会拥有一份悠然自得。从而也不会再跟自己过不去，责备、怨恨自己了。因为，我们尽力了。

不跟自己过不去，是一种精神的解脱，是快乐的源泉。

快乐是要寻找的，不是靠给和等。快乐就像生命长河中的金子，和泥沙混在一起，随流水一起奔涌，你是要金子还是要沙子，可要擦亮眼睛。

有时候，快乐就在离我们很近的地方，伸手可得，而女人却偏偏视而不见，自己跟自己过不去，整天总想那些令人不愉快的事，而且还自己制造出一件又一件让自己不高兴也让别人不高兴的事。

早晨醒来睁开眼睛看着天花板，重新闭上眼感觉那纯净的白色，很快乐；给阳台上的花草浇浇水，闻闻它们的香味儿，很快乐；上午在窗前读一本文采飞扬、令人感动的书，很快乐；下午坐在摇椅上呼吸、冥想，晒着温暖的太阳，很快乐；黄昏到楼下茶馆里去品味一杯醇香的红茶，听着如高山流水的旋律，很快乐；晚上煮一锅又鲜又香的排骨汤，等家人回来一起吃饭，很快乐。

快乐，无时无刻不涌现出来，像碎片一样散落在地上。把快乐的碎片收集起来，为自己积聚、储存快乐的感受，记下每天发生的快乐故事，把它们夹在笔记本里。当你需要打气时，可以重新读一读这些快乐故事，重温所有的快乐感受。

幸福的女人会努力让自己每一天都活得轻松、快乐，活得自然、洒脱。她们不会活在别人的眼睛里，更不会自己跟自己过不去。

不管处于何种境地，都不要放弃笑的权利

事已如此，生气又有何益？把快乐坚持到底才是人生最大的成功。

生活中总有许多事情不期而至，有好事，也有坏事。每个女人都希望自己从睁开眼睛的那一刻起就有一个好的心情，但要想做到“天天好心情”还真不是件容易的事。生活中会有很多突如其来的意外砸在眼前，令我们恐慌且不知所措，虽然大的意外并不多，但小麻烦却接二连三。当这些麻烦、障碍物被命运无情地抛到你的脚下的时候，你可以悲哀、失望，甚至是哭泣。当然你更可以选择微笑着接受和面对。

大文学家苏东坡有首词《定风波 · 沙湖道中遇雨》是这样写的：“莫听穿林打叶声，何妨吟啸且徐行。竹杖芒鞋轻胜马，谁怕？一蓑烟雨任平生。料峭春风吹酒醒，微冷，山头斜照却相迎。回首向来萧瑟处，归去，也无风雨也无晴。”这是他在去一个名叫沙湖的地方的路途中突然遇到大雨时，“雨具先去，同行皆狼狈，余独不觉。已而遂晴，故作此词”。

在被贬边城、人生遭遇不幸的时候，苏东坡依然旷达、乐观，不让外界的环境变化来扰乱自己的心境，改变自己向来乐观的人生信念。正如“莫听穿林打叶生，何妨吟啸且徐行”所描写的那样，当乱雨打叶、风波骤起的时候，何不把它当作一个生活小风景？在雨中慢慢走，慢慢吟诗，心情自然就不错。当一切风平浪静的时候，再回首看看那样的过程，却带有一点享受般的惬意。对于像苏东坡这样处乱不惊、心如止水，不受外界干扰的人来说，其实人生本来就是“也无风雨也无晴”的。即便时光已逝去千年，我们仿佛还能看到苏东坡竹杖芒鞋在雨中吟啸徐行的样子，看到一个天真烂漫、充满生命激情的人，在向我们展示着，生命原来可以这样洒脱。

不管是什么样的天气，什么样的境遇，只要心中洒脱，看得开，保持一颗乐观豁达的心，那么对你来说，永远都会是风和日丽、天高云淡的好天气。

哲人说，把快乐坚持到底才是人生最大的成功。不轻易让悲伤抬头，不让糟糕的情绪长时间占据我们的心灵，是幸福人生必修的课题。

女人随着涉世的深入，对生活认识更透彻，社会化程度加重，不免会有意无意地去在意别人对自己的看法。或许是因为同事开的一个过分的玩笑，或许是早上上班因错过公车而迟到几分钟……不管如何，总之，你今天看上去很不开心，对谁都是爱搭不理，到哪都是带着一副冷漠的面孔，总觉得天空阴沉沉的，如同自己的心情。为何要太在意别人给予的评价呢？对这些小事斤斤计较，只会影响自己的心情。

唐朝著名禅师慧宗好种兰花。一次出外讲经弘法，吩咐弟子看护好种在寺里的数十盆兰花。弟子们深知师父酷爱兰花，侍弄得特别小心。但不幸的是，一天深夜，突然狂风大作，下起暴雨，拔树掀瓦，兰花被砸得满目疮痍。几天后，禅师回家，弟子们忐忑不安。得知原委后，禅师说："事已如此，生气又有何益？当初，我不是为了生气而种兰花的。"弟子们如醍醐灌顶，大彻大悟。看似平淡的话，暗示了多少佛门禅机，蕴蓄了多少人生智慧！

大仲马曾经说过："你要控制自己的情绪，否则你的情绪便控制了你。"因为一些小事而斤斤计较，势必会让自己的心灵丧失快乐和自由。

米切尔·霍德斯做了一个极为有趣的实验，他将同一张卡通漫画显示给两组被试者看，其中一组的人员被要求用牙齿咬着一支钢笔，这个姿势就仿佛在微笑一样；另一组人员则必须将笔用嘴唇衔着，显然，这种姿势使他们难以露出笑容。结果，米切尔·霍德斯发现，前一组比后一组被试者认为漫画更可笑。

这个实验表明，我们心情的不同，往往不是由事物本身引起的，而是取决于我们看待事物的不同方式。情绪的好坏，完全取决于自己的心态。我们在生活中，必须维持一份好心情——随时幽默、开怀、乐观的好心情，才不会被外界的消极影响所干扰。

命运原本是一个瞎子，横冲直撞地朝你而来，时而给予你欢笑，时而会给你带来悲伤和痛苦。自己的心亮着的女人，能够把握命运行走的方向，懂得微笑是自己的权利。也正因如此，她们的人生才会显得异常绚烂，且充满欢声笑语。

女人看开点，画一条幸福的底线

女人的快乐源于自己的心态，把自己幸福和快乐的底线定得低一些，你所感受到的快乐程度就会高很多。

女人年轻时有着太多美好的追求，总希望那些天真烂漫的事情都能变成现实。在社会上打拼了几年之后，才发现生活是一副现实的脸孔，喜怒哀乐都溢于言表，不会和自己含蓄和委婉，更不会顾及自己的感受。在遭遇更多的坎坷之后，女人更逐渐懂得人生不可能只有甜美，辛酸苦辣也是必修课。久而久之，有些女人便将对生活、对人生的抱怨和感慨经常挂在嘴边。

生活本身就是错综复杂的，事事顺心那是强求，无灾无难便是幸事。因此，女人只有学会凡事看开点，想开点，美好的感受才会更多。否则，她将会在怨气和无奈中度过一生。

有人曾问过活到120岁的老人，为何会这样长寿，他说："没有什么，只是要凡事看开点。"确实，就是这样简单。

两个水手因为船只失事而流落到一个荒岛。

甲水手一上岸就愁眉苦脸，担心荒岛上有没有充饥之物，没有落脚之处。乙水手却一上岸就为自己将要开始一段新的生活而欢呼。

两个人在荒岛上找到一个洞口，乙水手为今晚可以睡一个好觉而庆幸，甲水手却担心洞里面是否有怪兽。乙水手安然入睡，甲水手辗转难眠，不知道明天怎么度过。

上帝可怜两个水手，竟然让他们在荒岛上意外地发现一袋粮食。乙水手高兴得手舞足蹈，而甲水手担心怎么把生米煮成熟饭，煮出来的饭是否咽得下。

岛上没有淡水喝，他们不得不喝海水。乙说："喝淡水喝惯了，喝喝海水换换口味。”而甲水手极不情愿地把海水咽下，怨声载道。

每吃完一顿饭，乙水手总是很满足地说：“又过了一天。”而甲水手总是叹气：“唉，假如粮食吃完了该怎么办呢？”

粮食一天一天减少，终于被他们吃完了。荒岛上还有些野果，他们把它采摘回来。乙水手说：“运气真好，竟然还有水果吃。”甲水手哭丧着脸说：“从来没有这么倒霉过。上帝不要我活了，竟然要吃这样的野果。”

终于野果也吃完了，他们再也找不到其他可以吃的东西了，只好挨饿。为了保持力气，他们只好躺在洞里休息。乙水手说：“想不到我竟然什么也不用做还可以睡觉。”甲水手绝望地说：“死亡离我们越来越近了。”

最后一刻，他们都坚持不住了。乙水手说：“终于可以抛开一切烦恼，投奔天国了。”甲水手说：“我还不想下地狱。”

乙水手死了，脸上挂着微笑。

甲水手死了，脸上充满悲伤。

死亡是每个人最终的结局，但人生路上的风景，却因心态的不同而差异万千。故事中乙水手不是不尊重生命，乙水手充分享受到了人生最后过程的乐趣，虽然结果仍免不了死亡，但一切对他来说不是那么重要了，他死的时候是快乐的，他没有留下什么遗憾。而甲水手与乙水手截然相反，明知道不可能的事情还是处处在乎，明知道得不到的东西仍然想得到，自己为难自己，自己勉强自己，时时刻刻处于忧虑惶恐之中，最终还是一样没有摆脱死亡。但他最后的人生历程与乙比起来要差远了，他没有得到任何的快乐。

生活中，面临如此绝境的女人实在不多，但获得快乐的体悟、处理事情的方法是一样的。凡事都看开一点，这是一种感受快乐的哲学。

著名作家史铁生曾经这样写道：

“生病的经验是一步步懂得满足。发烧了，才知道不发烧的日子多么清爽。咳嗽了，才知道不咳嗽的嗓子多么舒服。刚坐上轮椅我常想，不能直立行走岂不是把人的特点搞丢了？便觉天昏地暗。”

“等又生出褥疮，一连几天只能歪七扭八地躺着，才看见端坐的日子其实多么晴朗。后来又患尿毒症，昏昏然不能思想，就更加怀恋起往日时光。

终于醒悟:其实,每时每刻我们都是幸运的,任何灾难前,都可能再加上一个'更'字。”

……

史铁生吃尽了“疾病”的苦头,才感悟到健康就是最简单的快乐,正因如此,他才把自己幸福的底线定得如此之低。

“熙熙攘攘为名利”。许多女人一生都在茫茫的红尘中不停地奔走,结果深深地陷在名与利的泥潭里而不能自拔;“蓦然回首,那人却在灯火阑珊处”。等到悟出真正的幸福其实就在当初的出发点的时候,却为时已晚了。

不管什么事情,糟糕也好,悲伤也罢,发生了,女人就要学会坦然地接受。俗话说,是福不是祸,是祸躲不过。当不可预料的打击降临的时候,当我们无法改变悲剧的时候,那么我们就平和地面对。我们无法改变世界,但至少可以让自己的心中洒进更多的阳光。

钱鐘书在《围城》里也有一段妙解:天下有两种人。譬如一串葡萄到手,一种人挑最好的吃,另一种人把最好的留在最后吃。前一种人永远快乐,他吃的总是剩下的葡萄中最好的;后一种人永远悲哀,他吃的总是剩下的葡萄中最坏的。

快乐、幸福与否,真的只在于自己。把自己幸福和快乐的底线定得低一些,你所感受到的快乐程度就会高很多。“不以物喜,不以己悲”,女人只有看开生活中的悲伤、苦楚,甚至是不幸,快乐才会常伴身边。

女人要惜福,要知足

《菜根谭》中说:“都来眼前事,知足者仙境,不知足者凡境。”可见,知足者和不知足者的境遇竟是天壤之别。

快乐的女人，都有一颗快乐的心作为驱动生活的原动力。她们对生活没有过高的欲望和奢求，在平平淡淡中发掘生活的美和真，对于自己拥有的一切，不管是工作还是爱情，不论是钱财还是朋友，也不管是多是少，是大是小，她们都十分知足，用心珍惜！

1. 身在福中要知福

在和别人比较的过程中，女人时而感觉自己活得很累，时而又觉得比很多人过得都好。人的心态是千变万化的，幸福的女人要学会给自己寻找到一个平衡点，让幸福的感觉更深切。

有个年轻女人总是抱怨自己不富有，一个 80 岁的老人告诉她："我可以让你变得富有，只要你用年龄和我交换，我就给你 100 万元。"年轻女人果断地拒绝了。老人又说："把你的双手双脚和我交换，我再给你 500 万元。"年轻女人想了想，还是拒绝了。最后，老人说："我现在身患癌症，把你的健康和我交换，我再加 1000 万元。"年轻女人愤怒地拒绝了。老人说："你有 1600 万元，你已经是一个非常富有的人了。"

很多女人在自己已经拥有很多时却只顾着看没有的东西，她们没有看清属于自己的事物，慢慢地，这些东西很可能真的会离她们远去。

俗话说：身在福中不知福。因为不满足、不知足，有些女人往往在拥有的时候并不知道珍惜，等到她们失去以后，才意识到自己也曾经拥有过；或者在不幸降临后，她们才会发现自己过去不断追求的"幸福"，其实早已经存在于自己的身边了。这就好比当你走过病房时，你会见到许多人正在为生命的延续而奋斗着，此时你一定会为自己拥有健康的身体而深感知足和幸福。

2. 懂得知足，爱情更甜蜜

三十多岁的小芳已经过了女人风华正茂的好年纪，皱纹也慢慢爬上了额头，远没有二十几岁时的魅力动人。小芳有一个很疼爱她的丈夫。虽然她的丈夫只是一个普普通通的工人，收入也不高，她的家庭经济条件算不上很好，不过，小芳生活得很快乐，在她的脸上，总是挂着甜甜的微笑。

每一次同学聚会，女人们就待在一起，叽叽喳喳地聊自己的丈夫。谈来谈去，无非就是讲自己的丈夫如何不完美，既不懂风情，也不体贴，天天忙于工作，眼里完全没有自己；或者总是抱怨自己的丈夫工作不好，收入不高，不能干；而每当这时，只有小芳会说：“我老公对我很好，不管在哪一方面，他都比我强。”小芳接着又说，有一回，她要过生日了，老公问她要什么做礼物。当时，她身边的同事朋友，几乎人人都有金戒指，金项链。小芳也想要。但是，她想到家里的经济情况，丈夫和自己的收入都不多，孩子读书也要用钱，家里还有老人每月也要负担生活费，于是，她就打消了要金戒指、金项链的念头。

其实，小芳的丈夫很了解妻子的心愿，便主动问她，要不要买一枚金戒指。小芳温柔地对丈夫笑笑，说：“我不喜欢金的，我喜欢银的，听说银的还能够避邪，你就送我一枚银戒指吧。不要太粗的，粗的难看，那种圈儿细细的就行。”

小芳这么说，是因为银戒指比金的便宜很多，而且一个细细的银戒确实也不贵，非常便宜。后来，当老公按她的要求，买了一枚便宜的银戒指送给她时，她高兴得跟一个孩子似的。

“知足的女人才是最幸福的。”她对同学们说。

小芳的话，总是会让她的同学们哑口无言。对每一个人来说，感情的幸福只能自己用心去感受。如果总是要求丈夫在物质上给予自己太多，超乎实际的经济能力，那不但没有幸福，反而可能会毁掉婚姻的幸福。

一位节目主持人调侃地说，世界上的女人可以分为两种：一种是眼睛看着自己碗里的，另一种是眼睛盯着别人锅里的。无论是在生活方面，还是爱情领域，前一种女人，细心品味和享受已经拥有的，整个人呈现满足而温暖的状态；后一种女人，拥有再多也看不到它们的价值，总想博取更多，得不到，就气恨难平，反倒乱了自己的心性。前一种女人，拥有越多，越觉得幸福和知足；后一种女人，一再强取，却还觉得应该拥有更多。她们把把欲望的列车开得过快，注定会在人生的某个时刻冲出轨道，远离幸福。

3. 得到不是目的，乐趣才是目标

女人活着不是为了得到更多的东西，而是为了感受生活的乐趣。很多时候，得不到的，并不一定是最好的，已经拥有了的，却往往是最美妙的。贝蒂·戴维斯在她的回忆录《孤独的生活》中说：“任何目标的达成，都不会带来满足，因为成功必然会引发新的目标，如同苹果都会有种子一样，它们是永无止境的，除非你懂得知足才是人生常保欢乐的秘诀，否则你将永远都不会满足于自己所拥有的一切。”

如果你懂得“知足”，那么你就是真正的赢家。

晓明和小杨是同事，周末相约一起去山顶看日落。

刚过中午，他们两个人就整装待发，带上了充足的饮用水和食物，朝着山顶走去。那天去山顶看日落的人很多。

这座山很高很大，而且观看日落的地方正是一个悬崖峭壁的顶端，山路曲折蜿蜒，突出来的山峰有时能把太阳遮住。

晓明和小杨毫不停歇，但山路的崎岖使登山很艰难。到了高处的时候，他们不得不走一段歇一段，时间在不经意间流逝。

走了很久，群山遮住了一切，他们看到离山顶还有好一段路要走，也不知道太阳是不是落山了，就问下山的人：“山顶还能看落日吗？”

“能啊，”下山人回答道，“正是好时候呢！”

两人一听很高兴，顿时来了精神，鼓足了劲朝山顶攀去。又过了不知多长时间，终于到达了山的顶峰。

可是晓明发现，太阳早就落山了，暮色已经笼罩在四周，晓明非常懊恼，不住地抱怨，出发时的高兴劲一扫而光，沮丧得不得了，忽然他听见小杨的赞美声，他很纳闷：“你这人真是，日落看不到了，还这么高兴！”

小杨说：“是啊，日落是看不到了，但是我看到了满天的星斗，朝我们眨眼睛呢！”

他们错过了日落，可是收获了繁星啊！可晓明只顾烦恼，他觉得这次旅行很不愉快，违背了初始时的意愿，出来看日落不就是为了散散心情，陶冶情操吗？他因为没有看到日落而沮丧万分，觉得还不如当初就不出来。小杨很会生活，懂得知足，虽然没看到绚烂的落日奇观，但也看到了满天繁星闪烁，星光耀眼的美景，不也是很好吗，不也是达到散心怡情的目的了吗？

生活的本质就是如此，如果你什么都不知足，那你将什么也挽留不住，对你来说幸福和快乐都是短暂的，稍稍眷顾就离你而去，痛苦和郁闷将时常与你相伴，让你的生活不得安宁，让你的心灵生满野草。

4. 珍惜拥有,积攒快乐

人常说,做女人不能太贪心,命里有时终须有,命里无时莫强求。没有的不去妄加奢求,拥有的要倍加珍惜,要知足。

从前,维斯努神对一个信徒无休止的祈求,感到厌烦了便告诉他:“我应许你三个愿望,但是就此结束;以后,不要再来祈求什么了。”

这个信徒立即许下了第一个愿望:希望妻子死去,另娶一个更好的。但是,当丧礼上亲友们盛赞妻子的美德时,年轻人察觉到自己的决定太草率了,便祈求神让妻子复活了。

现在,年轻人只剩下一个祈愿了。朋友们有的说:“就求长生不死吧,生命是最珍贵的!”有的说:“要是没有健康,长生不死又有何用?”有的说:“要是没有钱,健康又有何用?”有的说:“要是没有朋友,有钱又有何用?”有的说……

几年过去了,年轻人还在犹豫不决,只好祈求于维斯努神。神笑道:“祈求知足于你生活中所拥有的一切吧!”

知足方能使幸福的感觉得以沉淀,德国哲学家叔本华曾这样告诫女人:“我们很少想到自己拥有什么,却总是想着自己还缺少什么!不要感慨你失去或是尚未得到的事物,你应该珍惜你已经拥有的一切。”

《菜根谭》中说:“都来眼前事,知足者仙境,不知足者凡境。”可见,知足者和不知足者的境遇竟是天壤之别。

俗话说,知足者常乐,我们只有知道满足,才能体会到由满足而带来的幸福的感觉。知足也是一种心态,一份从容,知足是我们索求快乐时必备的前提。如果不知足,就不要责怪上天为什么让你痛苦了。在知足的基础上积极地打拼奋斗,将会同时收获幸福和成功,那样的人生才是真正意义上的人生。

不必去羡慕别人，自己的才是最好的

每个人的生活质量都是不同的，这是一种必然，那些不一味羡慕别人的生活的女人，日子会过得悠然、平静、从容。

人的欲望是无止境的，满足不了就不痛快，总是羡慕别人，这样就很难从自己的生活中发现闪光点。

俗话说，“人比人，气死人！”聪明的女人要多看自己所拥有的，而不要一味羡慕他人。很多时候，女人看到的只是表面现象，就如很多成功者都有说不出的苦衷一样，人人都有一本难念的经。

有些女人看到别人的生活过得好，羡慕之情溢于言表，甚至会感到嫉妒。在心态失衡时，越是感觉别人的生活好，就越是给自己造成迷茫和不安，甚至让自己痛苦和悲伤。

每个人的生活质量是不同的，这是一种必然，那些不一味羡慕别人的生活的女人，日子会过得悠然、平静、从容。

1. 不必和别人攀比

在生活中，很多女人看到自家的孩子不争气，自己的老公赚钱少时，都会拿别人的家庭来比较。她原本只想排泄下心中的苦闷，督促家人积极上进，但没有料到的是，不中听的言语不仅伤害了自己的亲人，还使幸福的感觉降低很多。

王婷有一个上初中的儿子，孩子虽然很聪明，但像许多男孩一样：贪玩、不刻苦，学习成绩也一直不上不下的。王婷就不停地拿自己的儿子和朋友家、同事家的孩子作比较。每天，王婷都会指责儿子：“你看王阿姨家的小虎，这次考试又得了第一，你看看你，怎么就这么笨啊！”要么就是：“你看看田阿姨家的妙妙，多会做家务啊，每次自己的衣服自己洗，还会帮家人洗，你看看你，什么时候洗过自己的衣服，什么时候干过家务啊！”要么就是：“看看对面的谆谆,人家为什么周末就能老实呆在家里,你怎么成天都不知道跑哪去了啊!”

王婷每次听说别人的孩子又怎么好了,她就会回家把自己的孩子数落一遍。开始的时候,孩子还忍着,后来长大了,听得多了,年龄也大了,就常常和王婷争执:“你看谁好你要谁去啊! 当初干吗生我!”争执后,孩子经常还破门而出,留下在屋里气急败坏的王婷。

王婷不仅跟别人比孩子,还比爱人。她也经常数落老公:“你看人家×××又升官了,你怎么还是个小小的主任啊!”要么就是:“你看人家×××又买新车了,人家男人多有本事啊,哪像咱家现在还没车呢!”要么就是:“你看×××又给老婆买了件呢大衣,你怎么就没给我买过那么多东西啊!”

王婷不停地在自己的老公面前夸别人的老公,有时老公受不了了就会跟她吵:“你看他们好,你去找他们啊,你还跟着我干吗啊!”“你以为我愿意啊! 我真是瞎了眼嫁给了你!”“你走,你走啊!”……无休无止的争吵常常充斥在这个家庭中。后来,王婷的老公都没心思跟她吵了,变得常常不回家了……

可以说,孩子的“反目”,老公的“有家不归”,归根到底就是由王婷的攀比引起的。当自己的家庭和事业都稳定了,女人就会有更多的空闲时间。王婷就利用这空闲时间进行“比较”,进行无休止的羡慕,而忽视了对家人应有的呵护,最后导致了孩子和老公都离她越来越远。

其实,王婷本来可以很幸福的:孩子那么聪明,只要进行正确的教导,就可以使他的学习成绩慢慢赶上去的;老公已经是主任了,男人40岁正好是事业最容易上升的时候,只要宽容地鼓励他,关心他,也可以使他更好的发展事业。可惜的是,王婷的无限攀比,把幸福断送在自己的手上。

2. 自己家庭就是最好的

林凤是一个幸福的女人,她经常对家人说:“要相信咱们家是最好的,不要老跟别人比,不要老去羡慕别人,朝着自己的目标不断奋斗就行了。”

林凤家生活在一个贫困的地方,虽然她从小没有受过什么教育,但是经历了这么多年风风雨雨,她对生活有良好的心态。她经常会开开心心的,因为她不去羡慕别人,她觉得自己的孩子是最聪明的,自己的老公是最勤劳的。

每次当孩子考不好的时候，她不是又打又骂，而是进行细心地劝导："没关系，一次考不好了不说明什么问题，谁都有失误的时候，妈妈相信你是最聪明的！"有时她也会教育孩子："你不是特想长大吗，长大的一个标志就是自立，所以，你也要自己做些家务，锻炼一下自己。"

孩子很吃这一套，不管在学习上还是生活上，他的成绩都是遥遥领先。他也一直很爱自己的妈妈，把自己的妈妈当成自己的朋友一样，越来越亲近。

她也用一颗爱人的心宽容温柔地对待老公。老公在外面工作累了，遇到烦心事了，都会很想回到家中，因为在家中，林凤能够给她安慰，给他鼓励。林凤也从来不拿他跟别人家的老公相比较，她只会鼓励他，让他量力而为，而不会给他很大的压力和很苛刻的指责。林凤的老公很感激她，在自己的能力范围内不断地进步，逐渐在当地做得很出色了。

林凤一家的幸福，可以说归功于她的善解人意，归功于她的宽容大度，归功于她的劝导有方，但是更重要的是在于她的"自家最好"的心态。她不去羡慕别人，更不去攀比什么。

女人不去理会过别人的生活是怎样地优越，才能做好自己的事，才不会因为与别人的生活差距而让自己陷入不幸的烦恼。陷入与别人比较之中的女人，总会感觉不安，让心情动荡不已。她们常因为别人的生活和别人的模式，让自己恐慌和失望。

"你站在桥上看风景，看风景的人在楼上看你。明月装饰了你的窗子，你装饰了别人的梦。"你在羡慕别人生活的同时，或者别人也在羡慕你的生活。不去羡慕别人的生活，你才会找到自己前进的足迹，过好你自己的日子。

西方有句谚语说得好：与其抱怨黑暗，不如点燃蜡烛。看别人过得好，就自己努力追求，努力让自己也能变好。和自己的过去相比，这样一天比一天好，女人的幸福感就会逐渐增强，心里就会更加安宁。

以幽默的心，营造数不尽的快乐

女人应该做一个生活中的有心人，即使你的生活很平淡，只要你怀有幽默之心，就可以轻松地营造快乐的生活。

对于平凡的女人来说，生活中的大多数时间无风无浪、平平淡淡。不太可能像电影中的女主角那样拥有离奇的经历和波澜起伏的人生。一成不变是生活的最大杀手，再怎么新奇的事物，一旦习以为常，就会随着时间推移而逐渐变得乏味。当生活中缺少接二连三的新奇时，女人更需要自己巧妙营造生活中的欣喜和快乐。

幽默是女人生活中最好的调味剂。林语堂说，幽默如从天而降的湿润细雨，将我们孕育在一种人与人之间友情的愉快与安适的气氛中。它犹如潺潺溪流照映在碧绿如茵的草地上。幽默感是一种丰富的养料，是快乐的催化剂。女人幽默的时候，自我感觉会变得更好。

1. 幽默调节心情，让人化怒为笑

丽萨是一个顾家的女人，由于丈夫工作比较辛苦，她每天都给丈夫做好早饭，保证他的营养均衡摄入。有了孩子之后，每天接送孩子的任务也都由丽萨来承担。就如很多事情都不能两全其美一样，上班迟到在丽萨的身上时有发生。这天，上司忍无可忍地对她说："丽萨！要是你下次再迟到，你就自己收拾东西，不用我多说了！"

丽萨很担心自己再次迟到，一连好几天，丽萨都起得很早，但是这天又睡过了头，恐怕上司已经铁定要"开"人了。

等到丽萨到了办公室的时候，里面悄然无声，每个人都埋头干活。一个同事冲她使个眼色，示意老板生气了。果然，老板一脸严肃地朝她走了过来。

丽萨突然满面微笑地握住上司的手说："您好！我是丽萨，我是来这里应聘工作的，我知道35分钟之前这里有一个空缺，我想我应该是最早来应聘的吧，希望我能捷足先登！"说完，丽萨一脸自责又充满希望地看了看上司。

办公室里突然哄堂大笑，上司也憋不住，笑了，"快点工作吧！"丽萨就这样保住了自己的工作。

幽默是一种智慧，它能调节自己的心情，将事情往好的方向引导。比如恋人迟到了，你可以说："幸亏你终于来了，那只近视的鸟错把我当成一棵树，正打算在我肩上孵蛋呢！"这样，既诙谐，又带点抱怨和提示，让对方更容易接受。

某班有一个男生，虽然家离学校不远，但逐渐养成了迟到的恶习，而且经常能编出各种理由为自己辩解。他这种拒不认错的态度和屡教不改的行为让老师甚为恼火。怎么办？聪明的老师决定反其道而行之。一天早上，他又迟到了。老师说："我想送你一只小闹钟。"学生说："我家有。""不，你家的闹钟肯定坏了，不然你怎么会迟到呢？真的，你喜欢怎样的小闹钟啊？"同学们笑了，他也笑了。那位迟到的同学知错了，此后再也没有故意迟到过。

让生活中充满幽默，让你、让别人不时地笑逐颜开，人生会变得更加丰富。

2. 幽默帮女人摆脱困境

人生难免会有尴尬的时刻，在那一瞬间，我们的尊严被人有意或无意冒犯，或者被喜欢恶作剧者当众将了一军。此时，有的人感到自己丢了脸面，无地自容。可是有些人却不，他们会以幽默从容处之。即使这种尴尬的境遇不是由自己造成的，有修养的人也会以自身特有的幽默来营造快乐的氛围。

在一次南部非洲首脑会议上，曼德拉出席并领取了"卡马勋章"。

在接受勋章的时候，曼德拉发表了精彩的讲演。在开场白中，他幽默地说："这个讲台是为总统们设立的，我这位退休老人今天上台讲话，抢了总统的镜头，我们的总统姆贝基一定不高兴。"话音刚落，笑声四起。

在笑声过后，曼德拉开始正式发言。讲到一半，他把讲稿的页次弄乱了，不得不翻过来看。

这本来是一件有些尴尬的事情，但他却不以为然，一边翻一边脱口而出："我把讲稿的次序弄乱了，你们要原谅一个老人。不过，我知道在座的一位总统，在一次发言中也把讲稿页次弄乱了，而他却不知道，照样往下念。"这时，整个会场哄堂大笑。

结束讲话前，他又说："感谢你们把用一位博茨瓦纳老人的名字（指博茨瓦纳开国总统卡马）命名的勋章授予我。我现在退休在家，如果哪一天没有钱花了，我就把这个勋章拿到大街上去卖。我肯定在座的某一个人会出高价收购的，他就是我们的总统姆贝基。"

这时，姆贝基情不自禁地笑出声来，连连拍手鼓掌，会场里更是掌声一片。

在日常生活中，女士们不妨效仿一下曼德拉，在你陷入僵局、左右为难的时候，找个幽默的借口推搪一下，不仅可以马上化解尴尬，还可以为自己赢得掌声。

弗洛伊德说："最幽默的人，是最能适应的人。"女人应该用幽默给人以台阶，用幽默缓和尴尬的氛围、排解生活的苦闷，学会对人生持有一份幽默，这样生活才会过得更有味道。

3. 幽默与乐观同在

著名演说家罗伯特说："我发现幽默具有一种把年龄变为心理状态的力量，而不是生理状态的。"他还有另外一句极富幽默的妙语："青春永驻的秘诀是谎报年龄。"

他70岁生日时，有很多朋友来看望他，其中有人劝他戴上帽子，因为他头顶秃了。罗伯特回答说："你不知道光着秃头有多好，我是第一个知道下雨的人！"

罗伯特的幽默是一种乐观向上的生活态度，同时，也是让他笑口常开的秘籍。

有这样一则故事：

有一对残疾夫妇相依为命地住在一个小山村里，女人双腿瘫痪，男人双目失明。每一个春夏秋冬，他们合作播种、管理、收获……一年四季，女人用眼睛观察世界，男人用双腿丈量生活。时光如水，却始终没有冲刷掉洋溢在他们脸上的幸福。

有人问他们为什么如此幸福时，他们异口同声地反问："我们为什么不幸福呢？"男人笑着说："我双目失明，才能完全拥有我妻子的眼睛！"女人也微笑着说："我双腿瘫痪，我才完全拥有他的双腿啊！"

从他们的话语里，我们体会到了一种乐观豁达的幽默，一种积极面对人生的态度。这样的人，即使生活给予他们再多的历练，也不会将他们打垮。如果我们像那对夫妇一样，抱着这种乐观的生活态度，去发现幽默，发现幸福，我们必然能生活在欢声笑语中。

美国第26位总统西奥多·罗斯福有一次被偷了许多东西，他的朋友写信安慰他，他在给朋友回信中说："谢谢你来信安慰我，我现在很平静。这要感谢上帝，因为：第一，贼偷去的是我的东西，而没有偷去我的生命。第二，贼只是偷去了我一部分东西，而不是全部。第三，最值得庆幸的是，做贼的是他，而不是我。"

如罗斯福一样，以乐观和幽默来面对不幸的遭遇，心灵就犹如有了源头的活水，我们就能用心灵的眼睛去发现幸福，发现美，发现快乐。欢乐和笑声是女人生活中必备的美食，幽默是使它们闪光的最好工艺。

下篇：用幸福心态做幸福女人

{Chapter 7}

婚恋后花园：满园的春色女人用“心”经营

恋爱的甜蜜使得每个女人都为之无限向往，由恋爱到成就完美的婚姻，女孩如同自己围起了一片小花园，悉心经营。不同的女孩在自己的花园里看到的景象大为不同，积极、主动或被动、消极等复杂的心理状态左右着恋爱的结果。在经历一番博弈后，当女人由恋爱走入婚姻的幸福殿堂时，身份发生了巨大的转变，心态也自然要跟着升华。幸福的婚姻不光是海誓山盟和誓死不渝，这些恋爱中甜蜜的音符在婚姻中应化作扎实的点点滴滴的行为，女人要以包容、欣赏的心将其慢慢消化。

用幸福的心态做幸福小女人

每个女人都在追求幸福，但获得幸福只有一个可靠的方法——控制你的心态。幸福从来不取决于外界的因素，而在于你的心态。

在爱的世界里，有你有我，遥远的相望，守候情缘是种幸福；在希望中静静地等待，等待有情人在一起厮守终生是种幸福；萍水相逢的喜悦，蓦然回首的期待，执手相牵的祝福是种幸福。幸福正是女人的一种淡然的心情，来自于一个会心的微笑，一句体贴的话语，一条问候的短信，一个热情的拥抱……

娟娟的同事们都说她和她丈夫特别幸福。每天早晨丈夫都会送娟娟上班，一次门卫大爷跟娟娟说"你哥够细心的了，天天送你过来"，可把娟娟乐坏了。35 岁的娟娟和丈夫军在一起 12 年了，丈夫比她大 5 岁。

娟娟刚参加工作的第一天就遇到了军，后来军成了她丈夫。军对娟娟是一见钟情，说尽了甜言蜜语才追到娟娟，一直也特别依从她，用军的形容就是"像一只小绵羊陪在她身边，任凭她用鞭子轻轻抽打"。他们俩都很爱旅游，一有假期就出去玩。城市周边和全国各地的很多地方都留下了他们的足迹。娟怀孕四个月的时候还趁着十一假期出去旅游了，军说她怀孕期间脾气不太好，得带她出去玩玩。

他们的婚礼刚好碰上难得一遇的"非典"，可谓出现了不少波折。娟娟直言"那期间酒店都不让举办婚宴了，我们的婚礼地点改了三次，日子改了两次，真是伤透了脑筋。2003 年 5 月 20 日那天，我们在酒店举行了简单的婚礼，原定 40 桌的计划也缩减到五桌，简单庆祝了一下。"不过娟娟并没有因此而失望，相反，能在这么特殊的时段内举办婚礼，虽然有些坎坷，却很值得两个人珍惜。

说到结婚这些年的感受，娟娟坦率地说："在一起这么久，也就婚礼那事儿有点让人头疼，之前之后都是顺顺当当的。有时候朋友们在一起开玩笑，说结婚后马上就'七年之痒'了，我们的爱情可没有这样。秘诀就是'幸福的心态对待婚姻'。结婚这些年了，我们并没有因生活琐事冲淡了感情，反而总是在点点滴滴中浇灌爱情，所以我们的感情就像注入了'保鲜剂'。心态良好，生活才能蒸蒸日上嘛。"

确实，幸福的心态就是婚姻的"润滑剂"。我们所感受到的幸福没有形状，也没有绝对的标准可言。饥渴时，幸福的心态是有一顿粗茶淡饭；贫穷时，幸福的心态是有一顿丰盛的饭菜；困乏时，幸福的心态是有一张床能够躺下安歇……幸福蕴藏在婚姻生活的点点滴滴中，它是来自女人心灵深处的一种感觉，一种触及心灵深处的悸动，泛出甜美的感受。

正是因为幸福的千姿百态、摇曳生姿，才使得追求幸福的方式也各有千秋，心态则是其中的关键。只要自己觉得幸福，那你就是全世界最幸福的女人。幸福的心态如同你脚上穿的鞋子，有的人看你的鞋子外面又脏又破，可是你觉得穿着很舒服，敝帚自珍，你也会感到由衷地幸福。

琪看着身边和她同龄的姐妹和同事都陆陆续续搬进了大房子、买上了自己的私家车、频繁出入大型的购物商场，心里十分艳羡。再想想自己和丈夫每个月不多的工资，突觉日子过得乏味而难堪，心底难免涌出莫名的不满，一肚子火气都不知道该找谁发泄，看什么什么不顺眼，做什么什么都憋气，脸色便越来越难看，心情也越来越糟糕，常常感觉自己是天下最不幸的女人。一天，丈夫突然问她："你最近怎么了，怎么老不开心，工作不顺利？"在得到否定的答复后，丈夫表示不理解，"那你为什么每天都黑着脸不高兴呢？"她说她觉得不幸福。"那什么才是你想要的幸福呢？"丈夫歪着脑袋认真地问。"你看看别人，有大房子，有自家车，有很多钱，可我们呢？！"丈夫不以为然地说："你有我和儿子呀！你有我和儿子爱你，难道你还不幸福吗？"一句话重新唤醒了琪心底深处的幸福感。

女人一生幸福与否，关键在于你的心态。心态阳光了，一切就都变得明媚，心态决定着美好与丑陋、成功与失败、痛苦与快乐。调整好自己的心态，也就调整好了自己的生活、自己的世界。正所谓爱恨一念间，心态变了，天地自然就宽了，爱自然就豁达了，婚姻自然就幸福了！

彼此志同道合才有稳定婚姻

爱情婚姻的稳定性，是一个现实的问题，是一个长期的问题，是一个永恒的问题，而这个问题的答案就是——志同道合！

女人对婚姻都是经历了从憧憬到迷茫再到理智的思考过程，没有人会否认婚姻中爱情的伟大和纯真，但爱情绝不是婚姻的全部。两个人相爱可以是单方面的，可以无偿付出，可以昏天黑地，有情饮水饱。但是，婚姻不同，它是两个人共同的事业，是两个人并肩作战的合作，是两个人用心经营的成果，是两个人一生无憾的牵手，是两个人志同道合的选择！

第一次与丈夫王民相遇，艳红正在读大三，而丈夫在读大二。这时，大三的艳红被老师安排到了王民所在的系里做辅导员，身为团支书的王民因此有了和艳红接触的机会，两个毫不相干的人生轨迹出现了交叉点。一次偶然的机会，两人东拉西扯地聊起来，她发现他刚开始有点紧张，后来，两个人慢慢放松了下来，竟然谈了很长时间。他讲起了他周围的事情，也谈起了人生，她很惊喜地发现他是那么单纯正直，同时，也很诧异他很多观念竟然和自己如出一辙。这次交谈拉近了他们心灵的距离，他们的接触逐渐增多了。他们都意外地发现对方竟然和自己如此志同道合：同样喜欢古诗词，同样喜欢书法和音乐，同样喜欢文学写作……就这样，浪漫的爱情开始了。

一晃几年过去了，结婚便成了顺理成章的事情。有人说，婚姻是爱情的坟墓，但是，他们俩却用事实证明了志同道合的爱情在婚姻中的历久弥新。他们常常会有心有灵犀的感觉。一天，艳红半夜醒来，一时不能入睡，就想起了白天看到的一款手机，觉得真的很漂亮，想着想着，脱口而出了一句："那款手机可真漂亮啊！"她本以为丈夫已经睡着了，可是，没想到王民也笑着说："我也在想那款手机呢，没想到你和我一样！"还有一次，丈夫在外地出差，思念他的艳红给他发了一条短信，没想到同时丈夫的短信也来了，原来竟能隔着空间心灵感应。

如果这样继续下去，那么他们的幸福也和其他家庭的幸福雷同了，可是，他们是一对有着共同梦想的夫妻，为了心中共同的愿望，他们相互影响，相互支持。王民从小就有一个律师梦，这个愿望伴随着年龄的增长愈加强烈，所以，大专文凭的他在结婚后，报考了法律专业自学考试，因为只有考上了本科，才有资格参加全国司法考试。艳红也和丈夫一起并肩作战，参加法律专业自学考试。刚开始参加自学考试时，他们碰了一鼻子灰，丈夫一门也没通过，而艳红也只通过了一门，他们很沮丧，甚至想放弃了。在看到一位朋友报考了5门竟然有4门都通过时，夫妻俩的倔强劲儿就上来了："我们为什么就不可以通过呢？我们一定也行！"于是，他们又互相鼓劲向梦想冲刺。

为了找资料，他们常常要寻找很多的书店；为了准备考试，他们常常在深夜里埋头苦读，困了就拿冷水洗脸。夫妻俩一人一个房间，互不干扰，却也相互勉励。谁能相信已经安定的婚后生活可以过得这样辛苦呢？因为有爱，因为志同道合，他们能一起努力，心反而贴得更近了。终于，他们都顺利通过了法律专业自学考试。自学考试虽然通过了，可一年一度的司法考试还在等着他们。夫妻俩一鼓作气又开始了看书、查资料的学习生涯。经过一个又一个苦读的夜晚之后，丈夫终于通过了司法考试，而艳红最终也成了一名执法人员。

因志同道合而结合的王民和艳红感情基础更加牢固，双方的世界观、人生观、价值取向、爱情婚姻观相同，甚至在性格上也有相似或相近之处，能做到优点共勉、缺点相容或包容。因为有类似的人生经历，共同的奋斗目标和追求，所以他们的感情牢固坚贞。

和丈夫志同道合的女人婚后感情能更加深厚，因为两人能用心经营、求同存异，一切为了爱，为了共同的责任和义务而共同努力，奉行"事业支持家庭，爱情保障婚姻，爱心永保幸福"的婚姻理念，事业上互相支持、互相鼓励，生活上互相关心、互相体贴，情感上互相理解、互相满足，从而成为事业上的好战友，生活上的好伴侣，情感上的好榜样，如此，婚后的感情自然是坚不可摧！

婚姻在你的心中是否是爱情的坟墓

婚姻是爱情的结晶，是爱情升华的最高境界。婚姻对于爱情绝不会是坟墓，而是天堂。

“婚姻是爱情的坟墓”，这是一句人尽皆知的名言。但若我们认真思考，便会发现此言差矣，从客观条件出发，婚姻是让你和成长背景、生活习惯、宗教信仰不尽相同的丈夫生活在一个同一片天空下。你们也许会因为种种差异而发生争执、矛盾；但同时，你也能从对方身上学到珍惜、理解、包容……怎么能轻率地将婚姻视为爱情的坟墓呢！

婚姻和爱情并不是矛盾的两端。爱情是一种付出，需要回报；婚姻则是责任，而不仅仅包括爱情。婚姻中更多的是需要用实际行动表达爱，所以婚姻不是爱情的坟墓，而是爱情的试金石。事实上，婚姻和爱情既是两个不同的概念，又是相互包容的共同体，只有相互融合在一起，才能使你和丈夫共同享受美满的婚姻、完整的爱情。

语晨跟丈夫是在大学校园里认识的，交往了六年多，才步入婚姻的殿堂，恋爱时候也分分合合了好几次，但爱情最终战胜了所有困难。语晨说：“就在我们要去登记时，我又犹豫了，六年多的感情，在那一刻突然觉得淡得不见了踪影，莫非我们真的跨进了爱情的坟墓？还是我患了婚前恐惧症？”丈夫安抚她说：“的确，我们的爱情淡了，但是我们的感情却不知又深了多少倍，我们的爱情已经在不知不觉中转变成了亲情，是比爱情更亲近的，两个人变成了一个人的亲近。”于是，他们结婚了。结婚后，丈夫对她还像以前那样，只是责任感更强了。丈夫喜欢拿着他们的结婚照点评，其中最喜欢那张他穿中山装，语晨穿旗袍的，因为这样看起来他是家长，是户主，很有权有地位，而语晨则小鸟依人，很乖。语晨就不喜欢这张，说丈夫像个封建地主家的老爷，自己像个姨太太。

类似的分歧不止出现在欣赏照片或者看电视什么的，连装修房子、买东西等都会出现语言战争。但是，丈夫会让着语晨，因此没有哪次会因为意见相左而真正翻脸。语晨说："婚姻里，双方要互相尊重、信任，也正是因为走入了婚姻，我也学会了容忍。老公很多缺点，这些在婚前是没发现的，如丢三落四。我家的伞是买了丢丢了买，还有手套、围巾，真是到他手里就有去无回了。开始我还发脾气训他一番，后来也懒了，唉，丢都丢了，说又有什么用呢，毕竟丢了还可以再买，真吵伤了感情就难补救了。"如今，他们有了可爱的宝宝，家里更是多了欢笑。丈夫总说语晨心里只有儿子了，不高兴了，非常吃醋，不过语晨知道，丈夫心里美着呢。尤其是当别人说儿子长得像他时，他真是得意忘形了。

看看语晨幸福的婚姻，完全没有坟墓的影子，语晨说，"将婚姻看成爱情的坟墓是种悲观的想法。婚姻不是爱情的坟墓，而是一面放大镜，放大了爱情的千疮百孔。有的女人会在婚后小心翼翼地把这些缺陷补好，而有的女人只会不断地制造新的伤痛。婚姻中的爱情是需要经营的，为了给爱情保鲜，我们需要用心去对待丈夫。"

在婚姻中，两个人仍然是独立的。女人如果过分地要求丈夫，牵制丈夫，只会使生活中的磕碰频繁，使丈夫感觉疲倦。切记：丈夫不是物品，更不是笼中之鸟，不要试图改变他、干涉他，这样做只会弄巧成拙，让对方想方设法地逃离牢笼。

星月结婚不久就惊讶地发现，原来在她心中那个近乎完美的丈夫，其实有很多小毛病，特别是生活习惯上的。说出来，怕他觉得丢了面子；憋在心里，久而久之弄得自己很难受，常常感到莫名的郁闷和烦躁。有一段时间，丈夫因为工作上的原因，回到家里，对她总是火气不顺，怎么看她都不顺眼。其实星月能理解，就像她看他不顺眼一样，但还是忍不住憋了一肚子的怨气，想改变他这些毛病。终于有一天，她忍不住，于是开始恶语相向，时间久了，两人的感情难免受到影响。

一次偶然的机会，星月妈妈打电话来说不舒服，她急着回家看妈妈，可当时正和丈夫处于冷战阶段，所以把心里想说的话给丈夫发了一封邮件。几天后她发现丈夫回了一封“投诉信”：历数了她总是试图改变他的性格，让他烦躁不堪的“罪状”，同时也说最近心情不好，是因为工作原因，希望和星月和好。

此后，星月试着调整自己的处理方式，果然和丈夫的关系好了很多。

确实，婚姻不是相互改造，而是相互适应。星月的改变促使她的婚姻在幸福的轨道平稳运行开来。

你和丈夫从恋爱到步入婚姻的殿堂，再携手走向银婚金婚，注定会经历一系列的观念变化，这是你们两个人不断走向成熟的心路历程。恋爱是浪漫的、梦幻的，而婚姻是现实的、质朴的。经营得当的婚姻绝不是爱情的坟墓，它会给予你充实感、安全感、满足感、舒适感，它是一种稳固、愉悦的互补关系，如潺潺流水般记录着你的幸福安宁！

用快乐的心，享受如意婚姻

当你快乐的时候，你就拥有整个世界；当你苦恼的时候，你也并未失去整个世界。试着做个快乐的阳光女人，为自己的婚姻勾勒最美的景致吧。

婚姻对女人而言，不仅意味着浪漫与甜蜜，还意味着付出与牺牲、责任与义务、磕绊与碰撞、甘甜与苦难、容忍与尊重。如何描绘你的婚姻生活，是如意还是不满，全在于你的心态。快乐就是一种阳光心态，女人离开了快乐的滋润，婚姻之河将毫无色彩可言。

要做快乐的女人，并不需要一切东西都是最好的，只要能满足于自己已有的一切就足够了；要做快乐的女人，并不需要生命中的一切都一帆风顺，只要能用积极的心态去对待生活就好。婚姻生活是可以由自身主观努力去把握和调控的，女人有什么样的心态，就会有什么样的生活和命运，而快乐的心态就是调控和谐婚姻的控制塔。

一个晚上，若梅参加了一个饭局，做东的是一个做生意的朋友。在他们这个小小的地方，她的生意几乎占据市场的一半，这几年，她赚得金满盆银满钵，已经是一个不大不小的富翁。

一阵寒暄、客套过后，若梅问她一天能赚多少钱，她愁眉苦脸地向朋友们大吐苦水："这些天生意比较清淡，每天只能挣 1000 元，我和老公为此都吵了好多次架，弄得最近心情一直不好。"若梅和众人皆很惊讶，此后都是这位朋友在苦恼，她大吐苦水，说自己一点也不快乐，现实与自己的目标太远了，婚姻也不如意。

饭局过后，若梅回到家里，她看见刚从街上贩小菜归来的丈夫，喜气洋洋地在饭桌上数钱，她问丈夫："今天赚了多少钱？"丈夫笑眯眯地说："净赚 25 元。"看着丈夫兴奋的样子，若梅觉得眼睛有点湿，丈夫一天赚 25 元，怎么比那个轻轻松松一天挣 1000 元要快乐得多呢？若梅与丈夫说了晚上的事情，问丈夫为什么比她朋友要快乐得多。丈夫说："老婆，快乐就是我们心中的期望，别期望太高了，越高就越不容易得到满足，我每天只愿望挣到 20 元，今天我挣了 25 元，我的愿望达到了所以我开心知足了，你的期望别太高了，只要一点点地前进，你的目标与理想都会实现，你也会越过越快乐的。"

是啊，快乐的本质并不在于得到多少，而在于心态。决定一个女人婚姻如意与否的关键也正是"快乐的心态"。婚姻中总会有各种各样的事情发生，我们都无法预料明天可能会发生什么，但女人可以用快乐的心态做人生的指挥官，相信自己才是自己婚姻的主宰。在婚姻中，我们常会陷入"钱就是幸福"的误区，若梅朋友的故事就告诉我们快乐就是快乐，与物质、金钱没有任何关系。

往往，金钱的多少并不能衡量婚姻的质量，而对婚姻的心态却能改变生活的走向。无论一个女人多么有能力，如果缺乏快乐的心态，就不会有如意可言。快乐的心态产生的能量是巨大的，有了它，女人就能把握住自己的婚姻，尽享幸福。

拥有了快乐心态的女人，才能承受婚姻中的种种压力，并有勇气挑战各种困难和挫折;拥有快乐心态的女人,才能让痛苦和烦恼远离自己,感受恬静婚姻和温馨爱情。婚姻是女人人生中必经的生命之旅,面对神圣的婚姻殿堂,我们要静静地思考,细细地品味,在淡然豁达中享受婚姻生活,让自己活得精致而有意义,将家庭经营得融洽而和谐。

一个女人的婚姻是否幸福,不能看她所享受的物质状况,因为有钱的不一定就觉得幸福;而经济条件不好的,未必会觉得不幸福,我们的欢乐与痛苦,其实都是自己的心态所造成的。只要我们的心是快乐的,我们周遭的一切就充满了朝气和激情。

懂得快乐生活的女人,就应该在婚姻中保持一个阳光心态。无论婚姻生活中遭遇了怎样的不幸、艰难,都要保持一种快乐的心态:感谢上苍让你在人世轮回里遇见这个“十年修得同船渡、百年才能修得共枕眠”的丈夫。婚姻中有晴天丽日,也难免阴雨霏霏,但有了快乐心态就可以超越恐惧、自卑、胆怯、气馁,令自己充满自信、乐观地面对一切。

女人有了快乐的心态,就有了战胜失败和挫折的勇气和信念;女人有了快乐的心态,就有了健康的精神与兴趣;女人有了快乐的心态,就有了永远保持魅力的资本;女人有了快乐的心态,就有了婚姻和谐、人生幸福的必胜宝典!

少点依赖,自己做主享受生活

学会享受生活是一种能力,也是一种艺术。摆脱依赖做自己,才能拥有自己的完美生活,享受独一无二的爱情。

“敏敏,我都快郁闷死了,刚才妈又来电话催了,今年再嫁不出去我就去出家当尼姑了……”王敏和闺房密友佳的谈话,大多数的话题都是讨论佳现在的男朋友怎么样,或是如何帮她找男朋友确定终身大事。王敏看着品着茶一脸无奈落寞的佳,一时间也不知道该说什么好。三十出头的佳是那么的优秀靓丽,怎么就那么难找对象呢?

“上次给你介绍那个博士,不是挺不错的嘛?能不能别那么挑啊?”

“哪里是我挑啊?将就吧,关键是我看人家根本没有处对象的意思啊。”

“怎么会呢?我打电话问问。”王敏的一通电话下来,她只有“嗯”“啊”的份,因为博士太能总结和归纳了,没有给她插话的机会。博士只是举了几个很平常普通的相处细节,就用一句话总结了他们不合适的症结所在——佳太依赖人了!

依赖是相对于自立而言的,依赖思想太强则意味着自我的弱化,独立的丧失。可以说依赖对于女人来说是一个陷阱,一旦掉入这个陷阱,便难以自拔。诚然,恋爱、婚姻是一个相互依赖的过程。

每个恋爱、婚姻中的女人都会面临着这样两难的困境:只有相互依偎在一起,才能感觉到爱情的甜蜜;但是如果靠得太近,又担心有一天会依赖太深。而一旦依赖太深,我们的生活便会变得不再像从前般单纯、快乐,你会时刻感觉到你的生活中不能没有他:马桶坏了不去打物业的维修电话,而是请求他的帮助;灯泡闪坏了不去自己搭凳子来换,而是寻求他的援手;一个人不敢在雷电交加的夜里睡觉,而是渴望他的保护;一个人不愿在厨房忙活烧菜,而是希望他的陪伴;一个人不想独自无聊地看电视,而是期待他的情话……

圆圆的丈夫学历较高,工作很好,有较高的薪酬,而她自己的工作是护士,他们结婚五年,圆圆给丈夫生了三个孩子。在做母亲后,圆圆便把工作辞掉了,她的角色是家庭主妇及母亲,她需要操持家务,照顾孩子与丈夫。随着时间的流逝,圆圆越来越依赖她的丈夫。

这时,丈夫的工作显得非常重要,因为家庭的维持全靠他,他的成功即是圆圆的成功,也是家庭的成功。他是这个家的中心,圆圆看着他,孩子也看着他。圆圆所做的一切都是为了他,为了他们的孩子,一旦丈夫工作上出了问题,圆圆也就有了问题。

渐渐的,圆圆接受了这种关系,因为这是她所熟知的生活方式:她的婚姻就是以她父母,以及她成长时所看到别人的婚姻为蓝本的。慢慢的,她对丈夫的依赖取代了她以往对父母的依赖。同样，她丈夫也希望圆圆温柔、体贴。因此，两人都得到了他们所寻求的东西。大约又过了七八年，他们的婚姻危机爆发了。圆圆开始感到束缚，不被重视，不满，因为她未能做出更多的事，没有成就感。而丈夫却越来越光鲜照人，事业有成。

体贴的丈夫便鼓励圆圆去做她想要做的，更自信些，主宰她的生活，不要为自己感到遗憾，也不要只为他和孩子活着。这些与她当年结婚时所想的首次有了冲突。丈夫对圆圆说："如果你想出去工作，为什么不去找呢？也可以再回到学校去进修啊。"随后，圆圆遵循自己的想法和丈夫的意见，重新开始经营起了自己喜欢的工作，在她逐渐摆脱对丈夫的依赖后，生活和家庭也变得更加和谐了。

虽然当今的女性较以前独立，但在婚姻中还是难免形成依赖丈夫的状况。这种现象的产生，一是由于女人在小时候的家庭中养成的这种依赖心理，恋爱、结婚后，对父母的依赖自然而然地转为对丈夫的依赖；另一种是由于女人在现代社会中依然处于比较柔弱的地位，所以在结婚后丈夫便成了靠山。即使她们在工作中争强好胜，但她们在生活中依然想找一个停泊的港湾。

从心理上说，要脱离心理上的安乐窝是艰难的。依赖会以各种各样的方式侵入生活，让更多女人从依赖中得到满足，因此，依赖往往难以戒除。要摆脱这种依赖，则需要不断加强对心理独立的认识：不再勉强自己去迁就各种情面或关系、做自己不愿做的事、跟着丈夫走，亦步亦趋等，开始学会自己积极思考，独立自主地决定自己的事情。

女人心理上独立便是无须再依赖别人，但不再依赖他人，并非是不需要。依赖与需要是两回事。心理上的依赖，说明你有一种情绪：无论你做什么事，你都想看看他，你自己没胆量、没信心去做。如果他不在身边，你便会感到无助，茫然不知所措。而心理上的需要，是你心灵深处的渴求，这种需要能完善你的人格，塑造你的品质，让你的人生境界得到升华，如此，你的人生才能更加充实、丰富而有意义！

用真情给婚姻保温

围城之初，一切都很美。岁月流逝，一切却淡漠了。只有真情才能不断唤醒沉睡的记忆，重温曾经的美好，为婚姻保温。

“看她的家庭多幸福！”我们常常会赞叹他人的婚姻幸福。其实，幸福的婚姻不是凭空而来的，而是不断用真情经营、浇灌出来的。

莉从来不吃葱、姜、辣椒，一吃就难受。但是，每次炒菜之前，她总要先切上一碟辣椒，然后用姜丝拌蒜泥，再浇上半勺滚烫的花生油，因为这是丈夫喜欢吃的。莉很乐意做这一切，甚至把它当成一种享受。当然，她有时也会发发牢骚：“你就知道吃，我为你做了半辈子的保姆，你什么时候能做一顿像样的饭菜给我吃呢？”丈夫总是呵呵一笑说：“你做的饭菜是最香的，别人做的我还不吃呢！”

莉想想也是，这么多年，丈夫都非常爱自己，这样一想，莉的心态便调整过来了。一次莉生病了，丈夫急得眼睛都红了，拉着她的手不停地问：“你想吃什么，我帮你弄去。”莉笑笑说：“你会弄吗？”“我会，我这就去。”说着丈夫就走进了厨房，本想给莉煮碗热腾腾的鸡蛋面，可是手背上被油溅了几个红点不说，面还弄糊了，尝了一下，味道也不对。丈夫只好悄悄下楼到对面餐馆买了一碗牛肉面，小心翼翼地端到床前，低着头对莉说：“不是我自己做的，我做不好……”莉的泪花已经在眼里打转，她说：“你有这个心就够了。”

莉的身体康复后，他们又恢复了以往的日子。每天饭前莉还是会雷打不动地准备一份姜丝辣椒。

莉和丈夫就是一对平凡的夫妻，但他们相处中的真情足以暖透人心。其实要让婚姻幸福并不如想象中那么难，只要我们用一点点心，能多为对方着想，让对方感受你对他的重视和关爱，那婚姻就能幸福和谐地走下去。婚姻是需要两个人共同来经营、呵护的，两个人在一起，当恋爱的激情褪去之后，以后的漫长岁月就更需要心的细致和体贴了。

婚姻犹如一艘航行在浩瀚大海的航船，当船触礁时，遇险的绝不仅仅是某一个人，而是整个家庭。成功的婚姻不是偶然的，女人切不可把婚姻中的一切视为理所当然，也不要认为婚姻就是“从此王子和公主过上了幸福的日子”，如果这样去想，婚姻一定会让我们失望。幸福不会从天上掉下来，它需要我们付出，经过精心培育后，才能收获我们想要的爱。

敏的丈夫是一个节目主持人，人长得帅，口才又好，很多女人喜欢着她。而敏却是一个普通的女人。他们结婚三年了，他越来越红，她还是从前的样子。敏知道丈夫是靠嗓子吃饭的，在他去上班的时候，她一个人在家，就给他剥莲子。她把莲子里小小的心抽出来，然后煮成茶给他喝。而丈夫的应酬特别多，甚至回家和她吃饭的时候都很少。后来，丈夫有了隐情，和一个女人好了，于是常常夜不归宿。

敏没有和丈夫争吵，还是默默为他剥莲子心，把细细长长的心剥出来，足足剥了一包放在茶几上。有一次丈夫回家拿东西，看到她在屋里坐着，没有开灯。她开了灯问：“你在干什么？”她在剥莲子，即便黑着灯也能熟练地剥！丈夫的心瞬间软软一动，喉咙有些哽咽，但刹那间就掩盖了过去，只是淡淡地说：“你能再给我煮一杯莲子茶吗？”

敏欣喜若狂，赶紧煮来一杯。望着袅袅升起的白烟，丈夫的眼睛湿了，但他还是走了。下楼的时候敏追过来，他停住，皱着眉头，以为她要死缠烂打，或者骂他。但敏只递给他一包东西，是她剥好的莲子心，她说：“不要忘了，多喝对你嗓子才好，你还指着嗓子吃饭呢。”此时的丈夫已经有些悔意了，但不愿回头让她看到，毅然地离开了。那天晚上，他孤独地待在另一个房子里，拿出那包敏剥好的莲子心，用滚烫的水为自己沏了一杯。喝一口，苦而涩。再喝一口，那淡淡的苦依然在唇齿之间。第三口，苦后的一阵甘甜，化作百指柔，搅得他的心隐隐作痛。

这清苦的莲子心茶，唤起了他对往日的许多回忆，他发觉自己总在以一份追求奢华生活的虚荣心来对待敏朴实真挚的情，甚至背叛她、伤害她，然而，敏的心却始终没变。

围城之初，一切都很美好。岁月流逝，一切却淡漠了，只有真情才能不断唤醒沉睡的记忆，重温曾经的美好，为婚姻保温。只有两个人相互付出真情，才能使婚姻幸福长久。

为了爱女人要多点担待

婚姻像双脚，两人需要朝向同一个方向，若左脚向左，右脚却要向右，如何前进呢？而担当正是促使双脚同行的使者。

当花前月下的恋爱让位给柴米油盐的婚姻；当浪漫火热的情话让位给一日三餐的生活；当相思成灾的甜蜜让位给每日相守的平淡时，我们需要担待，才能为爱保鲜。女人的婚姻本就是一次漫长的旅途，如果没有了这样一种宽容、包容、谅解的担待，这旅程便不再鸟语花香、充满朝气。

有甜有苦、有笑有泪便是婚姻的滋味。如果日子过于平静，婚姻则潜藏着危机；如果日子过于吵闹，婚姻则会走向死角。女人如何经营一份平和的婚姻生活，那要看两个人的性格、兴趣、磨合、理解，尤其是担当的程度。如果能求同存异，相互谦让，那必是一种甜美的幸福婚姻，能让人心情轻松，努力创业，享受快乐；反之，则是一种婚姻的苦果，会令女人痛苦不已，甚至成为心理负担，萎靡不振。

在婚姻中，女人学会多些担待、多点付出、多点温柔、多点体贴、多些浪漫，这就如同在婚姻的围墙边种上五彩缤纷的花朵，分外迷人。婚姻中要担待的地方非常多，我们要担待对方因见解不同时的出言不逊；我们要担待对方在职场竞争中失败后的心烦气躁、甚至一时的灰心丧气；我们要担待柴米油盐，一日三餐中的琐碎、重复、乏味……最难担待的或许还有这样或那样的原因而造成的情感危机，虽然有这样或那样的危机、困难，但若我们都有一颗包容担当的心，相信危机终会过去，日子依旧精彩！

敏和华是一对夫妻，平时都忙于工作和家务，爱在他们之间变得很平庸。华为了唤起老婆对他的爱，重新点燃她的激情，他想再次浪漫一下，便约老婆到一个餐馆吃饭。可是在他快下班时，单位开了一个会，等他冒着滂沱大雨赶到时，已经迟到了半个小时，敏很不高兴地说："你怎么这么晚来呀，我都没有心情和你吃饭了，以后不要再这样迟到了。"华的心瞬间一动，随之崩溃冷却。

洁和君同样是一对夫妻，君也为了制造两人相处的机会而约老婆洁吃饭，因公事繁忙，君也迟到了，但当君冒雨赶到时，老婆洁说："你忙坏了吧？"边说边为他拭去脸上的雨水。君的心也是瞬间一动，满是温馨甜蜜。

我们常说，婚姻是一个空盒子，你必须往里面放东西，才能取回你所要的东西；你放得愈多，得到的也就多。洁和君的婚姻就是如此，放入担当，婚姻自然甜蜜，感情自然温馨。女人在婚姻中不要企图保持炽热激情，而要让爱情自然地发展，要知道，激情和热爱会随时间而消失。彼此的宽容、忍让、担当、不计较才是共同快乐生活的诀窍之一。

莉莉和丈夫结婚十年了，莉莉常对丈夫说："亲爱的老公，我希望你改变自己做的、说的某些事，即使你不改，我还是一样爱你，因为我爱的是你这个人，而不是你做的事。即使有时候我真的不喜欢你做的事，但我还是一样爱你。"丈夫听后也会感动地说："我很高兴你喜欢我这个人，否则我们的婚姻就毫无意义了。亲爱的，我不喜欢觉得自己好像为了你而活，我只想做我自己。如果你喜欢我这个人，我就可以也愿意改变我自己，使我们之间变得更美好。"

确实，只有无条件的爱才是真爱，只有担当才能让彼此在婚姻中仍保持本真。

女人在婚姻中不要为了公平而争吵，也不要为试图改变对方而争吵，遇事学会扪心自问：这件事情真的值得我争吵吗？得出的结论和被伤害的感情孰重孰轻？若能将结果考虑到百分之九十的话，争吵则可以避免。如果不可避免，则要尽量多担待一些，或者尽量缩短争吵时间，争吵的内容也要中肯，就事论事，千万不要涉及其他事情，翻从前的旧账。

彼此的宽容和忍让是婚姻中必须的饮品，如果太计较得失，则等于亲手扼杀自己的幸福。世界上的每一段感情、每一个家庭、每一份幸福都是值得珍惜的，“相濡以沫”“白头到老”的婚姻更需要女人多一些担待，少一些抱怨。

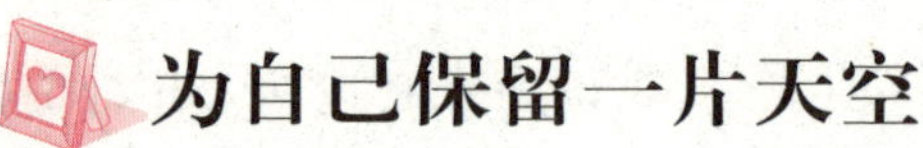

为自己保留一片天空

水至清则无鱼，婚姻同样如是。你和丈夫之间应该有意保持一点距离与神秘感，拥有属于自己的隐私。

美好的婚姻如一碗汤水，需要诚实的滋养，但聪明的女人会知道诚实与透明是不同的。透明是毫无隐私，而诚实是尊重对方，同时有所保留。即使再亲密，作为女人也不需要把心中任何感受和所有想法都逐一向对方倾诉。把所有想法都告诉丈夫事实上是一种不负责任的做法，确实，你减轻了自己的压力，却把压力转嫁给了丈夫。

面对生活中的点点滴滴，你无须把自己过去的遭遇和不快告诉丈夫或带到你们每天的新生活中，无论当时丈夫能否接受，都会留有有形或无形的伤害，要知道，爱情的世界是容不下一粒沙子的。

也许很多人不熟悉迈克·尼克尔斯这个名字，但谈起他导演的作品《毕业生》，你一定耳熟能详。黛安·索耶是他的妻子，业绩也毫不逊色，她是美国 ABC 电视台的台柱，美国当今最红也是最有魅力的节目主持人。

两人走入婚姻殿堂时，迈克已有 56 岁，黛安也有 42 岁了。此前迈克有过 3 次失败的婚姻，但对黛安来说，这是她的第一次婚姻。黛安说：“我们彼此相互了解，有共同的爱好，更重要的是我们依然彼此独立，保留自我，对于对方的事业只提意见，不予干涉。”“因为工作的关系，我的生活常常与飞机为伴，飞来飞去的生活我已习惯。我不会因为结婚而暂缓我工作的节奏。不过我也要关注他的感受。刚结婚不久我问迈克，‘你是不是很讨厌我常常外出采访工作？还是你根本就很喜欢一个人待在家中？’他回答说，‘两者都有。'"黛安在一次有关婚姻家庭的杂志对她的采访中谈到,"他尊重我的工作,我也对他长期在外工作表示理解。这是我们婚姻牢固的基础之一。""我们也对对方的工作表现提出自己的意见,指出对方的不足。但是只是个人意见而已,我们并不会因此而争吵。除此之外,对于一个稳固的婚姻来说,坚守与责任也非常重要。"

女人有自我和自信,才能真正享受美好的爱情婚姻生活。婚姻中,你和丈夫应该是两个交叉的圆,交叉的部分彼此分享;未交叉的部分,就留给彼此独自成长,回味吧。

赵静22岁大学毕业时就结婚了。因为太爱丈夫,尽管结婚时丈夫一贫如洗,两个人还要和婆婆住在一起,她也丝毫没有介意。结婚后,赵静一方面要照顾家庭,另一方面还要开拓自己的事业,她的心理慢慢地失去了平衡,渐渐觉得压力很大,她觉得丈夫现在是自己最亲的人,于是她习惯了事无巨细都跟丈夫倾诉。

在婚姻中,她自认为做了很大的付出。她也记不清是从什么时候开始,尤其是那些原来比自己学习差、能力低的同学,纷纷出国留学或者获得很好的工作机会,甚至嫁了更出色的丈夫,而自己现在的生活则苦不堪言。工作压力大,家庭事务繁重,而每天听她倾诉的丈夫也不耐烦极了。这种生活折磨得她非常痛苦,对丈夫和家人也开始有越来越多的埋怨和愤怒,导致家里面几乎每天都有口角和冲突发生。

有的女人常因为太爱对方,而在婚姻中表现得更像一个仆人,而不是伙伴,试图依靠毫无保留来赢得丈夫的感动。如果你甘愿如此,在婚姻中放弃自我,牺牲自我,毫无保留地来换取对方的爱,并希望完全走入对方的世界;那么一旦关系出现波动,你就会感到绝望,认为自己一无是处,婚姻了无生机,其实,这是消极的婚姻模式。

我们都希望婚姻能带给自己幸福,而不是自我惩罚。为了婚姻的幸福,适当的、互相的改变是必要的,但是,如果毫无保留地付出成了你的义务,当你成为婚姻的附属品时,那么爱情就变味了,婚姻也就变味了。

婚姻如围城,城外的想进去,城里的想出来。真正聪明的女人,会在城中找块空地,在房子周围开垦出一小片绿地。必要的时候,不用出城也能享受到温暖的阳光，呼吸到自由的空气，同时，站在绿荫中更深刻地感受丈夫的爱，家庭的温暖，婚姻的幸福！

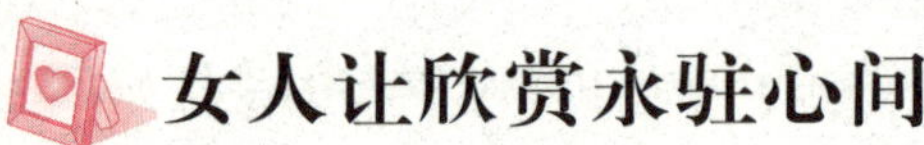

女人让欣赏永驻心间

学会欣赏婚姻中的丈夫，体会爱情的原味，珍惜你们共同缔造的家！

人们常说：相识易，相知难；相交易，相爱难！两个人共同走向婚姻的这一路，经历了从相识到相交到相爱。刚开始，你会感觉爱情像是穿越心灵的旷野，如同阳光穿过水晶般耀眼夺目。渐渐地，当爱情回归理智，当婚姻走进现实，迎接你的将是生活中的各种滋味，此时，唯有慢慢欣赏、品味，才能保持婚姻的别致韵味。

欣赏之情，如同高山流水遇知音，丈夫便是你的伯牙；欣赏之情，如一架待人抚慰的琴，善于弹奏才能奏出“琴瑟和弦”的乐曲；欣赏之情，如同含苞欲放的花朵，必须在最适合自己生长的环境里才能优雅地绽放。同样，女人只有欣赏丈夫，才能最大限度地放松，从而展现出自己最完美的内在，并且不断地提高自己，完善自己，给丈夫以力量、快乐、幸福，直至永远！

如琳嫁的丈夫，虽然比她小，但是很欣赏她。就拿做饭来说，如果哪天回家来，饭没做好，丈夫就说：“没事，好饭不怕晚”；如果回家来，饭已放在饭桌上了，他就乐呵呵地问：“亲爱的，今天怎么了，怎么这么积极？”反正无论怎么做，如琳都对。如琳常对母亲说：“我知道幸福是什么了，欣赏就是最大的幸福。”丈夫给了她最多的欣赏，她被幸福紧紧围绕。同样，她也以丈夫为豪。虽然丈夫没有念过大学，但是在工作中处处留心，不懂就问，几年的时间，就能独当一面了。而且他心地很善良，人缘极好。虽然，丈夫也有缺点——干活不愿换工作服。如琳说了几次，丈夫还是改不掉，如琳也就不强求了，如琳心想：反正家里有洗衣机，我多洗几次衣服就行了，何必非得改变他呢？再后来，哪天要见客户，丈夫就自觉地回家换衣服了。

如琳常说：婚姻中两个人只有互相欣赏，才能互相包容。基于欣赏的包容才是心甘情愿的，是不带一丝一毫勉强的。她不愿用“忍让”二字，“忍”是心上插着一把刀，有不情不愿的成分在里面。

她和丈夫的十年的婚姻之路走过来，也有过很多坎坷。刚结婚那会儿，他们也吵过架，多是因为婆媳关系。后来如琳想明白了，既然选择了丈夫，欣赏丈夫，就应该也欣赏丈夫的父母。这样想开了，如琳就静下心来，一门心思过好自己的日子。相处久了，互相摸清对方的脾气，婆媳关系也就融洽了。

婚姻是世界上最伟大最崇高的圣殿。女人要拥有一颗欣赏的心，才能领悟圣殿的伟岸，才能身处其中感受人间真爱。如琳正是在欣赏和包容中，才逐渐发现原来婚姻生活是如此的美好，这样，“执子之手，与子偕老”便不再是诗句，而是现实。

对每个女人来说，婚姻生活都是公平的，也许和自己朝夕相伴的丈夫不一定是最好最优秀的，但一定都是最合适的。欣赏就是婚姻的肥料，将欣赏施于婚姻成长的土壤中，才能培育出欣欣向荣的幸福。

楚楠刚结婚时，由于不知道如何处理婚姻关系，导致她和丈夫的感情不融洽，连带着她的心情也不是太好。于是楚楠找有经验的大姐求教，大姐告诉她：“要想使婚姻和谐，就得多看对方的优点，少看人家的缺点，经常用欣赏的眼光去看待他和他的家人，这样，你的心情就会是晴朗的。”于是楚楠按照她说的话做了。楚楠丈夫喜欢看她写的文章，他经常用赞美的语言对她说：“只要你写的文章，我就是爱看。因为你写的都是真实的故事，绝对没有一点虚构……”丈夫说的话，让楚楠好开心，也深刻地感受到，丈夫是欣赏她的，于是她动情地对丈夫说：“老公，我为了你而写作。”

一天楚楠下夜班回来，发现丈夫正在包粽子，她便在一旁观看，直夸奖丈夫的粽子包得好看，看了就有食欲。听了这样赞美的话，丈夫更开心，包得更用心了。楚楠常跟大姐说：“在欣赏中生活，真是很开心，很快乐。这是我们自从结婚以来，最融洽的时光。”大姐也感叹道：“是啊，你如果一直这样多欣赏他的优点，少看他的缺点，多赞扬，少批评，即使他做的有不对的地方，也要有策略地对他说话，尤其不要当别人的面斥责他。他既然和你走到一个屋檐下，就是一家人了，他好，你的脸上也有光啊。”

确实，婚姻本就是这样一种欣赏——用喜爱的心情来领会其中的意味！婚姻的至高境界正是欣赏对方，也被对方欣赏。女人学会用慧眼欣赏，用爱心包容，才能和丈夫在风雨路上相扶相携。女人学会欣赏丈夫，才能感觉到他像一棵枝繁叶茂的树，即使没有恋爱时的热情和朝气，即使曾经挺拔的躯干也有些微微弯曲，但却比以前更粗壮、结实了，可以让你放心地依靠。

婚姻的内涵和本质，不是激情四射的卿卿我我，不是甜蜜动听的缠绵誓言，而是会心一笑就能触摸到对方的心灵；婚姻的美丽和可贵，不是山盟海誓的誓言，不是天荒地老的承诺，而是在相互的欣赏和理解中蕴含的无私真爱！

{Chapter 8}

职场小跑道：在起跑线上女人"心"高一等

职场犹如不知何时结束的一次赛跑，站在起点，有人心里打鼓，有人两腿发软，有人头脑空白，也有人镇定自若、游刃有余。心态良好的女人，更显得高人一筹。女人有了工作，才有生存的基础，生活的来源，独立的尊严。读懂工作的女人才是真正幸福的女人，她们会发现，自己真正的快乐来自于事业，个人价值的体现来自于工作。工作是生命获得意义的一种过程，也是女人自强独立的唯一途径。年轻的女人能越早地以社会优秀群体的工作观念来要求自己，以成熟的心态对待工作，就越容易感知幸福。

薪水不是你工作的全部

一味向高薪看齐的女人，虽然目的明确，但是往往会被短期利益蒙蔽心智，使得自己看不清未来发展的道路。

女人生存，衣食住行所需要的最基本的收入保障就是自己的薪水。很多从贫困境遇中到大城市谋求发展的女人，更希望自己早日摆脱艰辛的命运，她们在求职时只关注"月薪多少""福利待遇如何"，甚至"加班费怎么计算"等问题，而恰恰忽略了一个最重要的问题：这个职位是否适合自己？是否有利于自己职业生涯的发展？

玛丽在一家公司辛辛苦苦地工作了10年，在她刚毕业来到这家公司时，当时的薪水在同龄人中算高的，她也正是因为这一点，才放弃了到大企业深造的机会。但没想到的是，10年过去了，她的薪水从不见涨。虽然她有几次想和老板谈一下薪酬问题，但还是因为底气不足，没有开口。

随着生活压力的增大，有一天，她终于忍不住内心的郁闷，当面向老板诉苦。老板说："你虽然在公司待了10年，但你的工作经验增长很少，能力也只是新手的水平。"

玛丽这才恍然大悟。玛丽宝贵的10年青春中，除了得到10年的新员工工资外，其他一无所获。她在这里得到锻炼的机会少之又少，再加上对工作消极怠慢的态度，这么多年来，能力没有多大的提升。

对于女人，特别是那些新进职场的女人来说，薪水并不具有太大的意义，真正重要的是工作背后的成长。工作固然是为了生存，但比生存更重要的是实力的提升。自己的实力提升了，薪水自然会水涨船高。

美国超级富豪洛克菲勒曾说，收入只是你工作的副产品，做好你该做的事，出色完成你该完成的工作，理想的薪金必然会来。而更为重要的是，我们工作的最高报酬，不在于我们获得什么，而在于我们会因此成为什么人。

索菲亚是一位刚毕业的大学生，她应聘到一家合资企业工作，虽然这里的环境不错，很有发展前途，但公司提出要和索菲亚签订一个五年的工作合约，约定她每周的薪水是 7 美元，并且在五年之内，这个薪水标准保持不变。索菲亚的很多同学觉得这个条件太苛刻了，微薄的薪水不仅会使生活倍加艰辛，更会打消工作的积极性。但出乎意料的是，索菲亚接受了这份合同，全身心地投入到了工作中。

索菲亚明白，依靠这样微薄的薪水，她是无法在社会上立足的。因此，她暗下决心一定要发奋努力，把自己的工作做得尽善尽美，凭借出色的工作业绩，赢得上司的肯定。

随后几年，索菲亚利用一切机会学习工作中的各种技术。三年之后，索菲亚已经对工作驾轻就熟了。在处理各种复杂的问题时，她举重若轻、游刃有余。而此时她的薪水仍然是每周 7 美元。所有的同事都认为索菲亚这样做实在太蠢了，劝她早早离开，找一份高薪水的工作。

凑巧的是，另一家公司在这时派人与她联系，并开出 4000 美元的年薪，聘请她为外事部经理。同事们听说此事，都认为如此优厚的条件，索菲亚没有理由不接受，但索菲亚毫不犹豫地拒绝了。事后，她也从没有向老板提及此事。

直到五年的合约期满，索菲亚从未向公司暗示过要终止工作合约。尽管谁都清楚她的薪水实在太低了。

合约终于到期了，所有的人都认为索菲亚可以一走了之了。但此时，公司的老板却没有给她这个机会，他毫不犹豫地将索菲亚的薪水由每周 7 美元直接提升到每年 1.5 万美元，中间没有任何过渡。

三年后，索菲亚凭着出色的工作能力，成为这家公司的总经理。

像索菲亚这样在低薪酬的岗位上一干就是 5 年，并毫无抱怨的女人实属少数。她的工作态度和工作能力在 5 年中得到了领导的认可，在合约期满后，明智的老板给了她一份满意的薪酬。

在现实中，很多刚刚参加工作的女人，不具备成熟、良好的工作态度，常抱怨自己的工资太低、奖金太少。她们一边以玩世不恭的态度对待工作，或者消极怠工，或者频繁跳槽；一边又怨天尤人，埋怨自己生不逢时、明珠暗投。结果，她们的工作做得一塌糊涂，表现自然乏善可陈，事业升迁更是遥遥无期了。

事实上，我们不应该把自己的眼光仅仅盯在薪水上。因为薪水并不是我们从工作中所能获得的全部，而只是其中的一小部分。除了薪水，我们还从工作中获得了学习成长的机会、职业经验的积累、为人处世的磨练等。所有这些，都远非那叠薄薄的钞票所能比拟的。

有些女人不禁要问了，虽然我们要看重个人的发展，但也要顾及自己的开销。光有追求，整天饿着肚子，这样的事情恐怕谁也不会干。在提出薪金要求时，多少薪金才是自己满意又能让对方接受呢？这是非常不容易把握的。女人首先要清楚一点，就是明白自己的价值。

深圳一家美国人办的公司招聘一些应届毕业的大学生，并且由美国总裁亲自督战。当谈及工资时，有人回答说“5000”，有人说“2000”，甚至有人说：“1000。如果1000您还不同意的话，800元也可以。”其中，一个年轻人不卑不亢地说：“我要求3000元。”总裁问：“为什么？”年轻人说：“据我了解，美国刚参加工作的大学毕业生，月薪一般都在400至500美元之间，而在深圳的其他外资企业，刚刚大学毕业的，薪金基本在3000至4000元之间。”

结果这个年轻人被录用了。谈及原因，总裁说“因为他懂得自己的价值。”

这位年轻人很清楚地了解人才市场的行情，要求的薪金既不是很低，也不是很高。他有可靠的参照，并依据整个公司的薪金情况提出自己的工资要求，不像其他人对人才行情一知半解，盲目地应聘和标出自己的工作薪价。

很多职场中的女人为了芝麻丢了西瓜，自己却不知晓。工作固然是为了生计，但是还有比为生计更可贵的，就是在工作中发掘自己的潜能，发挥自己的才干，实现自己的人生价值。女人应该有比薪水更高的目标。你的工作带给你的不仅是一份薪水，一个职位，更是一个事业的平台、一次次腾飞的机遇。

女人工作，为了谁？

世界上没有卑微的工作，只有卑微的工作态度。

女人的幸福与独立是联系在一起的，而女人真正独立的基础，在于经济独立。女人要赚钱，就要依靠工作获取报酬，这是一种获得收入最普通的方式。

在现实生活中，许许多多的女人每天朝九晚五，在茫然中上班、下班，到了固定的日子领回自己的薪水，高兴一番或者抱怨一番之后，仍然茫然地去上班、下班……她们很少思索关于工作的问题：什么是工作？工作是为什么？自己在为谁工作？

可以想象，这样的女人，她们只是被动地应付工作，为了工作而工作，她们不可能在工作中投入自己全部的热情和智慧。她们只是在机械地完成任务，而不是去创造性地、积极主动地工作，更不可能在经济独立上获得更大的突破。

有时候，虽然女人们是踩着钟点准时上班和下班的，可是，她们的工作很可能是死气沉沉的、被动的。当她们的工作依然被无意识所支配的时候，很难说她们对工作的热情、智慧、信仰、创造力能已被最大限度地激发出来了，也很难说她们的工作是卓有成效的。她们只不过是在“过日子”或者“混日子”罢了！

在以前，有些人觉得女人不需要工作，在家相夫教子就好了。但现在的社会，敢这样说的男人不是很多，因为各种各样的开支，同样需要女人分担，共同来支撑一个家。

也正是迫于生活的压力，很多女人为了薪水干着自己并非十分喜欢的工作，甚至觉得工作很卑微，自己无足轻重。久而久之，她们不免牢骚满腹：“我只拿这点钱，凭什么去做那么多工作。”“我为公司干活，公司付我一份报酬，等价交换而已。”“我只要对得起这份薪水就行了，多一点我都不干。”“工作嘛，又不是为自己干，说得过去就行了。”在她们看来，工作只是一种简单的雇佣关系，做多做少，做好做坏，对自己意义不大。

这种“我不过是在为老板打工”的想法具有很强的代表性，在这种人心里，工作与苦役无异，每天按时上班，按时下班，从不为工作主动付出，加班干活。这样的状态，无异于在浪费自己的生命。

其实，“工作”是一个包含热情、信仰、智慧、想象和创造力的词汇。聪明的女人，她们总是在工作中付出双倍甚至更多的智慧、热情、想象和创造力，而有些为老板打工的女人，却将这些深深地埋藏起来，她们有的只是逃避、指责、抱怨。

人常讲，知之者不如好之者，好之者不如乐之者。了解一件事的人不如喜欢一件事的人，喜欢一件事的人不如以这件事为乐趣的人。一个女人抱怨、鄙视自己的工作，只会让自己的心理更加消极。结果恐怕只能是一个，那就是“今天工作不努力，明天努力找工作”！

在女人的一生中，工作占据十分重要的位置。如果说一个人的一生为80年时间，除掉童年和学习生活以及老年休养的时间外，对人类社会最有意义的就是一个人一生中的工作时间。工作不仅能赚得养家糊口的薪水。同时，工作中遇到的困难事务能锻炼我们的意志，新的任务能拓展我们的才能，与同事的合作能培养我们的人格，与客户的交流能训练我们的品性。从某种意义上来说，工作真正是为了自己。

世上没有平庸的工作，只有平庸的员工。世界上没有卑微的工作，只有卑微的工作态度。只要全力以赴地去做，任何工作都可以做得很出色，就像希尔顿说的：“世界上没有卑微的职业，只有卑微的人。”

环顾周围的朋友和同事，那些每天早出晚归的女人不一定是认真工作的人，那些每天忙忙碌碌的女人不一定是出色地完成了工作的人，那些每天按时打卡、准时出现在办公室的女人不一定是尽职尽责的人。对她们来说，每天的工作可能是一种负担、一种逃避，她们并没有做到工作所要求的那么多、那么好。对每一个企业和老板而言，他们需要的绝不是那种仅仅遵守纪律、循规蹈矩，却缺乏热情和责任感，消极被动工作的员工；而是那些为了个人发展和人生价值工作的员工，她们具有很强的主观能动性和创新精神。

为了更快乐和更有成效的工作，女人应更好地理解工作的意义和责任，并永远保持一种积极主动的工作态度。我们要站在为了自己的人生发展、为自己工作的高度来审视我们的工作，不把工作当成一种负担，这样，即使最平凡的工作也会变得意义非凡。

职场有起有伏，稳住你的心态

在职场中，不管是被动的起伏，还是主动的屈伸，女人们都要以积极的姿态来应对，这是闯荡职场的智慧。

杨澜说，女人要有接受生活变故的能力。女人都希望自己的人生无风无浪、平平稳稳，但就如温室里的花朵经不起风雨一样，当生活的变故来临时，没经过风浪的女人更脆弱，更易受伤。

最能打击女人情感的一是在婚恋方面，一是在工作之中。在职场上，面对社会化的竞争，偶遇挫折是在所难免的事情。每个女人都可能会走一段人生的"下坡路"，甚至走到职业生涯的低谷，久久不能走出。对她们而言，最困难的不是面临低谷，而是在低谷中却不知道如何昂起头继续往前走。

黄丽大学毕业后进入一家大型公司工作。没几年，她就担任市场部经理一职，薪水丰厚，前途光明，可以说是春风得意，年少得志。但有一天，公司高层出于战略调整的考虑，把市场部撤销了。经理也在一夜之间沦为一个普通的业务员，跟大家一样，拿的都是底薪加提成，如此一来，黄丽对工作也没了以往的热情。

一天傍晚，黄丽下班正想离开时，被总经理叫住了。总经理开车把她带到郊外的山脚下，两人开始爬山，等爬上山顶上时太阳已经看不见了，只留下一抹余晖。

黄丽正在心里琢磨总经理今天怎么会这么有兴致时，总经理突然指着远处的一座高山问道："你看那座山和这座山哪个更高大些？"黄丽不假思索回答道："当然是那座山了，全市第一高峰嘛！"总经理缓缓地点了点头："那么如何才能到达那座山的山顶上呢？"黄丽怔了一怔，过了半晌才说："先下这座山，再上那座山。"总经理回过头来笑道："看来你还是很明白这个道理的嘛！有时候人往低处走也不完全是坏事。"停了一停总经理又道："你一定很希望我把你直接放在销售经理的职位上吧？销售和市场，其实也是两座山，除非你是天才，能直接跳过去；如果不是，那还是一步一步走过去比较实际。并且，我希望你不要把眼光仅仅局限在这两座山上。记住，远处还有许多更高的山在等着你去征服。"

黄丽的内心被震撼了，扪心自问，她觉得自己在做销售方面，确实欠缺许多东西，如经验和知识，这都有待积累。她暗暗打定主意，从明天开始要重新找回积极、热情工作的自己。

一年后，由于业绩突出，黄丽又回到了经理的位职，只不过这次是销售部经理。三年后，黄丽又成为总经理助理的不二人选。

职场生涯本就不是一条坦途，坎坎坷坷、起起伏伏，都是再正常不过的事情。正是在"上山下山"的过程中，我们得到了更多的磨炼和提升。

其实，能上能下是一种能屈能伸的良好心态，在职场中，不管是被动的起伏，还是主动的屈伸，女人都要以积极的姿态来应对。同时，我们可以注意调节一下自己心态和思路，让自己更易接受现实。

在调节的时候，我们应该正确认识自己。工作中，如果你被炒鱿鱼，那并非完全是因为你自己的能力问题或者是其他的一些主观因素，而可能存在着一些客观因素，所以不必因此而妄自菲薄。当我们面临人生低谷的时候，只要我们坚定自己的信念，坚持自己做事的原则和方法，总会有守得云开见月明的一天。

关键的时候，坚持自己的工作不放松也很重要。有很多女人很难接受或理解她们被降级的事实。大多数人对降级的反应就是把尘封的履历表找出来，开始找份新的工作。其实只要对自己有充分的认识，我们也可以选择坚持自己的工作不放松，因为，老板永远欣赏那些忠于职守又能力出色的员工。

那些职场中的佼佼者，即便处在最底层，也始终信心坚定、思维活跃、心态平稳，有时候，学会低头，潜心修炼，抬头时才会有更大的作为。

爱上你的工作，女人乐在其中

在这个世界上最快乐的女人，是正在从事着自己喜欢的工作，并从中收获乐趣和成就的女人。

对于女人来说，工作是她的重心吗？相信很多人的回答都是不置可否。但如果我们问，幸福和快乐是女人所追求的吗？女人的回答一定是肯定的。身为职场女人，工作会给你带来什么？很多女人回答是荣誉、金钱、人脉等。这些是工作给你的全部吗？不，工作给予你的是快乐，还有对生活的调剂。

年轻的女人不要只把工作看成一种谋生手段，还应该把工作当成一种乐趣，爱上你的工作，只有这样，你才能为工作全身心投入，甚至会为它痴迷。一个心态积极的女人，即使身处索然无味的工作环境之中，她也能让自己快乐起来。

从前，有一位心理学家作了个有趣的实验：他把实验的女性分为 A、B、C 三组，让她们做一项公认的最枯燥的工作。工作做完后，其中 A 组会受到低奖赏，B 组受重奖，C 组无奖赏。除此以外，A 组的女性还要认真地向别人说明这项工作多么有趣。结果 A 组女性（低奖赏的组）比其余两组都更喜欢这项工作。

从这个心理实验中我们看到，A 组的女性虽然也觉得工作枯燥，却还要向别人说它有趣，在这种矛盾的认识状态下，心理会自觉对其调整，特别是在反复诉说工作的有趣性后，她们真的认为这项工作有趣了。

从这个实验中，可得到这样的启示：如果你正身处于自己不喜爱的工作

中，就要努力接受它，试着去爱它。当你给工作一份爱时，它就会回馈你一份快乐。

从前，国外一家报纸曾举办一次有奖征答，题目是“在这个世界上谁最快乐”，从数以万计的答案中评选出的四个最佳答案是：作品刚完成，自己吹着口哨欣赏的艺术家；正在筑沙堡的儿童；忙碌了一天，为婴儿洗澡的妈妈；千辛万苦开刀之后，终于救了危急患者一命的医生。

由此可见，工作着的人是最快乐的。确切地说应该是：正从事自己喜爱工作的人是最快乐的。从另一个角度来说，不快乐的人，往往是生活中没有自己喜爱的事可做的人。

很多女人认为只要准时上班，按点工作，不迟到，不早退就是完成工作了，就可以心安理得地去领所谓的工资了。可是，我们没有想到，我们固然是踩着时间的尾巴上、下班的，可是，我们的工作很可能是死气沉沉的、被动的。其实，工作就是工作，它永远不可能像休闲度假一样充满了新奇和喜悦，关键是你如何在其中寻找并创造乐趣，让自己更加喜爱它。

一次对全美成功人物的调查说明：他们之中94%以上都在做着他们最喜爱的工作。一个对于工作感到不满、不能快乐工作的人，不管他如何努力，绝不会有卓越的表现，更不能从中发现些许的乐趣。许多证据说明：那些事业失败的女人，都是因为对工作缺乏热情和爱，感觉枯燥而乏味，不能让自己快乐地投入其中。

不少女人都幻想过自己中大奖，拥有巨额的金钱，那时是一种什么样的状态呢？有一个组织曾作过这样一项调查，他们问被访问者：如果有一天你中了彩票大奖，得到一千万美元，你的生活会有哪些改变？据调查显示，有82%的人选择立即辞掉工作。当然也有例外，据报载，2003年年底，美国有史以来奖额最高的彩票被一个老先生投中。这位老先生是一家餐馆的侍应生，为这家餐馆工作超过有二十年。当记者问他辞掉工作后怎样安排生活，老先生回答，不，我还要来这上班，因为我喜爱这份工作。

那些有了钱，可以不用靠工作来满足自身基本需求的时候，立即选择辞掉工作的人，他们只把工作当作获取生活费的一个手段。只了解这一面，工作或许就会变为一种苦役。其实，工作是我们人生的一个重要的组成部分，我们每天24小时,除掉休息时间,8小时的工作加上准备时间要占掉生命的多半。而且,当我们工作的时候,还要想到别人可能将受惠于我们的付出。不管我们是否从事健康医疗事业,都能够改善他人的生活品质;当个老师,我们可以改变自己的生活和别人的人生;即便是从事如缝制降落伞这样单调的工作,我们也该记住,这些降落伞可能会拯救某些人的生命。所以,我们要收获快乐的人生,就应让自己爱上工作。

《让你终身受益的成功经验》中介绍了一条看似平凡实则不凡的成功经验:变厌倦为快乐。书中举例说,刚做旋车工的萨姆尔·沃克莱日复一日地工作就是旋螺丝钉,看着那一大堆等待他去旋的螺丝钉,萨姆尔·沃克莱满腹牢骚,心想自己干什么不好,为什么偏偏来旋螺丝钉呢?他想过找老板调换工作,甚至想过辞职,但都行不通,最后只得寻思能不能找到一个积极的办法,使单调乏味的工作变得有趣起来。于是,他和工友商量开展比赛,看谁做得快。工友和他颇有同感。这个办法果然有效,他们工作起来再也不像以前那样乏味了,而且效率也大为提高。不久,他们就被提拔到新的工作岗位。后来,沃克莱成了著名的鲍耳文火车制造厂的厂长。

对于自己所从事的工作,爱与厌,苦与乐,大都存乎一念之间。有人成天郁郁寡欢,抱怨自己的工作不好;有人天天心情舒畅,把工作当享受。“七十二行,行行出状元”,这不仅强调了每一项工作的重要,更说明了每一项工作都大有可为。工作带给你的是快乐还是折磨,主要在于你对工作的态度。

干好工作首先要热爱工作,而热爱的前提之一,就是找到工作的乐趣。之所以提倡寻找工作中的乐趣,主要是有些人感觉不到工作的乐趣,甚至仅仅看到了工作的难度与压力、艰辛与枯燥。只有善待工作,热爱工作,我们才能变得轻松,变得从容,变得愉快,进而有所成就。

热爱自己的工作,乐观、积极向上的工作心态是无价之宝,许多外部条件固然是我们生存的必备品,但对一个具有良好心态的女人来说,更有意义的是在工作中体现自己的价值、找到快乐。

女人工作时，能干也要勤干

每个人幸福生活的道路都是用努力铺就的。只有不怕辛苦，勤勉做事，努力干好每一项工作，女人才有更宽阔的立足之地。

工作包括三个层次——能干、肯干、崭露头角，这是一个女人工作的三重境界。层次不同，在职场中的发展潜力也不可同日而语。能干工作，能干好工作是职场生存的基本保障。任何人做工作的前提条件都是能干，也就是说他的能力能够胜任，因此，你具有的能力，决定了你能担任的工作性质。能干是合格员工的最基本的标准。肯干则是一种态度。一个职位，一般情况下都有诸多的人能够胜任，都具有能干好这份工作的基本能力，然后，最终谁能把工作做得更好，就要看谁具有踏实肯干、苦于钻研的工作态度。正所谓态度决定一切。你是否能在能干和干好一份工作的基础上得到进一步的发展，完全取决于你对待工作的态度。

一个女人要想在职场中闯荡出一片天地，就必须付出艰辛的努力，必须在平凡的岗位上踏实肯干，才能实现由平凡到出色的蜕变。

伊娜曾是美国一家肥料厂的一名速记员，尽管她的上司和同事都或多或少有偷懒的行为，伊娜却保持着认真做事的良好习惯，重视每一项工作。

一天，上司琳达让伊娜编写她们的大领导马克先生前往欧洲用的密码电报书。伊娜不像同事那样，随便编几张纸完事，而是编成一本小巧的书，用电脑很清楚地打出来，然后又仔细装订好。做完之后，琳达便交给马克先生。

“这大概不是你做的。”马克先生说。

“呃——不……是……”上司琳达回答，马克先生沉默了许久。

过了几天之后，伊娜就代替了琳达的职位。

伊娜升职，并不是因为做出什么惊天动地的事情，她之所以能将上司取而代之，就是因为她踏实肯干，即使自己在平凡的岗位上，也能兢兢业业，做好自己的每一项工作。

日本最成功的企业家之一松下幸之助说："我小时候，在当学徒的七年中，在老板的教导之下，不得不勤勉从事学艺，也不知不觉地养成了勤勉的习性，所以在他人视为辛苦困难的工作，我自己却不觉得辛苦。我青年时代，始终一贯地被教导要勤勉努力，此乃人生之一大原则。事实上，在这个社会里，对有勤勉努力习性的人，不太被人称赞是尊贵或者伟大，也不会认为他很有价值，因此，我认为大家应该无所顾忌地提升对具有这种良好习性者的评价，这样才算真正对勤勉习性的价值有所认识。"

很多人的成功，都是靠打拼、靠肯干积累出来的。如果能干只是一项工作的资格证，那么肯干才是它的通行证。

艾柯卡靠自己的能力终于当上了福特公司的总经理。1978 年 7 月 13 日，有点得意忘形的艾柯卡被妒火中烧的大老板亨利·福特开除了。在福特工作已 32 年、当了 8 年总经理，一帆风顺的艾柯卡突然间失业了。艾柯卡痛不欲生，他开始喝酒，对自己失去了信心，认为自己要彻底崩溃了，并且什么事情都不想干。

就在这时，艾柯卡接受了一个新挑战——应聘到濒临破产的克莱斯勒汽车公司出任总经理。凭着他的智慧、胆识和魅力，艾柯卡大刀阔斧地对克莱斯勒进行了整顿、改革，舌战国会议员，取得了巨额贷款，重振企业雄风。在艾柯达的主持下，克莱斯勒公司在最黑暗的日子里推出了 K 型车的计划，此计划的成功令克莱斯勒起死回生，成为仅次于通用汽车公司、福特汽车公司的第三大汽车公司。1983 年 7 月 13 日，艾柯卡把平生仅有的面额高达 8.13 亿美元的支票交到银行代表手里，至此，克莱斯勒还清了所有债务，而恰恰是 5 年前的这一天，亨利·福特开除了他。

艾柯卡在又一次靠着自己踏实肯干的作风取得不凡的成绩时，他深有感触地说："奋勇向前，哪怕时运不济；永不绝望，哪怕天崩地裂。"这句话也是他对自己再次由平凡到卓越这个过程的精炼总结。

每个人幸福生活的道路都是用努力铺就的。只有不怕辛苦，勤勉做事，努力做好每一项工作，你才有更宽阔的立足之地。但是，你也要知道，在掌握了一定的能力之后，不骄不躁，踏实肯干，才能在平凡的岗位上有更大的作为。世界上"没有随随便便的成功"，任何声称轻轻松松就能成功的宣传都是一种欺骗。"成功"之"功"字即有日月累、踏实肯干的含义。一个女人，如果不能干一项工作，不能干一件事情，她是一个失败者；而如果她具有干好一件事情的能力，但总是不肯努力，那幸福的生活终将与她背道而驰。

敬业是快乐工作的秘诀

唯有敬业，才能乐业。工作中的女人是快乐的精灵，敬业的女人，她们的脸上总是洋溢着灿烂的微笑。

敬业这个词在工作中经常听到，女人们都知道它是褒义词，却并不是每个女人都将它收入怀中。敬业从表面上理解就是敬重自己的工作；从低层次讲是拿人钱财，与人消灾，对雇主有个交代；在更高层次则是将工作当成自己的事，融入一种使命感和道德感。而无论哪个层次，敬业所表现出来的就是认真负责、一丝不苟、善始善终的工作态度。

一位利用假期到东京帝国饭店打工的女大学生，在这个五星级饭店里所分配到的工作是洗厕所。

当她第一天将手伸进马桶刷洗时，差点当场呕吐。勉强撑过几日后，实在难以为继，决定辞职。但就在此关键时刻，大学生发现，和她一起工作的一位老清洁工，居然在清洗工作完成后，从马桶里舀了一杯水喝下去。大学生看得目瞪口呆，但老清洁工却自豪地表示，经他清理过的马桶，是干净得连里面的水都可以喝下去的！

这个举动给这位大学生很大的启发，令她了解到所谓的敬业精神，就是任何工作，不论性质如何，都有更高的境界可以追寻；而工作的意义和价值，不在其高低贵贱，而在于从事工作的人，能否把重点放在工作本身，在工作中更加精益求精。

此后，再进入厕所时，大学生不再引以为苦，而视为自我磨炼与提升的场所，每次清洗完马桶，也总是扪心自问："我可以从这里面舀一杯水喝下去吗?"假期结束，当经理验收考核成果时，女大学生在所有人面前，从她清洗过的马桶里舀了一杯水喝下去！

这个举动同样震惊了在场的所有人，尤其是总经理，他认为这名工读生是必须招揽的人才！毕业后，大学生果然顺利进入帝国饭店工作。而正是凭着这匪夷所思的敬业精神，在37岁以前，她是日本帝国饭店最出色的员工和晋升最快的人。

37岁以后，她步入政坛，最终在大选中成为日本内阁邮政大臣！这位女大学生的名字叫野田圣子。直到现在，每次自我介绍时，她总还是说："我是最敬业的厕所清洁工，和最忠于职守的内阁大臣……"

一个勤奋敬业的女人也许并不能立刻获得上司的赏识，但至少可以获得他人的尊重。敬业的工作态度是人生的一笔财富，不论你的薪水多么低，不论你的老板多么不器重你，只要你能忠于职守，毫不吝啬地投入自己的精力和热情，你就会渐渐为自己的工作感到骄傲和自豪，也会赢得他人的尊重。

真正聪明的女人会善待自己的工作。她会让自己忙起来，在忙碌中体会生命的力量和工作的愉悦，忙碌就是快活。这些女人总是感到工作是快乐的，她们忙于寻找这种快乐，以至于没有空闲的工夫诉说自己是怎样地辛苦，我们也就不会听见她们有什么抱怨。喜欢发牢骚的总是那些没有做什么工作，而又喜欢干着急的女人。她们痛苦不是因为工作，而是因为她们已被敬业的人远远地丢在后面了。

美国西北大学的校长沃尔特·史考特说："过度工作并不像一般人所想象的那样危险，也不像很多人认为的那样过多混为一谈。如果一个人一天做完事下来很有成就感，那么不管这一天的工作有多么辛苦，他的内心都是舒适和满足的。反之，如果一天下来无所事事，没有成就感，即使这一天过得再清闲，他的内心都是焦灼而失望的。要是一个人对工作怀着浓厚的兴趣，觉得战胜工作的困难就是一种快乐，那么，他与那些把工作看成一种负担的人相比，不仅不会觉得疲倦，反而要觉得轻松。”

敬业态度尽管一开始并不能为你带来可观的收益，但是可以肯定的是，那些缺乏敬业精神的人，是无法取得真正成就的。一旦散漫、马虎、不负责任的做事态度深入其潜意识，做任何事都会随意而为之，其结果自然可想而知。

一位成功女士在演讲中说过这样一个故事：

贝恩做了一辈子的木匠工作，并且以其敬业和勤奋而深得老板的信任。年老力衰后，贝恩对老板说，自己想退休回家与妻子儿女享受天伦之乐。老板十分舍不得他，再三挽留，但是他去意已决，不为所动。于是老板只好答应他的请辞，但希望他能再帮助自己盖一座房子。贝恩自然无法推辞。

贝恩已归心似箭，心思全不在工作上了。用料也不那么严格，做出的活也全无往日的水准。老板看在眼里，但什么也没说。等到房子盖好后，老板将钥匙交给了贝恩。

“这是你的房子，”老板说，“我送给你的礼物。”

老木匠愣住了，悔恨和羞愧溢于言表。一生盖了如此之多的华亭豪宅，最后却为自己建了这样一座粗制滥造的房子。

一辈子勤勤恳恳、敬业乐业的贝恩没有保持住晚节，那座质量粗糙的房子就是对他应付工作的回馈。

许多女人在刚刚参加工作时就缺乏责任心，以善于投机取巧为荣；老板一转身就懈怠下来，没有监督就不好好工作；工作推诿塞责，划地自封；不思进取，反而以种种借口来遮掩自己缺乏责任心。这样不仅工作毫无改善，更会在荒废自己的光阴后，将人生的幸福感降到最低。

而那些敬业的女人，总是坚信那句话，三百六十行，行行出状元。执大业者，经天纬地；雕虫小技，平中见奇。她们干一行，精一行，爱一行，让自己的手艺出众、技术精湛，乃至能操旷世绝活。

敬业的女人往往信念坚定，不随意摇摆，少为外界风浪所动，愿意为自己所钟情和信奉的事业献身，即使无人喝彩，甚至永远没有出头之日，她们也无怨无悔。在她们心中，职业就是一种事业、一种信仰、一种使命，是一个人生命的意义所在和价值所系。

朱熹说："敬业者，专心致志以事其业也。"敬业是一种美德，乐业是一种境界。每一个女人都应该以敬业的态度对待占据人生大部分时间的工作，从而让自己人生的这棵大树更茂盛，结出丰硕的果实。

加班时，女人是否感觉吃亏

加班加点干工作，这是很多女人职场生活的常态。同样是忙碌，却是不一样的心情。

在职场中流行着这样的说法：人世间痛苦的事，莫过于上班；比上班痛苦的，莫过于天天上班；比天天上班痛苦的，莫过于加班；比加班痛苦的，莫过于天天加班；比天天加班更痛苦的，莫过于天天免费加班。这虽然有些调侃的意思，却道出了很多女人对于加班的抱怨和不满的心态。但随着市场经济的发展，职场竞争日趋激烈，就业难的问题困扰着很多女人，特别是生育后的女人。即使是能力强的女性，也不敢轻易跳槽，放弃眼前的工作。面对加班的现状，女人们是无奈、抱怨、逃避，还是觉得每天都被老板剥削，很是吃亏呢？

很多女人精于算计，更爱斤斤计较。逐渐养成了占得起便宜，吃不了亏的习惯。对于职场加班，甚至无偿加班这个大亏，她们更是看在眼里，放在心上，每天在加班时间都和同事不停地唠叨和抱怨，仿佛这样能使时间过得快一些，或者能换来更多的金钱回报。但事实是，她们不仅扰乱了平静的心态，而且使工作效率低下，更浪费了本该卓有成效的宝贵时间。

很多初入职场的年轻人不愿为工作牺牲哪怕一丁点儿的私人时间，拒绝加班。在西方发达国家，工会对工人的保障是十分完备的，八小时工作制就是铁律。但现在，这些国家越来越多的人开始自愿延长工作时间，平均每4个加拿大人中就有一人每周累计工作50个小时以上。相比之下，1991年，每 10 个人中则只有 1 人有如此大的工作强度。到 2002 年，在 30 岁年龄段的人中，平均每 5 个英国人中就有两人每周至少工作 60 个小时，这还不包括乘坐交通车上下班所耗费的时间。

在美国，有 33% 的人愿意长时间工作，因为现实中大量的例子证明了长时间的工作意味着经济繁荣和更高品质的生活。在这个竞争激烈的社会里，为了成功，唯有竭尽全力，默默忍受奋斗的艰辛。虽然辛苦劳累，但你要知道那些奋斗拼搏的日子正是你追求幸福的过程，也正是你拥有光明前途的最重要砝码。

近两年，上海招聘网针对沪上白领职场生活状况做了一番调查，统计结果显示，51.64% 的职场人士表示需要经常加班，只有 48.36% 的人能享有朝九晚五的规律生活。加班成了许多白领的家常便饭，“朝五晚九”甚至是“朝九晚无”成了他们职场生活的真实写照。加班确实是一种在所难免的现实问题，加班有时被看成对公司忠诚的象征，加班加点被当作员工勤劳的传统美德……但不管怎样，处于同一个集体之中，别人加班加点，既然你不可能“独树一帜”，不妨欣然接受，在积极的心态下工作，在提升效率的同时，更能实现自己成长的可能。

莎士比亚说：“我们宁愿重用一个活跃的侏儒，也不要一个贪睡的巨人。”职场中的女人想的更多的应是如何将问题解决，无论是用公司的时间还是用自己的私人时间。对于许多普普通通的员工来说，很多时候，勤劳决定饭碗里是否有饭吃。但更多时候，积极加班，也可让自己成长更快，更容易从平凡的岗位脱颖而出。

莉莉是一名普通的秘书，她的工作就是帮经理整理好文件，处理日常工作中的其他杂事。但莉莉是个有心人，而且腿勤嘴巧。她经常利用下班后的时间把第二天要做的工作整理好，然后再学习些和工作业务有关的专业知识。日久天长，经理发现秘书的工作对莉莉来说得心应手，而且很多其他的同事都会主动要她协助干些事情，她常常都要独自一个人加班很久，但她都没有任何怨言。

同一单位的很多女人总是觉得莉莉是“傻瓜”：哪有喜欢给自己添额外负担的人？然而一年后，莉莉从秘书岗位被提升到部门主任，而且随着人员的扩容和职能的增多，其所在的部门，也从科级待遇升格为部级编制。到这时候，还有谁会说莉莉是“傻瓜”？

多付出才会有多回报，这是亘古不变的真理。多做一份活，你的能力就多增一分，你的影响力同时也多增一分。个人能力与绩效的提升最能说明问题：领导可能没看到你长期废寝忘食忙工作的剪影，但不会对你的进步视而不见，如果对上头交办的事务和其他部门邀请的工作，能推就推、能挡就挡，总是以“这事我做不了”“你还是找别人吧”这样的话来应对，到头来你就会发现，自己在部门的重要性与影响力将会越来越低、你自己的话语权与活动空间将会越来越小。没有企业愿意出钱养闲人，当有一天你终于完全闲下来的时候，你也许离下岗就为期不远了。当然，这并不是提倡每个女人都如工作狂一样整日待在办公室里，毕竟生活才是人生的重心所在。但对于不可避免的加班事实，聪明的女人要学会积极接受而非抱怨连天，要认识到每件事都有其积极的一面。

聪明的女人，她们加班不是为了给上司看，也不需要别人的督促，只是一心牵挂在工作上，希望把工作干得更完美，并且她不会把自己的行为和工作成果像发广告一样宣传，只求内心完成使命的欣慰和满足。

全心全意、尽职尽责的女人能够把工作做好，但聪明的女人总是比自己分内的工作多做一点，比别人期待的做得更多一点，她们具有极强的主动精神，勇于真心投入。她不是被动地等待着新的命令的来临，而是积极主动地去寻找目标和任务；她不是被动地去适应新任务的要求，而是多花时间主动地去研究所处的环境，尽量去多作出一些有意义的、至关重要的贡献，并从中多汲取一些经验，同时也汲取了走向成功的力量。

认真做事，但不要苛求完美

女人要明白，追求完美有时是一种偏执，更可能会顾此失彼。有时候，

为了所谓的完美而浪费的时间成本，要比这件事的收益大得多，甚至更可能落得两手空空。

我们常说，女人，要对自己好一点，要吃得好、穿得好、嫁得好。这些都是外在的表现。真正懂得善待自己的女人，是那些呵护自己的内心，拥有良好心态的女人。她们从不为难自己、苛求自己。她们知道，很多事情只要自己尽力去做，自己认为可以了，就是一个完美的结局。

在工作中，我们尽量将工作做到最好，而不是苛求自己非要做到完美。聪明的女人懂得，越是接近完美，支出的时间越多，花费的精力也更多。有时候，为了所谓的完美而浪费的时间成本，要比这件事的收益大得多。

1. 追求完美是在苛求自己

女人因为心细，做事时更会认真。对待感情、钱财如此，对待工作也是这样。认真使工作变得出色，使生活变得精致，使自己的人生变得幸福和充实，然而，有些女人却往往认真得近乎于偏执，不管做什么事都追求完美，不容许自己有一点点失误，不允许生活有一点点瑕疵，这就和洁癖一样，成了一种习惯，结果常常因为对自己太过苛求而搞得身心疲惫不堪。

其实，在工作和生活中，完美与不完美在于自己的判断，真正的完美是有限和少见的。一个女人为了心里更舒服，非要把事情做到完美，这不仅是在跟自己较劲，而且也许会离完美越来越远。

2. 追求完美也许会落得一场空

常言道："水至清而无鱼，人至察则无徒。"我们在现实生活中，对人、对事、对自己都不宜过于苛求，否则会使自己陷于在孤寂和焦灼之中。

有位渔夫从海里捞到一颗晶莹剔透的大珍珠，爱不释手。但美中不足的是珍珠的上面有个小黑点，"美珠有瑕"。渔夫想，如能将小黑点去掉，珍珠将变成无价之宝。可是渔夫剥掉一层，黑点仍在；再剥一层，黑点还在；一层层地剥到最后，黑点是没有了，珍珠也不复存在了。

有黑点的珍珠不过是白璧微瑕，这也正是其浑然天成、不着痕迹的可贵之处，如同"清水出芙蓉，天然去雕饰"，美在自然，美在朴实，美得真切。而渔夫想得到的是美的极致，在他消除了所谓的不足时，美也消失在他追求过于完美的过程中了。美真正的价值往往不在于它的完整,而在于那一点点的残缺,就如同缺失双臂的维纳斯,它能给人无限的遐思,美丽也在这样一种遗憾和遐想中成为极致了。

适逢十一长假期间,很多商家都搞起了打折促销活动。有一家婚姻介绍所更是别出心裁地推出了一项活动:未婚女性为自己挑选心仪的丈夫。一时间引来了很多女士驻足。

这家介绍所门口挂着这样的营业规则:

(1)所有女士只能光临本介绍所一次。

(2)本介绍所有六层,随着楼层号的升高,男人的质量也依次升高。

(3)您可以选择某层的任何一位男士或者继续到上一层。

(4)不允许返回到下一层。

丽丽也在人群中向介绍所观望,她今年 30 岁了,还没有出嫁,看到这样好的机会,心动不已。她决定逛逛这家介绍所,为自己挑一位伴侣。

她走入这家介绍所,一层入口处的告示上写着:有固定工作的年轻男士,她看后立刻上了二层。

二层的告示上写着:有工作且爱孩子的男士。莉莉看后又上了第三层。

三层的告示上写道:有工作,爱孩子,非常帅的男人。莉莉想"这个不错",但还是上了四层。

四层的告示上写着:有工作,爱孩子,帅呆了,还顾家的男人。"不可思议",莉莉惊叹道。她有些经不住诱惑了。但还是上了第五层。

五层的招牌上写道:有工作,爱孩子,帅呆了,顾家,还非常浪漫的男人。莉莉看后觉得心满意足,很想在这一层停留,为自己选一个配偶,但是她还是忍住了,上了最后一层,去寻找最完美的男士。

当走到第六层时,她读到了如下内容:您是第 1000 位光临本层的女士,这里没有您要寻找的男人。本层的存在只是为了再一次证明:完美的男人是不存在的,您要想心满意足更是不可能的。

3. 女人要懂得"够用就好"

如果有人问你,对于你的工作,有两种评价,一是优秀,二是良好,你会选择哪个?大多数人的答案肯定都是前者。如果再问你,对于你人生如健康、容貌、智慧等作出评价，你是要一个优秀，其他的都是不及格；还是考虑选择十个都良好呢？恐怕所有女人都会选择后者。这就如我们苛求完美一样，当你把所有精力都投入其中一项，对其他事情不管不问，哪怕只是疏忽时，其他项目的结果恐怕就是不及格。

追求完美从积极的方面讲是为了让事情更圆满，更见成效。而从另一个方面看，这也许只是为了满足欲望。对完美的无休止追求，常常让女人忘记了自己追求的到底是自己需要的哪一部分。

在生活中，也许你会看到这样的情景：两个女士相约去吃自助餐，因为花了费用，可以随便吃，所以就肆无忌惮地吞食，只为追求对得起自己所花的钱，追求自己吃了更多的美味，常常是最后吃得自己肚子感觉胀得难受，然后几天消化不良。这多么愚蠢，为了索取更多，却忘了自己是为了吃饭而来的，不是为了填鸭，不是为了让自己吃得难受来的。取自己够用的，不必贪求完美，这也是一个重要的修炼。

因此，女人们要摆正自己的做事心态，弄明白“够用就好”的道理。

有一个女人在河边钓鱼，她钓了非常多的鱼，但每钓上一条鱼就拿尺量一量。只要比尺大的鱼，她都丢回河里。旁观人见了不解地问：“别人都希望钓到大鱼，你为什么将大鱼都丢回河里呢？”这人不慌不忙地说：“因为我家的锅只有尺这么宽，太大的鱼装不下。”

从这个故事中女人应该明白，不让无穷的欲念攫取己心，选择最合适自己的东西，不过分地追求，才会获得最快乐的感受。

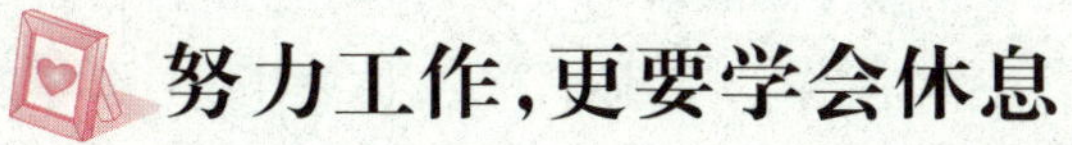

努力工作，更要学会休息

玩命工作，而不注意身体健康的女人，最后吃亏的总会是自己。

女人是美丽的代名词，这种美丽，不仅仅在于外表，在于气质，更在于对生活的理解和感悟。

为自己工作的女人，在实现个人成长的同时，分担着家庭的重担，她们将大部分精力投入到自己喜爱的工作中，并乐此不疲。而那些事业心重的女人，更会因获得的巨大成就而让自己的人生更加充实。

当然，我们也看到，一些会工作的女人，在具备了卓越、积极的工作思想和心态后，却忽视了休息。一个女人在工作一段时间后，会进入一个特殊的阶段，叫做工作倦怠期。所谓工作倦怠期，是指人们在紧张与忙碌的日常生活及工作过程中，情绪会随着大环境的变动，而在一段时期内呈现出一种身心紧张或调适不当的负面行为。

在当今激烈竞争的社会环境下，女人产生工作倦怠的时间越来越短，有些女人甚至工作 8 个月就开始对工作厌倦，而据调查显示，工作一年以上的白领人士有高于 40% 的人想跳槽。上海的一项调查表明：在同一岗位工作满两年的人群中有 33.3% 的人出现了工作倦怠现象，有 2.6% 的人患上了工作倦怠症。产生工作倦怠的白领会出现失眠、焦虑、烦躁等生理上的疾病、心理上的不适以及行为上的障碍，若不及时处理，这些问题有可能会给职场中人带来不可预期的伤害。

日复一日朝九晚五的生活，是不是也让你觉得失去了工作的原始动力，渐渐觉得茫然无措呢？一年之内跳槽三次，原本觉得适合自己的工作进入瓶颈时期……

一个女人，会工作也要会休息，在职场上学习让自己喘口气也是一门学问。

玩命工作，而不注意身体健康的女人，最后吃亏的总会是自己。一个不懂得生活的人就不懂得工作。生活好了，身体好了，工作才能真正做好。这是生活常识。我们不妨想想，人毕竟不是机器，即使是机器，也有磨损、检修的时候。现代社会，工作压力、生活压力本身就大，再加上长期不休假、不疗养，身体很难吃得消。很多人身体长期处于亚健康状态！有的人年纪轻轻就已疾病缠身，甚至英年早逝。因不会休息累病了，这不但是无谓的牺牲，而且还直接影响到工作效果和身体健康，可以说是得不偿失。

现代社会应倡导一种文明健康的生活理念。该工作时认真工作,该休息时好好休息,会工作也要会休息。休息好是为了更好地工作。天天扑在工作上,连轴转,表面上看工作效率很高,实际上却极易酿成疾患。

健康地活着,健康地生活,实际在创造另一种效益:健康就是财富,这是最大的节约,也是对社会的一种贡献。

会工作也要会休息,女人一定要谨记:

事业上的成功不是一朝一夕的事,一定要合理安排好自己的生活,保证工作和生活张弛有度。越是工作忙碌,越应该学会见缝插针地“偷懒”,让自己吃好、喝好、睡好,以保证旺盛的精力和足够的体能,从容地应对摆在自己面前的大小事务。另外,需要给自己制订一年一次的休假计划,至少一星期,到山里或海边走走。如果倦怠的感觉日益加重而休假遥遥无期,不如试着忙里偷闲,偶尔请半天假,找个清幽的地方想想事情或逛逛街。

对公司赋予的假期,应适时支取,让自己适当休息。平常应该培养自己的业余爱好,每周至少两次体育锻炼,每月参加一次娱乐活动,如听演唱会、到足球场看比赛、看美术摄影展览、唱卡拉 OK 等。或者在倦怠情绪侵袭的时候,干脆休假去远途旅游,心情自然就豁然开朗。

学会与人沟通。不开心或者烦闷的时候,可以找朋友倾诉心声,很多时候,一个人自己并不能消除压力,而需要别人帮你解决问题,若不愿向熟人倾吐,可向专业心理咨询人员求助。除此以外,千万不要忽视与家人的沟通,你的倦怠感也会影响到丈夫和孩子的情绪,对他们说说你内心的想法非常有必要,或许可以从他们那里获得改善的灵感也未可知。

会寻找突破。在快节奏的今天,许多女人抱怨工作任务太繁重,没有时间想自己该想的,做自己该做的。实际上,这是惰性形成了内心的界限,把你限制在一定的活动范围内。很多你认为无法改变的事物其实只是自己心理形成的界限把它人为封闭了,勇敢地去想象,去突破,去改变,这样你才能在职场潇洒地遨游。

学会转移情绪。良好的心态是快乐的秘诀,心理学家告诫:先处理心情再处理事情,不要带着怒气去工作和生活。再聪明的人也会因为情绪不良而失败,做一个 EQ 高的人并不难,只要你每天多留意一点点。回到家前先告诉自己笑一笑，生气的时候伸个懒腰，憋闷的时候站起来走走，经常换不同的衣服穿……有心的人永远会快乐，记住：不要拿别人的错误惩罚自己。

要善于团结同事。如果和同事相处不和睦，更容易触发工作倦怠症的发生，人缘不好，怎么做也不会开心。作为新员工，觉得自己学历傲人，唯我独尊；作为老员工，觉得自己资历不浅，心中不服，这样攀比只会破坏同事之间的关系。给自己创造良好的人际环境就是为自己积累财富。著名心理咨询专家唐汶告诫大家做人要把握以下"五不"原则：倚老不卖老；弹性不固执；幽默不伤人；关心不冷漠；真诚不矫情。放下架子，你会发现拥有志同道合的同事也是避免倦怠的好帮手。

总之，无论你从事什么样的工作，都要适当让自己从繁忙的工作中脱离出来，以单纯之心来享受生活的美好，抽身事外，再回头看看自己的工作内容，相信你一定能从中找到重新激发工作热情的亮点。

聪明女人把工作当成一个舞台

我们若没有在工作的小舞台上历练出一定的能力，就很难做出斐然的业绩。这时候，无论我们在哪里工作都是一样的。

虽然女人知道有什么样的工作态度，就有什么样的工作结果，但还是有许多女人对自己的工作抱着一种无所谓的态度，她们一方面对工作挑三拣四，一方面又对工作的结果毫不关心。在她们看来，工作只是在消磨时间，况且自己的岗位又不是很重要，又何必那么认真呢？只要说得过去就可以了。因此，她们整天对工作敷衍了事。

她们时常会一边工作，一边抱怨："为老板打工真是太累了，我根本就是公司的赚钱工具，毫无乐趣可言。"这些女人依然抱着为别人而工作的想法。其实，我们每个人自己正在做的活儿都是在为自己工作，都是在为自己的美好的职场前途铺路搭桥。如果我们消极怠工、敷衍了事，那么到最后，职场之路只会更加崎岖坎坷。所以，请女人记好："对工作有利的就是对自己有利的。"

有些女人上班时总喜欢"忙里偷闲"，她们要么上班迟到、早退，要么在上班时用电脑聊天，老板在时努力一下，老板一走就立即闲散下来，这些女人也许并没有因此被开除，但她们很难有晋升的机会，如果她们想调换门庭，也不会有公司对她们感兴趣。

也有很多女人总是抱怨自己的薪水太低，现在干的工作已经超出了应该支付给自己的薪酬。但试想一下，哪个老板都只会在看到你的工作业绩有多大后才会给你涨薪水，在你没有付出更多的劳动，换来更大的效益时，显然，你的薪水不会平白无故地涨上去。

其实，薪水只是工作的一种回报方式，刚刚踏入社会的年轻人更应该珍惜工作本身带给自己的报酬。譬如，在工作的舞台上，你的阅历逐渐丰富，智慧逐渐增长，这些都是工作赋予你的终身受益的能力，它比金钱重要万倍，既不会遗失也不会被偷。所以，认真工作才是真正的聪明，认真工作才是提高自己能力的最佳方法。只要你把工作当作是你的一个学习机会，不断地从中学习处理业务和人际交往，你不但可以获得很多知识，还为以后的工作打下了坚实的基础。认真工作的女人不必为自己的前途操心，更不会担心失业和被裁，那是由于她们在自己小小的工作舞台上，练就了良好的心态和熟练的技能，到任何公司都会受到欢迎。

齐瓦勃出生在美国乡村。由于家庭贫困，齐瓦勃少年时代没有受到什么教育，为了生活，15 岁的齐瓦勃辍学到山村给人当马夫。但为了改变自己的命运，无论何时何地他都没有放弃心中的理想和追求，寻找机会发展自己、提升自己。

18 岁那年，齐瓦勃带着梦想和追求，来到钢铁大王卡内基的一个建筑工地打工。别的打工者只知埋头苦干卖力气，而齐瓦勃除了埋头苦干之外，还利用一切可以利用的时间自学建筑方面的知识。别人休息、闲聊、玩耍时，齐瓦勃总独自躲在角落里埋头看书。

打工者中有人挖苦讽刺齐瓦勃，齐瓦勃说："我不光是在为老板打工，更不单为了赚钱，我是在为自己的梦想打工，为了自己远大的前途而打工。我只能在业绩中提升自己。我要使自己工作所产生的价值，远远超过所得的薪水。只有这样我才能够得到重用，才能获得机遇。”

一天，公司经理到工地检查工作，工人们在休息。他发现在工地角落里看书的齐瓦勃，便走过去随手翻阅了一下齐瓦勃的笔记，经理什么也没说就走了。

第二天经理把齐瓦勃叫到办公室，问：“你学那些东西干什么呢？”齐瓦勃回答经理：“我想我们公司并不缺少打工者，缺少的是既有工作经验，又有专业知识的技术人员或管理者。”经理点了点头，不久齐瓦勃被提升为技师。后来，齐瓦勃靠着自己的勤奋和刻苦晋升为总工程师。

25岁那年，齐瓦勃做了这家建筑公司的总经理。几年后，齐瓦勃被钢铁大王卡内基任命为钢铁公司董事长。凭着自己超人的工作热情、智慧和管理才能，现在齐瓦勃创建了大型的伯利恒钢铁公司，成了世界钢铁大王之一，圆了打工时的梦想。

与齐瓦勃相反的是，许多人都抱着这样一种想法：我的老板太苛刻了，根本不值得我如此勤奋地为他工作。然而，他们忽略了另外一个道理：公司是老板的，舞台却是自己的，工作时得过且过是会伤害你的雇主、你的公司，但受伤害更深的却是你自己。

有这样一个故事：一天，主人把货物装在两辆马车上，让两匹马各拉一辆车。

在路上，一匹马因为偷懒渐渐落在了后面，并且走走停停。主人便把后面一辆车上的货物全放到前面的车上去。当后面那匹马看到自己车上的东西都搬完了，便开始轻快地前进，并且对前面那匹马说：“你辛苦吧，流汗吧，你越是努力干，主人越要折磨你。”

到达目的地后，有人对主人说：“你既然只用一匹马拉车，那么你养两匹马干嘛？不如好好地喂一匹，把另一匹宰掉，总还能拿到一张皮吧！”于是主人便真的这样做了。

缺乏积极的工作态度，不能在工作的舞台上展现自己的能力，得到他人的认可，下场恐怕只会和那匹偷懒的马一样。

工作是一个施展自己才能的舞台。我们若没有在工作的小舞台上历练出一定的能力，就很难做出斐然的业绩。这时候，无论我们在哪里工作都是一样的。因为我们没有足以引起老板注意的出众能力、进不了老板的眼界，因此所有晋升和加薪的机会都将与我们无缘。即使老板愿意给我们好的机会，我们也很难把握。因此，我们必须在自己的工作舞台上锻炼和提升自己。

我们寒窗苦读来的知识，我们的应变力，我们的决断力，我们的适应力以及我们的协调力都将在这样一个舞台上得到展示。除了工作，没有哪项活动能提供如此高度的充实自我、表达自我的机会以及如此强的个人使命感。在工作的小舞台上，尽心尽力、尽职尽责，每个女人在扮演好自己的角色的同时，人生境界也会有一个较大的提升。

但可悲的是，一些女人宁愿挖空心思和花费很多精力来逃避工作，也不愿花相同的精力来努力完成工作。她们以为自己骗得过老板，其实，她们愚弄的只是自己。

老板或许并不了解每个员工的表现，或熟知每一份工作的细节，但是你做出的每一点业绩和取得的每一点进步都将是实实在在的，所以，即使身处于基层的平凡小舞台上，也要以积极的工作态度，舞动自己最美妙的身姿。这不仅是一种睿智的工作态度，更是女人获得良好修养和迷人魅力的源泉之一。

下篇：用幸福心态做幸福女人

{Chapter 9}

社交大舞台：女人华丽的身姿要穿上“心”衣

女人在社会中扮演的角色越来越多，如何做一名出色演员，在社交这个大舞台上展现自己华丽的身姿，赢得别人的欣赏，游刃有余地展现自己的魅力，良好的心态是基础。健康的社交心态表现为热情、开朗、豁达、包容、忍让、付出等。聪明的女人在人际交往中不会待人冷若冰霜、小肚鸡肠、斤斤计较，那样只能遭人白眼、受人冷落，不但没有达到预期的目的，还会给自己增添更多的烦恼。相反，她们会以成熟自信的心态，坦然面对他人，让自己活得真实，活得精彩。

开放自己的心，才能迎来快乐人生

女人试着开放自己，在社交中会更加主动，人际交往便会出现无限可能。

开放的心态，是女人人际沟通的基础。在生活中，人际关系网络最发达的就是拥有开放心态的女人，因为当你开放自己、接受他人时，他人也会向你开放，这样，你们之间就有了接触和交流，就有了建立友谊的可能。

开放的心态，是女人拥有强烈进取心的表现，能使人持续进取，保持活力；能使人了解自己的不足，正确地对待自己、他人和周围的一切；能使人不断吸取新知识，乐于与人交流、分享，以保持人际关系中的良好互动。在生活中，那种以自我中心、自我封闭以及自我设限的人，不太可能适应社会，甚至连生存都可能成问题。

明莹大学毕业后，刚刚参加工作。她是个性格内向的人，生活中习惯封闭自己，不愿意在别人面前袒露自己。因而，她在交际方面特别差，工作也受到不良影响，特别是和陌生人、领导交往时，她总是说话紧张，很不自然……她觉得非常痛苦，不得不咨询心理医生。“你现在和我通话感觉怎么样？紧张吗?”心理医生试图让明莹体验到她的交流很正常。“这是我第一次拨打心理咨询电话，也有些紧张……”“在我听来挺好的，即使有点紧张也很正常啊。我感觉你根本不是什么心理问题。年轻人，刚刚走向社会，走上工作岗位，在人际交往中有些不自然一点也不奇怪。其实，别的女人都会或多或少地有过和你一样的感觉。只是人们彼此看到的多是别人外在的东西，彼此并不了解内心的东西。于是，人就常常以为是自己出了问题，你的问题关键就是自我封闭的人格特征。”

这点明莹表示理解，又问："我也知道封闭自己不好，封闭给我带来了很多痛苦，从上大学直到现在，我几乎没有交心的朋友。都说要开放自己，接受他人，我也希望有彼此能够敞开的朋友。那次，在外地上学时我遇到了一个朋友，我们谈话敞开得比较多，我谈到了从来没和人谈过的一些心事。当时感觉挺好。可是过后，我总有一种被她看穿了的感觉，见到她就有些紧张，后来就不再交往了。您说，和朋友交往是不是需要开放自己？应该开放到什么程度？""你尝到了自我封闭的滋味不好受，你想改变自己，尝试开放自己，这很好啊！"心理医生表示赞许。而后分析说："你不用担心开放了自己，别人会'看穿了'你。别人对你有所了解，就容易产生一种亲近感，就愿意与你有较深的交往。这无疑是你渴望的一份幸福。反之，你一点也不让别人了解你，别人对你一点把握也没有，你就像一个深深的黑洞让人难测。你说，谁还敢近你半步？生活是个大舞台，但生活又不该是演戏，因为人际交往之间如果仅仅是演员和观众，那生活就真是苦海无边了。在芸芸众生、茫茫人海中，你与那么多人要进行交往，如果从来没有或很少有人对你开放她的内心世界，你也从来没有或很少对别人开放自己的内心世界，那这种不幸真是苦不堪言的。你不正是因为这种不堪的痛苦而给我打电话的吗？"

明莹深有领悟地说："您说得太透彻了！可是，您说怎样可以找到自己可以交心的朋友呢？""人际交往有自身的规律，一是人际交往是互动的，二是人际交往应该是主动的。这给我们的启示是：只有拨响自己心中的琴弦，你才能有知音。你希望有交心的朋友，你就先向别人开放自己的内心。自然，开放自己，要有合适的对象和场合，这无须多说。我想强调的是，就具体的对象和场合而言，开放自己不应仅是'是否'的选择，还有个'深浅'的选择。由于互动规律，这种开放的深浅程度几乎是可以自行调节的，就是说你会很自然地调节与不同的朋友的不同的开放程度。由于人际交往是互动的，你对别人开放了自己，对方也会对你开放自己，这样，你就会发现有更多的知心朋友。""可是，由于习惯，我与别人交往总是有点怕，就更难说成为知心朋友了？""这很简单，人性格的改变不是简单想象，重要的是行动，一个小小的行动常常就会改变了人生。我的建议是：命令自己，每天面带微笑地对人多说一句话。由此，你就会一步步地走过人际交往障碍，开放了自己，就迎来了你的真心朋友。就这么简单，怎么样，你有勇气去做吗？”“谢谢您，我一定这样去做！”明莹铿锵有力地回答。

从明莹与心理医生的对话，我们可以看出人际交往的目的实际是想达到一种沟通。基于此，就要求你必须被他人了解，让他人知道你的想法、观点、感觉、希望、信仰及爱憎等，如此，彼此才有建立联系的机会和可能。但有的女人，因一种害怕被别人误解、揶揄和斥责的心理作祟，便把真正的自己隐藏起来了，这反而给人留下一种模糊、捉摸不透、虚假的印象，阻碍了他人与你进行接触的一切机会。

女人应开放自己的内心，接受他人，付出自己的关爱，不计较回报，积极参与社会活动，这样，你想结交的朋友自然而然会来到身边。如此，你的人际交往便得以扩大，视野得以开阔，心胸得以开朗，人自然会快乐许多，朋友多了，生活也会有趣许多。而且，在以后的岁月里你会发现，自己收获了更多的友情与快乐，欢声笑语每天都伴随着自己！

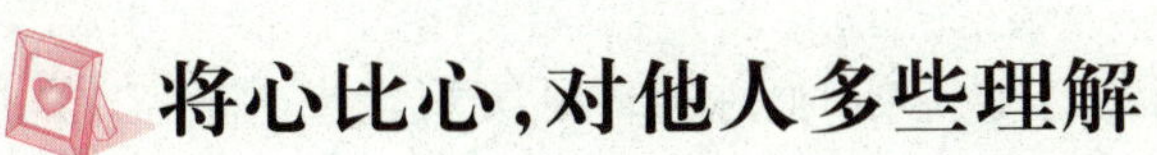

将心比心，对他人多些理解

“换位思考”是女人理解他人的一剂良方，是开启彼此心扉的一把钥匙，协调人际关系的一座桥梁。

如何与人交往是每个女人的必修课，而和谐的人际关系更是每个女人的目标。其实，与每个人都能融洽、快乐地相处，并不是奢望，前提是你要先学会换位思考、理解对方。换位思考是将心比心、设身处地地站在对方的立场上体验和思考问题，从而与对方在情感上得到沟通，增进理解。

每个女人都是造物主的独创，思维、观念自是各不相同。譬如，同是一朵鲜花摆在面前，有的女人会生出“花谢花飞飞满天，红消香断有谁怜”的愁绪，有的女人会生出“落红不是无情物，化作春泥更护花”的感动；同是一轮明月挂在夜空，有的女人会思索“江畔何人初见月，江月何年初照人”，有的女人会叹息“举头望明月，低头思故乡”。

女人有怎样的心态，就会有怎样的工作态度、人际关系、生活质量。当你学会换位思考时，就会在遇到问题时多站在他人的角度看待、思考、处理，也才能更多地理解、宽容别人。你善待别人就会被别人善待，这是一种良好的互动，也是处理人际关系时的白金法则。

陈美是中学的语文老师，这天她手捧一堆试卷走进教室。学生们一看试卷，就兴奋地不得了。她发完试卷，表扬了成绩前十名的同学后，就一一讲解起来。不知不觉，下课铃声响了，陈美问学生们另一张试卷是周一发还是今天发。同学们统一说周一发，陈美用平淡的语气说：“你们也初三了，也该告诉你们复习计划了。”班级鸦雀无声。陈美接着说完了复习计划，又对学生们说：“如果按你们的计划，那么最后一张试卷就无法讲了。”班级里的“淘气包”小明说：“今天累死了！周一再讲！”学生们各抒己见，滔滔不绝，说什么如果今天讲就会累死。陈美觉得学生们一点也没有体会到她这个当老师的心情和辛苦。于是，在讲台上恼羞成怒，生气地说：“你们休息去吧！”就匆匆离去。

没想到，第二节课开始时，陈美却是笑着走进了教室，学生们面面相觑，不知道将会发生什么状况。接着，陈美继续笑着说：“一想到你们……所以，这节课就给你们自由活动吧！”几个顽皮捣蛋的学生喜出望外。但陈美立刻换了一种表情，对他们说：“但要留时间给我来安排座位。”“没问题！”学生们异口同声。

下班后，陈美的一个学生打电话给她，“喂，陈老师吗？我是晓军。”“晓军啊，找老师有什么事吗？”“我感觉您第二节课有些奇怪。”“我？老师很奇怪？怎么了？”“您第一节课还很生气，第二节课就像换了个人似的。”“哦，那是因为当老师站在你们的角度上感受你们的生活时，发现你们真的很累，升学压力也很大，所以我想让你们好好休息一下，调整一下精神状态，然后再以新的精神面貌投入学习。”“哦，原来是这样！陈老师，您真的是个理解我们的好老师。我一定号召同学们好好学习，不辜负您的期望。”

听晓军说完最后一句话，陈美会心地笑了，她发现：站在别人的角度上思考，学会将心比心、换位思考，果然能感受得更多，体会得更多，想得更全面。在工作和生活中，有很多人、很多关系是值得女人们去珍惜、理解的，换位思考不仅是女人人际交往的一种艺术，也是女人立身处世的一种态度，更是女人人格素质的一种涵养。

或许不是每个女人都能做到“海纳百川，有容乃大”，但若能用一颗换位思考之心去处理身边的人、身边的事，就能多一分理解、多一种温暖、多一丝感动、多一层美好。

梅华大学毕业后，在一家信息公司就职。工作两年后，梅华自认为自己在业务与资历方面都有了长足的进展，就不免飘飘然起来。这时梅华被人事部调至一个新部门，部门里的一个老同事——张莉，引起了她的注意。在梅华眼里，张莉就是她的对手，公司里多少个有胆、有识、有为的年轻人都在跟张莉的较量中落马，其中还有名牌大学毕业的博士生。

所以当知道自己要和张莉搭档时，极度自负的梅华觉得有一种棋逢对手的感觉，大有和张莉一决胜负的勇气。梅华觉得自己始终占据着各方面的优势：年轻、博学、新潮、反应灵敏、懂电脑、懂英文，这些都是张莉所不具备的；更何况自己还对上能迎合领导，对下能活跃气氛，交友广阔，朋友遍天下……

谁料，在慢慢和张莉相处的过程中，梅华发现自己越来越不如她了，无论大小事，张莉总能找到最佳的处理方式，完成得滴水不漏，更别提和同事的相处之道了。一次闲暇，梅华问张莉：“这些年你是如何事无巨细地处理部门、公司事务的，怎么会这么游刃有余？让人不得不心服口服。”张莉微微一笑：“秘诀就是换位思考，将心比心，只有站在他人角度上思量，才能充分理解他人的想法、难处、出发点，这样你拿捏起来就更有分寸了。”

确实，太多的时候，我们都需要将心比心：如果是你，你会期待别人怎么对待，如果那事发生在你身上，你又期待别人怎样来理解你？把自己想要的答案付诸到需要你理解的人身上，那样的理解才会更贴切、真实、诚恳、友善。往往，这样的理解并不需要你付出太多，仅仅一颗善解人意的心便足矣。

“换位思考，理解万岁”，这不是一句慷慨激昂的口号，也不是挥毫泼墨就能完整书写的文字,更不是只停留在表层浅显意义上的词语;而是女人对付出的内涵和本质的感知,也是女人心灵的一种高贵语言,更是女人对人生的一种彻悟!

以自尊的态度,坦然面对他人

自尊的女人如一泓清纯的小溪,洁净、透明、晶莹,虽看上去柔弱,却坚韧得连坚硬的石头都能打磨得光滑圆润。

自尊,是女人对自己的一种敬意,它需要女人在人际交往中有尊严,爱自己的一切,肯定自己的所有,将自立、自强放在重要位置,依靠自己的力量,发挥自己的长处和优势,通过不懈的坚持和努力,使自己获得较多的知识和一定的财富,积累人际交往的资本和基础。自尊的女人非常尊重自己,正因如此,她也尊重他人,从而赢得他人的尊重。

别林斯基说过:“自尊是一个人灵魂的杠杆”。简·爱就是一个在人际交往中启动了这一杠杆,从而最终收获幸福与美满人生的女人。

从小父母双亡的简·爱,寄养在富裕的舅妈家中。面对悭吝自私的舅妈和顽劣凶悍的表哥,小简·爱始终表现得不卑不亢。环境并没有磨损她与生俱来的自尊,不公的待遇并没有扭曲她对美好生活的热切向往。当她无故遭受表哥的侮辱与毒打时,这个孤苦的弱女子奋起反抗了。自尊的个性激发起了她身上无穷的斗志,使貌似强大的表哥和富有权威的舅妈战栗。自尊的简·爱不想在这个无爱的冰冷的家庭中苟且下去,所以当舅妈决定送简·爱去洛伍德学校时,她并没有丝毫忧伤,而是在临走时给可憎的舅妈上了一堂尊严课。谁料,舅妈并没有良心发现,为她铺就什么平坦大道,而是在她未入学时就为她埋下了一个定时炸弹——告诉那个自私无德的校长,她是一个撒谎的孩子。

这同样打倒不了自尊的简·爱。她始终坚守自己做人的准则，所以她不仅顺利完成学业，留任当教师，而且依靠自尊收获了真挚的友谊。海伦·彭斯这个与简·爱同样孤苦无依的女孩，她虽身处逆境，却以博大的胸怀、宽容的气质来容忍生活所赋予的种种磨难。海伦·彭斯说："没有任何虐待会在我心灵上留下痕迹……我总觉得生命太短促，不能把它虚掷在积怨记仇上……"海伦的友谊荡涤了简·爱心中种种不快的阴霾，使她懂得有尊严地对待他人比无意义的积怨记仇要轻松快乐得多。

简·爱一路走来，始终在人际交往中恪守着自尊这样一个准则。这种魅力深深吸引了罗切斯特。面对罗切斯特的爱情考验，简·爱说出了令全世界女子叹服的爱情宣言："你认为因为我穷，低微，不漂亮，矮小，我就没有灵魂，没有心吗？……假如上帝赐给了我一点美貌和大量财富，我也会让你感到难以离开我，就像现在我感到难以离开你一样……"多么坦率，多么令人震撼。简·爱以她的自尊勇敢追求着爱情，终于，在历经坎坷后，简·爱实现了爱的神话……

夏洛蒂·勃朗特的《简·爱》是为懂得自尊的女性谱写的一部伟大赞歌。每个女人都希望自己拥有娇美的外貌与富裕的生活，得到更多的关心与爱护，且常认为前者是获取后者的资本，但简·爱既没有取悦他人的容貌，又没有傲人的财富，却最终获得了珍贵的友情、爱情、亲情，她的法宝就是她独特的人格魅力——自尊。

自尊是女人一种积极的社交心态，每个女人都有自尊心，都希望他人尊重自己的人格，希望自己的能力和才华得到他人的承认和赞赏。自尊是一个女人对自己的更高要求，能调动起她的所有能量去塑造自己，展现自己的影响和魅力，以赢得世人的尊重，是女人不断激励自己走向成功的良好心态。当然自尊不是自负、清高，而是不趋炎附势、不卑躬屈膝，不为尘嚣而心乱、动摇。

值得注意的是，从思想上认清自尊的需要和交际的需要，并理清两者之间的关系对女人的人际交往十分重要。那些过于自尊的女人，不妨把看问题的立足点换一下，适当放低自己的尊严，想想比这更重要的东西，比如事业、友谊、爱情等。有时候女人在人际交往中要把实现实际的宗旨看得高于自尊，让自尊服从交际的需要，这样你对自尊才会有弹性、自控力，适度的自尊才是女人社交的最佳心态。如此，即使你在交往中受了刺激，也可以不烦不燥，微微一笑，照样与他人周旋，表现不达目的决不罢休的姿态，成为交际场上的赢家！

优秀的女人更要尊重他人

女人以一颗尊重之心对待他人吧，许多人际交往之花会因为一个充满珍视的凝望而复苏。

生理的需要、安全的需要、爱与被爱的需要、被人尊重的需要、自我实现的需要，这是马斯洛心理需要理论的五个层次。其中，被人尊重仅次于自我实现这一最高心理需要。所以，尊重他人是女人人际交往中的良好心态，有助于创造良好的人际关系。女人唯有尊重对方，才能赢得对方的好感，实现愉快沟通。

正如“老吾老，以及人之老，幼吾幼，以及人之幼”“己所不欲，勿施于人”所言，女人唯有尊重他人，才能尊重自己，才能赢得他人对自己的尊重，开展良好的人际交往。尊重他人不单是女人的一种处事心态，更是一种为人的能力和美德，能为你带来意想不到的收获。

雪琪是名业务员，主要工作是为某知名公司拉主顾，主顾中有一家是药品杂货店。每次雪琪到这家店里去的时候，总要先非常尊敬地跟柜台的营业员寒暄几句，然后才去见店主。一天，雪琪到这家商店去，店主突然告诉她今后不用再来了，他不想再买该公司的产品，因为该公司的许多活动都是针对食品市场和廉价商店而设计的，对小药品杂货店没有好处。雪琪只好离开商店，她在镇上走了很久，最后决定再回到店里，把情况说说清楚。走进店里的时候，雪琪照常和柜台上的营业员打过招呼，然后到里面去见店主。店主见到她很高兴，笑着欢迎她回来，并且比平常多订了一倍的货。雪琪对此十分惊讶，不明白自己离开店后发生了什么事，店主指着柜台上一个卖饮料的男孩说："在你离开店铺以后，卖饮料的男孩走过来告诉我说，你是到店里来的推销员中唯一会同他打招呼的人，还那么尊敬他。他说，如果有什么人值得我同其做生意的话，就应该是懂得尊重他人的你。"店主同意这个看法，从此也成了雪琪最好的主顾。谈到这事，雪琪无不感慨地说："我永远不会忘记，关心、尊重他人是我们必须具备的特质。"

的确，尊重他人是每个女人必须具备的优良品质。雪琪在谈业务时，正是用真诚的心灵在与营业员对话，用尊敬的眼神在注视营业员，所以营业员会在情感上感到温暖、愉悦，在精神上感到充实、满足，体验到一种美好、和谐的人际关系。如此的良性循环中，雪琪便在不知不觉中拥有许多朋友，业务也越做越顺。

"玫琳凯化妆品公司"创办人玫琳凯女士，曾经历过一件事。多年前，玫琳凯女士急着购买新车，在福特汽车展示中心，业务员露露见她开着辆破旧的车子，也就不把接待她当作一回事，对她也非常不尊敬。于是玫琳凯女士就去见业务经理，碰巧经理也不在，要等到下午才会回来。于是，玫琳凯悻悻地逛到对街的汽车展示中心。该中心正展示着一辆黄色轿车，尽管玫琳凯很喜欢，但价钱远远超过她的预算。不过，该中心的业务员美茜谈吐十分殷勤、诚恳，对她态度非常尊敬。在闲聊中，玫琳凯说，想买车是因为当天是她的生日，想买部车送给自己作生日礼物。听到这，业务员美茜礼貌地说，不好意思，玫琳凯女士，我有点事儿，请求告退 1 分钟。很快，美茜就回来了。又过了一小会儿，美茜的秘书小姐送来了一打玫瑰，美茜就把整打玫瑰送给了玫琳凯女士，并真心诚意地祝贺她生日快乐。"天啊！"玫琳凯说，当时她真的"太惊喜""太意外"了！于是，她毫不犹豫地买下了远远超过预算的这种黄色轿车。

玫琳凯何出此举？因为业务员美茜用一种极为普通却又非常贴心的方式，表达了对玫琳凯的尊重。而玫琳凯毫不犹豫地购车，正是美茜用尊重他人的交际心态收获的丰厚回报，也是"你敬我一尺，我敬你一丈"的真实演绎。

每个人都有自己的人格和尊严，尊重他人就是尊重你自己。在人际交往中会尊重他人的女人如一缕春风，一泓清泉，让人倍感愉悦、顺畅，有如春风化雨、润物无声；尊重他人的女人如三月明媚的阳光，让人倍感温暖和慰藉，有如予人玫瑰，手留余香；尊重他人的女人如冰山上的雪莲，让人心生敬畏。

幽默的心态是女人社交的法宝

幽默是女人处理人际关系的良方，不但能化解危机、对抗嘲讽、消除尴尬、脱围解困，还可在无形中增加自己的魅力。

对女人来说幽默是什么呢？幽默是女人和谐交往的心态、是女人良好素质的体现，是女人人生智慧的提炼，是女人自身才华的结晶。幽默的女人大多人际网络发达，因为她的语言能带给人们更多的愉悦感，使人轻松舒畅，在欢声笑语中交流感情、增进了解，只要在她身边，就会快乐不断，如同置身于蔚蓝的大海边或壮美的大山中一般让人陶醉。

有幽默感的女人乐观开朗、心胸开阔，即使是遭遇逆境，处于人生的低谷，她也会微笑面对，在生活中发掘幽默，用快乐带来希望；有幽默感的女人自信活泼、洒脱不凡，她有一个健康的心态，懂得与人分享感受，能消除生活中的紧张、焦虑，以减轻压力、增强信心、摆脱窘迫和困难；有幽默感的女人宽容大度、随和风趣，她懂得与人为善，不会针锋相对、斤斤计较，能笑口常开、妙语常在，轻松化解人与人之间的矛盾，缓解紧张的气氛。

李明静的风趣幽默早已在朋友中出了名，什么叫伶牙俐齿、妙语连珠，和她待在一起就能知道。朋友常说，有烦恼就找明静，一听她的声音，烦恼就忘记了一半！

一次，明静去剪头，理发师给她推荐了一款非常新潮、年轻的发型。“我倒是喜欢年轻噢，但是小伙子，”她笑嘻嘻地说，又指指自己的脸，“你要弄这个发型噻，可能要和这张脸儿打个商量噢！”明静常会这样形容别人说话水分太大：“他讲的话嘛，要放在洗衣机里头甩干八次再来听才行。”有人给明静看手相，说她有旺夫命。可明静当时已经离婚了，但一点儿也不生气，笑眯眯地说：“是不是没有夫的就旺自己了呢”？离婚后明静和前夫相处得还不错，有一次明静生日，前夫请她吃饭，她起来晚了，等梳洗打扮停当，前夫已在门口等了半小时，她连忙道歉，前夫客气地说没关系。她当即说：“哎呀，还是做女朋友好噢，如果我现在还是你老婆，脑壳早就给你骂冰了！”

其实，离婚的事对明静的打击很大，但因她幽默的心态，哭过那么两次后，自己就调整过来了，恢复了往日的笑声。她跟朋友说：“我现在是双下岗（已从单位离职），单位和老公都把我开了，绝对的弱势群体，你要多关心啊。不过，这婚也没白离，我离婚后最大的收获就是学会了自恋。以前光晓得顾家爱孩子爱老公，现在晓得爱自己了。”

朋友说给明静打电话最开心了，打多久能笑多久，当聊到要找个称心男人不易时，明静说：“男人见到女人正中下怀就可以了，女人还想正中下怀呢。要是遇到一个不懂情调的男人，能生生的把一场风花雪月谈成了一地鸡毛”。聊到女人喜欢帅哥时，明静说：“别说别人，就我这一把年纪了，看到帅哥也会动心啊，但刚要来电，眼前就出现了孔夫子金光闪闪的八个大字：发乎于情，止乎于礼……”

幽默的心态就属于像李明静这种乐观的女人。消极悲观的女人，是笑不起来的；充满狐疑的女人，是笑不开来的；心情抑郁的女人，是笑不出来的。只有心胸坦荡、超越得失的女人，才能笑口常开、征服人心，因为她们的内心永远都保持一种豁达开朗的态度。

幽默的女人犹如一盏明灯，她能照亮夜行人的路途，驱散黑夜的恐惧；幽默的女人好似一阵暖风，她能吹走彷徨的人无尽的迷茫，带来许多清醒；幽默的女人如同一场春雨，她能滋润人的心田，透出勃勃生机；幽默的女人恰像一通鼓点，她能击退胆小者的怯弱，擂出勇气。

如嘉是一位受人追捧的女作家，她的言情小说非常受人欢迎。一次在她的新书发布会上，有一个人很不服气她的成就，便走到她面前，当着众人，很不友好地说："你的作品写得真好，不过，请问是谁帮你写的呢？"这人竟然对如嘉如此无礼，这不是来闹事的吗？台下的气氛顿时变得紧张，所有声音突然消失，有的读者看着如嘉，觉得很尴尬。大家都不知道接下来会发生一场什么样的闹剧。然而，如嘉并没有表现出很尴尬的神情，她也没有生气，反而面带微笑，礼貌地回答这个人，说："谢谢你的夸奖，谢谢你能对我的作品进行这么中肯的评价——不过，请问，是谁帮你看的呢！"如嘉的反问让那个人哑口无言，只好灰溜溜地逃走了，而台下则传来了阵阵掌声。

如嘉用幽默的心态化解了当时的尴尬，将窘境化为乌有，使现场恢复到愉悦、融洽的气氛，也为自己树立了宽容、大度、机智的形象，让读者更倾心于她睿智的内心世界，着迷于她的魅力。

无论经历怎样的动荡和挫折，幽默的女人都能保持一份达观、自信，绝不会轻易放弃，再大的事，也变成了生活的调味品，都云淡风轻了；无论遭遇怎样的困境和灾难，幽默的女人都能保持一份乐观、豁达，绝不会轻易退缩，因为她对事物看得透彻，了解快乐的源泉在哪里，她知道生活原本就是这样，为难也好，困苦也罢，都可以一笑了之……

用热情解开千千结

女人有热情，就有青春，就能战胜一切，就能融化冰块一样的心灵。

热情，是一股温暖人心的、力量，体现出了一个女人的亲和力，如同女人的生命。如果你失去了热情，那么你就无法保持活力和青春，不可能在人际交往中立足和成长。女人凭借热情的心态，可以产生火一般的力量，催发出体内巨大的潜能，培养出坚强的个性；女人凭借热情的心态，可以把乏味的工作变得生动，激发自己的活力，在逆境中崛起，培养自己对事业的积极追求，赢得珍贵的成长和发展的机会；女人凭借热情的心态，可以感染周围的同事、朋友、爱人，拉近你们之间的距离，让他们理解你、支持你，从而拥有良好的人际关系。

贾府中许多人都看不起贾环，但薛宝钗却对贾环热情有加，以礼相待。贾环在学房放年学回来时，正看见薛宝钗与香菱、莺儿在玩赶围棋，他见了也要玩。“宝钗素日看他也如宝玉”，于是热情地招待了他，并让贾环上来，坐在一处玩。她们玩赶围棋是要输赢钱的，贾环开始赢了，心里就欢喜；后来输了，就着急，接着就要赖。当莺儿盯住不放时，薛宝钗暗示莺儿要让着贾环，为贾环解了围。后来宝玉来了，薛宝钗“生怕宝玉教训他，便连忙替贾环掩饰”。这就说明宝钗不仅待人热情，而且处事上也做得很周全。正因为如此，所以在别的姐妹眼里，薛宝钗是个完美无缺的人。

薛宝钗的热情周到，办事公平，为她赢得了他人的信任、姐妹们的赞扬，这就是她能在大观园里游刃有余地生活的秘籍。《塔木德》上说：“请保持你的热情和礼貌，不管对上帝，对你的朋友，还是对你的敌人。”

热情是女人内心的良好心态，如果将这种心态注入人际交往之中，那么无论面对怎样的人、何种心结，我们都能轻松交流、迎刃而解。所以面对周围的人，我们应尽情展示自己的热情和礼貌，主动多问候一些。热情的女人会让人不再觉得人间世事寒冷，而使得他人内心的冰雪消融、怨恨消除、矛盾化解、心灵净化，感到人间暖融融、天地亮堂堂。

若女人在人际交往中能保持热情的心态和意识，眼前便会出现暖和的眼光，鼓舞和激励自己采取积极的行动，变消极等待为主动出击，情不自禁、不由自主地打开真情、真爱的心门，解开一个又一个心结，用心去与人交流、沟通，浇灌自己的人际之花，感染和自己接触的每一个人，使其与自己一道共同奋斗，创造美好未来，构建幸福成功的人生！

女人要做“忍者”

常言说：大忍大益，小忍小益，不忍不益。忍耐是女人的一剂良药，能使自己镇静，受益一生！

生活中，我们会遇到许多不公平的事、无法接受的人，可我们又无法改变他人，这时与其愤怒地大声指责、声嘶力竭地发泄不满，不如怀着忍耐的心给对方一个理解、善意的微笑，让对方自省，也给他人留下大度、善良的好印象。忍耐并不是懦弱，也不会伤自尊，而是一种宽容之美，在适当的时候让一步，不仅可以体现出你的涵养，更能让你成为受欢迎的女人。

美祺曾是个任性的女人，可在生活赋予的多重角色的磨练下，她渐渐发现明智的女人应该是个“忍者”。

一天上午，她刚到单位，老板忽然找美祺商量问题，她听了半天才醒悟过来，原来是一件别人不愿干的事情，老板想让她干。摆在她面前的有三种选择：一是应承下来，认真努力兢兢业业地完成；二是找出一大堆理由把老板搪塞回去；三是直截了当提出自己的意见，这事情不属于她的分内事。第二种选择美祺根本不会，而第三种选择她又拿不出这个勇气。结果只能忍耐着，放下手中的其他事情，接手先完成这个棘手的工作。

等美祺忙完工作，下班回到家，看婆婆已经做饭了，正想着可以吃回现成的了，可仔细一瞧，没有一个她爱吃的菜，她的口味总是与公婆的相差甚远。就在脸色晴转阴的当口，心思一动，“干吗呢，何必让老人干了活还不愉快。”只好安慰自己说：“该忍且忍，就说她做得也挺好，吃多吃少还不由我吗？”收拾完家务，晚上翻开儿子的作业，看着看着，气就一个劲地长。不管做得对不对，这字写得太潦草了吧，态度还不端正、敷衍了事，10 分钟就赶着把作业做完了去看电视！正想冲出去以武力解决问题，好好教育儿子一番，美祺忽然看到儿子的书包上贴一画片：可以批评我，但不要打我。美祺看着好笑又好气，只好安慰自己，忍一下吧，等儿子看完这集动画片，再好好跟他说学习的重要性。

每次美祺和闺房密友们聚在一起聊天，朋友们都特别羡慕她能把工作、家庭经营得有声有色，都询问她其中的秘密是什么。美祺感慨地说："一个字——忍，我常觉得自己是个'忍者'。你说，工作吧，还不就是去做事，更何况老板还亲自要求你做事，这不还是信任你吗？再说工作业绩不就是一点点地干出来的吗？咱能干的活就忍着干呗。再说家庭，俗话说'有缘千里来相会'，茫茫人海，能组织成一个家庭多不容易啊，公婆媳妇本就不好相处，何必因为一些芝麻大点的事弄得不愉快呢，伤了老人的心不说，自己也不痛快，维护好家庭团结也是我们女人的责任。至于和孩子过招，那就更不用说了，没有忍耐简直一事无成。儿童教育专家说了，要用孩子的眼睛看待孩子。换句话说，不要用大人的标准要求孩子。要能沉得住气，耐下心来说服教育，才能十分耕耘一分收获。你们不要觉得忍就会憋屈，真正忍得了，你就走进了海阔天空的生活境界。"

如美祺所说，确实是忍者无惧。我们不要以为"忍"是心字头上一把刀，就一定代表着流血与牺牲，女人忍耐不是委曲求全、自我折磨、心存怨恨、放弃追求、颓废逃避，而是对生活感恩、给别人机会、对情感宽容。要知道，"忍"字下面是颗心，是女人的善良与真情，勇气和信念。

忍耐，让女人在人际交往中没有不能承受之重，不仅能给自己带来安宁，且赐予他人更多！女人能忍，才能体会他人的所思所想，将心态修炼至清澈如镜，为他人也为自己营造宽松和谐的氛围。女人能忍，才能忍辱负重、百炼成钢、韬光养晦，静待时机，奋力前行。女人能忍，才能沉静心思，远离浮躁，明辨是非，权衡利弊，学会处事，使自己的人生少一些懊悔，多一些快乐。女人能忍，才能不以物喜、不以己悲，在顺利时，不自以为是，而是放慢脚步，扶持身边人，一同前行；在逆境中，不怨天尤人，而是相信自己，笑对生活，执着追求，勇走天涯路！

从容的女人最引人注目

从容的女人能透彻把握人生，闲看天边云卷云舒，笑看庭前花开花落，以最随意的姿态引人注目。

从容的女人如一杯清茶，柔和、知性，弥漫着淡淡的思绪、淡淡的优雅；从容的女人如一缕清风，简单、自然，洋溢着淡淡的芬芳、淡淡的宁静；从容的女人如一朵雏菊，纯洁、温和，散发着淡淡的清香、淡淡的气质。

见过赵雅芝的人无不感叹她从容淡定的魅力，领略到青春不老的真正内涵。“芝姐，我爱你！”只要赵雅芝在公共场合亮相，这种惊呼便此起彼伏。赵雅芝容颜不改、青春常在、魅力不减的秘密何在呢？赵雅芝说：“我尽量不挑食，常吃清淡的食物，尤其喜欢吃甜食，虽然有发胖的危险，但吃甜食让自己特别有满足感，对保持年轻也有辅助作用吧。不过吃什么不是关键，从容的心态才是最重要的。”

的确，从容的赵雅芝委实受瞩目，身为艺人，她人气持续了近四十年；身为女人，她是三个儿子的妈妈和老公眼中的贤妻，参加活动，她多和老公结伴而行，出去拍戏，她也忘不了照顾孩子和家人；身为公众人物，她没有绯闻缠身。赵雅芝能从容地把家庭与事业、个人与公众的平衡点摆在最佳位置上，而这个均衡让她收获了很多，拥有更多快乐。

人们之所以愿意接近赵雅芝这般的从容女人，是因为她们永远乐观开朗、挥洒自如，为人做事不急不慢、不躁不乱、不慌不忙、井然有序，面对变化不愠不怒、不惊不惧、不暴不弃，即使遭遇挫折也决不气馁、坦然面对，身上焕发着蓬勃的生机，散发着向上的力量、饱满的激情。

杨慧丽出生在一个小县城，出生 8 个月后，她便被病魔夺去了健康的躯体，下肢全瘫，右手肌肉严重萎缩，仅左手能稍作活动，注定只能在轮椅上生活一辈子。可她从 18 岁时就开始独闯世界，她靠着摆五分钱一本的小人书地摊起家，历经艰辛，终于拥有了一家大书店。经营了十余年，有了一些积蓄，30 岁时她办起了家乡的第一家私人幼儿园——友谊艺术幼儿园，如今已形成一园两部、400 多入园幼儿的规模了。接着，她创办了县里、市里第一家特殊教育学校——湘阴县特殊教育学校，多年下来，使近百名残疾、弱智少儿入学，如今仍有 53 名在校学生。随后，她又创办了集小学、初中、高中于一体的以她名字命名的实验学校，这也是她们县城里第一家民办学校，学校如今已达到了 25 个教学班、900 余名学生的规模，很多人慕名而来。

同时，杨慧丽还是人大代表。她漂亮吗，一点也不，她被无情的病折磨得柔弱瘦小，可是谁见到她都会被她浑身透出的从容随意所震撼！

这就是一个从容女人书写的生命奇迹。从容的心态，反映了一个女人的气度、修养和性格；显示了她对生活和生命的态度，面对困难、面对困境时的方式；袒露了她的目光与智慧、胸怀与气度，面对社会、朋友的责任；折射了她的心境、心灵与品格，面对人生、事业的追求。

中学时，吴小莉从容的心态就突现了出来，她以镇定、坦然的从容深受同学们的拥戴。久而久之，她也以此为乐事，立下志向，将来要成为一名为百姓仗义执言、伸张正义的记者或律师。于是，在报考大学时她把两个志愿都填了上去，并以优异的成绩考上了台湾辅仁大学大众传播系。大三时，她成了辅仁大学《传播者》杂志的主编，集采访、组稿、编辑、版式设计和发行于一身，忙得不亦乐乎。那是吴小莉第一次接触传媒这个行业，碰壁的苦恼、收获的喜悦不仅仅让吴小莉开阔了视野、增长了才干，更历练了她从容的心态。

大学毕业后，吴小莉开始进入电视圈，她的第一个工作单位是台湾华视。刚进入华视时，她最初的职责是守在电话旁等新闻线索，那时的她并没有感受到命运丝毫的垂青，但她却坚信，命运的好与坏，是由自己来掌握的，要充分准备，才能从容地抓住机会。几年之后，凭着执着的冲劲和热情，她终于从一名青涩的记者成长为华视强档新闻的主播。吴小莉任主播、记者期间，因其从容的心态，她的工作一直得心应手，人际关系也非常好，但她并没有因此满足，而是不断从容地挑战着自己的制高点。

吴小莉从容的心态如秋叶般静美，释放着端庄的气度、深厚的内涵、健康的心志，能给人以宁静，让人愿意在她身边品位生活的味道，享受人生美妙的境界。

从容是女人成熟的社交心态，能装点内在的素质和美德，使自己拥有优雅的风度，倍加灿烂夺目、宠辱不惊；从容是女人智慧的社交心态，能点缀天然的禀赋和气质，使自己拥有淡定的举止，愈加坦然自信、豁达乐观。

包容是赢得人心的奥秘

包容是女人的一种生存智慧，是看透了社会人生以后所获得的从容、自信、超然和大度。

“宰相肚里能撑船”“得饶人处且饶人”“知足常乐，能忍自安”等都是人们对包容心态的赞誉。在生活中，尤其是面对亲情、友情、爱情时，女人难免会遇到意见相左、矛盾激化的事情，若没有冒犯到自己的原则，你不妨包容对待、不计得失、以心换心。亲人之间，包容大度会让人倍觉温馨祥和，温情脉脉；朋友之间，包容大度能弥合双方的矛盾，沉淀心底的珍惜；爱人之间，包容大度能消除不和谐的画面，让爱变得甜蜜、长久。女人是生活在天堂还是地狱，全在自己，若你具备包容的心就会永远在天堂，享受如沐春风的人间温情。

电视剧《京华烟云》中的姚木兰就是用一颗包容之心，改变了生活，收获了幸福。

木兰本来有一位情投意合的意中人，但阴差阳错，她不得不离开心爱的人，代妹出嫁，嫁给了她不爱、也不爱她的曾荪亚。在木兰的心里，既然入了洞房，成了夫妻也算是缘分，就要好好珍惜，在婚姻里培养感情。但荪亚是一个极具叛逆性格的人，他不喜欢被人管教，也不接受这桩婚姻，他爱上了小鸟依人般的曹丽华。木兰得知之后，没有大吵大闹，反而找到曹丽华，和她谈话，以自己的包容大度使曹丽华心生愧疚；为了搭救落难的曹丽华，木兰甚至忍辱向京城恶少深鞠一躬，要知道，她救的可是自己丈夫的情人！不仅如此，她还和丈夫一起把身子孱弱的曹丽华接回家里照料，这无异于引狼入室，聪明的木兰岂能不知？但她更知道，自己的丈夫现在就像一个任性的、被人宠坏的孩子，自己不这么做，只会使他更快地离开自己。木兰在等待，等待丈夫明白作为男人应负的责任，木兰是在以一个女人极大的善良和忍耐力在包容自己的丈夫和自己的情敌。她心里不苦吗？苦！在一个风雨交加的夜晚，苏亚担心曹丽华害怕，偷偷地跑去陪她，他走之后，装睡的木兰痛哭失声。即便如此，在曾家人准备趁苏亚出国留学不在家，强迫曹丽华嫁人时，是木兰及时帮助她逃了出去。木兰的所作所为，只为了挽回丈夫的心、挽救自己的婚姻，更是因为她包容善良的人格促使她去帮助一切需要帮助的人。木兰的努力没有白费，生活的种种磨难终于使苏亚成熟了，他真正认识到了"这么多年，躺在我身边的，才是最值得我珍爱的宝贝"。

包容大度是女人的一种绝佳心态，蕴含着温暖的凝聚力，显示了非凡的气量，散发出仁爱的光芒。人生万象，无不充满了对立、矛盾，如何寻求两者间的协调，达至和谐呢？这就需要我们扩大自己的胸襟和容人之道，不要以狭隘的眼光去看待人和事，无理取闹，过分苛责，而要用宽大、通达的心态和眼光来细细打量，真实地感知生活，享受生命的美好。

包容大度是女人涵盖万物、宏观处世的心态，是良好修养、高雅风度的体现，是女人仁慈善良、超凡脱俗的生动演绎，如此面对生活、人生，你才能拥有平静从容的心，活得更轻松、洒脱。让我们多一点善心，少一点恶意；多一点理解，少一点猜疑；多一点理智，少一点偏执；多一点安慰，少一点埋怨。请相信，用包容的心态看待他人，就是用包容的心态看待我们自己，多一点对他人的大度，我们的生命中就多了一点空间，我们就会多一份快乐，拥有更和谐的氛围、更长久的幸福！

用坦诚之心面对任何人

拥有坦诚之心的女人如玉，虽有瑕却不掩其彩；拥有坦诚之心的女人如冰，虽冷静却晶莹透明。一颗坦诚之心，会让你创造更多精彩！

不论是面对任何人，女人都应坦诚，以坦荡的胸怀和真诚的内心，积极地表达自己的意愿和想法，告诉对方自己当下的感受和心情。当然，人们在人际交往中，难免会碰钉子或被伤害，这时，你可以暂时避让或迂回，但切不可放弃坦诚的初衷，因为坦荡、真诚与别人分享的心灵才是你的快乐之源。

芊桦在吃晚饭时，接到了一个客户从深圳打来的电话。她和这位客户认识也仅仅只有一个多月的时间，但因对方觉得芊桦的报价很合理，人也坦诚，所以对她印象非常深刻。在认识以后不到半个月的时间，他们就下订单了。虽然第一单是一个小单，但是芊桦同样让客户感觉到了她对他们的重视。其实这个客户所在的公司生产的产品与芊桦公司属于同行，只是他们的产品有点特殊性，更加高端，售价是芊桦公司经营产品的 3 倍左右，所以，相对来说市场不完全相同。

这位客户之所以给芊桦打电话，是因为他作为营销部长去深圳出差开拓客户时，发现许多客户因产品价格实在很高而不一定能接受他自己公司的产品，却可以考虑接受芊桦公司的产品。所以，他特意给芊桦来电话，说是想整理一张他认为芊桦可以去开发的客户清单给她，问芊桦的邮箱地址。

就这样，芊桦又完成了好几笔大业务，同事们纷纷感叹芊桦怎么那么幸运，会碰到这样的好事，让她教授做业务的方法。芊桦说：“其实，我经常会碰到这样的好事，经常会有朋友推荐新的客户给我。如果要说有什么秘密的话，那就是，我在与供应商和客户相处的过程中，会时刻做到坦诚相待，如果可以的话，我还尽量为客户谋求增值。不瞒你们说，以前的我，年少轻狂、甚至特别崇拜曹操的那句‘宁可我负人，不可人负我’。如今，在社会上摸爬滚打了这么多年,经历了很多事后才发现坦诚待人才是真道理。所以我的价值观也换成了'宁可人负我,不可我负人'"。

用芊桦的话说,女人打理人际关系,就如同打理自己的花园,需要真诚地浇水、灌溉、拔草、剪枝,才能开出绚丽的花朵,让自己朋友遍天下。有句谚语如是说:"一两重的坦诚,胜过一吨重的聪明。"由此可见坦诚的力量之大。坦诚待人能促进信任、达成合作、增进感情、共同发展。

倩雯刚到美国求学时,对于英文的听、讲非常缺乏自信。第一天要上课前,她向上帝祷告,恳求天父赐给她一位可以和她分享并帮助她学习的同学。下课时,一位坐在倩雯斜后面的金发女孩向她打招呼。那女孩甜美的微笑,给了倩雯勇气,她便走过去试着向她介绍自己。经过结结巴巴、比手画脚的沟通,她们大致了解了彼此的基本情况。女孩好心地告诉倩雯系里一些老师上课的特色以及美国学生上课的态度等,并主动提供她的笔记供倩雯参考。更令倩雯感动的是,女孩为了使倩雯看得懂她自己的笔记,总是先带笔记回家去重新整理一遍再借给倩雯。之后,整个学期,女孩上课时都专心、仔细地记好笔记,整理后再把它交给倩雯。有时她们也约好一起上图书馆查资料、一起讨论研究的心得。假日时,女孩带倩雯回她家去与他们夫妇一起共餐、闲话家常。倩雯也试着做一两道中国菜回请他们,并拿出自己从国内带去的国画、书法、风景照片及教会、家人的相片和他们分享。在美国的第一学期,倩雯念书念得很辛苦,当时除了华人朋友给她鼓励外,女孩的友谊,也带给她离乡背井的心灵许多的支持及滋润。

当倩雯因毕业、结婚搬到别的地方时,女孩带着家人前来探望倩雯。她们俩十分珍惜这个可以再相聚的机会,彼此互诉着近况,也回忆了她俩第一天碰面的情景。倩雯告诉女孩,她很感谢上帝带领自己认识她。即使,那时候自己的英文实在差到极点,女孩说的话大多都听不懂,但女孩的坦诚让自己感动。女孩微笑着回答:"其实,当时听你说话,也听不懂,只觉得你乐意和我分享,不怕我拒绝你,你的这份坦诚让我想认识你,想和你做朋友。"

倩雯和女孩的一番对话,让我们看到坦诚待人得益的不只是他人,还有自己——增加了自己的人格魅力、吸引力和凝聚力。坦诚待人能让你收获良多,尤其是丰厚的人际关系。

记住，对人一定要以诚相待，对事一定要以理服人。不管什么时候、什么阶段，女人都要学会去理解他人，原谅他人，相信他人，那么别人自然就会被你的行为所感动，愿意和你交朋友，而你的人际关系也就会越来越好！

当然，以坦诚之心面对任何人并非易事，这需要你襟怀坦白、直言相见，当他人取得成功时为他感到高兴；是非分明、实事求是，当他人心情不畅时能给予他宽慰；敢于奉献、成人之美，当他人遇到困难时能给予他帮助。坦诚是女人最吸引人的品格之一，能使你赢得他人的信任和尊重，走向所期望的成功。

用心做好自己

凡事先尽力做好自己的女人，在人群中闪耀着隐忍和唯美的光芒。

女人在人际交往中，不可能一帆风顺，困难、挫折、失意难免会围绕在身边，这时该用何种心态去面对便显得尤为重要。面对困难时，我们应该竭尽全力，想方设法去攻克；面对挫折，我们应该鼓足勇气，树立信心去超越；面对失意，我们应该沉着应对，努力从多方面完善和充实自己。凡事先做好自己，从自己做起，以期达到最好的结果。

女人应以做好自己为人际交往的出发点，不要轻易苛求别人如何去做，当你要求别人如何去做时，首先问一问自己，你做到了吗？如果你能做好自己，把握好自己交际的原则，相信你的所作所为会影响周遭大多数人，会得到他人的支持和赞誉。

静萍是一位中学老师，一个深受学生喜欢的好老师。她十分喜欢她的职业，也十分喜欢文字，她是个安静、遇事不张扬、含蓄内敛的女人。她有个爱她的丈夫，一个活泼可爱的儿子。静萍对文字的热爱，是一种深入到骨子里的爱。每天静萍下班回家，坐在电脑前，伴着一盏灯光，安静地敲打着键盘时，她就会感到生命是如此地美好，她仿佛听到花开的声音，听到每棵小草生长的声音。于是，她将自己生命的一丝感动、一缕阳光、一份醒悟，变成一篇篇清新娟秀的文字，出现在她的博客上，出现在许多报纸、杂志上。她开通的博客，深受网友们的喜欢。进入到她的博客，你会感到你面对的是一个清新淡雅、素面朝天、朴素自然的小女人。她的文字，似一股山涧里流淌的涓涓细流，沁入你的心田，使你浮躁、焦虑的心，变得安静起来。读她的文字，不仅是一种美的享受，而且在安静地阅读中，会使自己的心情渐渐地变得清澈、亮丽起来，有种拨云见日，豁然开朗的顿悟。

静萍常说："我这个人没有什么出息，干不了什么大事情，教好书，写好文字，能安静地生活，做个小女人，是我最大的快乐。生活中，有小幸福，小满足，甚至是不求上进地在小日子里安逸。我从来没有想要做个什么人，一辈子，做自己，做好自己，这就够了。但让我意外的是，我的文字竟然让我有了这么多朋友，看来做好自己的确也是交友之道。"

女人在人际交往中先把自己做好，心中就会布满阳光，就能学会感恩、学会知足，即使生活中遭遇了再多的灰暗，也会变得灿烂，豁然开朗，不会因为处处听到别人的赞叹而忘了自己，不会因为别人给自己带来的不快而悲愤不已，所以她是快乐的，智慧的，善良的，幸福的！

先做好自己，并不是一件容易的事。尽管如此，我们也应全身心投入，尽力做好自己，不断提升自己、美化自己，让自己的心灵丰盈，让自己的生活充实，让自己快乐着自己的快乐，同时也尽量带给别人快乐。

{Chapter 10}

生活滑翔机：女人遨游晴空要有点“心”力

生活是一片充满想象和未知的天空，女人要想在其中尽情、随性地遨游，需要乘坐心态的滑翔机，储备足够的“心”力。面对生活，有些女人积极热情，有些女人消极冷淡；有些女人信心百倍，有些女人愁容满面。人与人之间微小的心态差异，导致了每个人对生活截然不同的感受。生活本是一样的，酸甜苦辣尽在其中，心态使女人分离出了悲与苦，甘与乐。心态健康的女人，在品尝生活的苦楚时也能领略到幸福的滋味；而心态悲观的女人，即使有幸福的生活到处也会弥漫着苦楚！

心灵的美丽给幸福最好的寄居

芸芸众生中，那些追求亮丽的女人们，更应该让内心明亮起来。美好的心灵，会给幸福以更好的调味。

女人是美丽的动物，她们绝不缺乏欣赏美的天分。她们遇到精致的饰物，她们会爱不释手；看见漂亮的衣服，她们会流连忘返，甚至忘记时光的流逝。女人都有一颗追求美丽的心。

但当她们在社会上打拼多年，耗尽生命精华时期的能量，耗掉青春时，美丽的外衣终将褪去，最后剩下的是什么呢？也许有爱情，有亲情，但更应该有一颗美丽的心灵。

有一天，上帝把动物召集到一起开会。上帝对大家说："各位听好，如果谁对自己的相貌、体形有意见的话，今天可以提出来。不过我只能满足其中一个的愿望，你们可要想好了。"

因为猴子的位置最靠近上帝，上帝把目光投向了猴子，示意它先说。

猴子一点都不客气，振振有词："我既有聪明的大脑，又有灵活的四肢，所以我对自己的相貌非常满意。不过我倒有一个建议，如果可能的话，能否使熊的长相变得秀气些。熊的长相也许太粗笨了。"

所有动物都把目光投向了熊，大腹便便的熊不好意思地搔了搔头，说："我也十分满意自己的相貌。我虽然比较胖，可是却很富态。当然如果能改换面貌的话，我认为大象最应该改换面貌，你们瞧大象尾巴短短的，耳朵却大大的，身体非常笨拙，简直没有美感可言。所以您最好给大象做做美容。"

大象闻听此言，一点都不急，慢慢地说："我虽然手大尾短，身壮腿粗，可是以我的审美观来看，海中的鲸要比我肥胖多了，您最好让它来改改面貌。"

上帝问了一圈，所有的动物都说自己是完美的，希望把机会留给别的动物。

其实，这个世界上没有一个完美的动物，更没有一个没有缺点的人，但只要拥有一颗既无私又美丽的心灵，你就可以与别人和睦相处，这个世界也会因此充满爱，因为你爱着别人，造福于他人，别人自然会爱着你。

幸福的女人都明白，内心的美好比外貌的姣好要重要得多。心灵美的女人，她的生活犹如天堂一样美好，而内心丑陋的女人，不仅让人生厌，更会霉运连连，犹如在地狱中煎熬一样痛苦。

小学一年级的美德课上，为了培养天真无邪的孩子们对美好事物的向往，培养他们善良高尚的品德，老师对学生说："为善的人死后会升上天堂，作恶的人死后会堕入地狱。"

孩子们睁大眼睛问："天堂在哪里？地狱又在哪里？"

老师并不急于回答，回身在黑板中间画了一条线，把黑板分成左右两半，右边写着"天堂"，左边写着"地狱"。然后对孩子们说："我要求你们每一个人在'天堂'和'地狱'里各写一些东西。"

孩子心目中的天堂就这样呈现出来：树木、笑、美丽、花朵、天空、爱情、自由、水果、光、白云、星星、音乐、朋友、蛋糕、灯、书本……

在黑板的左边，孩子也同时写出了他们心目中的地狱：黑暗、肮脏、哭泣、哀号、惊叫、残忍、恐怖、恨、流血、丑陋、臭、呕吐、毒气……

老师点点头，对孩子们说："当我们画上一条线之后，就会知道，天堂是具备了一切美好事物与美好心灵的地方，这个地方有人叫作天堂，有人称为天国，或者净土、极乐世界。而地狱呢？正好相反，是充斥一切丑恶事物与丑恶心灵的地方。"

老师接着问孩子们，"那么，有没有人知道人间在哪里呢？"

孩子们齐声回答说："人间是介于天堂与地狱中间的地方。"老师说："错了！"孩子们露出迷惑不解的神色。

老师告诉孩子："人间不是介于天堂与地狱之间。人间既是天堂，也是地狱。因为，当我们心里充满爱的时候就是身处天堂，当我们心里怀着怨恨的时候就是住在地狱！"

女人们，让自己拥有一颗美丽的内心吧！只有拥有一颗美丽的内心，你才会身处幸福的天堂中。

芸芸众生中,那些追求亮丽的女人,更应该让内心明亮起来。对于一个漂亮的女人来说,即使使用名贵的香水,也总会失去它的芳香;而对于一个拥有美丽心灵的女人来说,从她内心深处散发出的幽香却可以经久不衰。

哲人说,女人是最难为的人,也是最难过的人。这一生,为父母、男友、孩子、朋友、学业、工作、领导、社会操劳。不到极端无奈时,绝不会背离父母;不到缘分尽头,绝不会离开男友;不到无法挽回,绝不会放弃婚姻;不到生死关头,绝不会为难朋友;不到身体崩溃,绝不会推托工作;不到忍无可忍,绝不会炒领导鱿鱼;不到山穷水尽,绝不会逃避现实。女人在骨子里拥有着一份善良和纯真,她们在任何时候都期盼着下一步就是幸福的终点站。

一个女人不管追求什么,繁华落尽后总是不变的平凡,唯有让心灵保持本真,真诚对待别人,感动别人,才能得到更多幸福的回馈。

在没风的下午,或是忽然有了意境似的,来到海边。站在松软的沙滩上,或是站在美丽的木栈道上轻轻地闭上双眼。静静想着你一路走来的风情,那些美丽的人儿,那些美丽的风景,以及那些伤害过你的人和事情,都会因为你美丽的心灵而沉静下来。生活中的诸多情趣和美好的感觉,也都源于你内心拥有阳光的照耀。

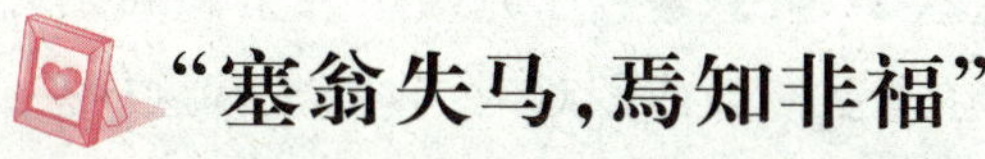

“塞翁失马,焉知非福”

女人在遇到挫折或倒霉的事情时首先要稳住自己的心,以坦然的态度来面对,期待和促使它向好的方向转变。

老子说:“祸兮福之所倚,福兮祸之所伏。”这是对“塞翁失马,焉知非福”的另一种解释。幸福的女人理解世事的变幻无常,她们明白因祸可以得福,坏事可以变为好事。

从前，在北方的边塞地区有一个人很会养马，大家都叫他塞翁。有一天，塞翁的马从马厩里逃跑了，越过边境一路跑进了胡人居住的地方。邻居们知道这个消息都赶来慰问塞翁不要太难过，塞翁一点都不难过，反而笑笑说："我的马虽然走失了，但这说不定是件好事呢？"

过了几个月，这匹马自己跑回来了，而且还跟来了一匹胡地的骏马，邻居们听说这个事情之后，又纷纷跑到塞翁家来道贺，塞翁这回反而皱起眉头对大家说："白白得来这匹骏马恐怕不是什么好事喔！"

塞翁有个儿子很喜欢骑马，他有一天就骑着这匹胡地来的骏马出外游玩，结果一不小心从马背上摔了下来，跌断了腿。邻居们知道了这件意外，又赶来塞翁家，慰问塞翁，劝他不要太伤心，没想到塞翁并不怎么太难过、伤心，反而淡淡地对大家说："我的儿子虽然摔断了腿，但是说不定是件好事呢！"

邻居每个人都莫名其妙，他们认为塞翁肯定是伤心过头，脑筋都糊涂了。过了不久，胡人大举入侵，所有的青年男子都被调去当兵，但是胡人非常地剽悍，所以大部分的年轻男子都战死沙场。塞翁的儿子因为摔断了腿不用当兵，反而因此保全了性命。这个时候邻居们才体悟到，当初塞翁所说的那些话里头所隐含的智慧。

"塞翁失马"的故事至今仍然为很多人津津乐道。当你读完这个故事的时候，是不是感觉那些邻居似曾相识呢？或许他们正好是你的写照。我们大多数人都很像这些邻居，总是急于判断一件事到底是好还是坏。"啊，天哪，这下可糟了。"在遭受损失或困难时，我们常常这样想，于是我们迫不及待地想采取措施，试图挽救。然而，在紧张、焦虑的情况下并没有细细思考，急于解决问题，结果往往不尽如人意。

有这样一个故事：

从前，在一座豪华的宫殿里，住着一个国王和他的七个女儿，这七位美丽的公主是国王的骄傲。她们那一头乌黑亮丽的长发远近皆知。所以国王送给她们每人一百个漂亮的发夹。

有一天早上，大公主醒来，一如往常地用发夹整理她的秀发，却发现少了一个发夹，于是她偷偷地到了二公主的房里，拿走了一个发夹。二公主发现少了一个发夹，便到三公主房里拿走一个发夹；三公主发现少了一个发夹，也偷偷地拿走四公主的一个发夹；四公主如法炮制拿走了五公主的发夹；五公主一样拿走六公主的发夹；六公主只好拿走七公主的发夹。于是，七公主的发夹只剩下九十九个。隔天，邻国英俊的王子忽然来到皇宫，他对国王说："昨天我养的百灵鸟叼回了一个发夹，我想这一定是属于公主们的，而这也真是一种奇妙的缘分，不晓得是哪位公主掉了发夹？"公主们听到了这件事，都在心里想说："是我掉的，是我掉的。"可是头上明明完整地别着一百个发夹，所以都懊恼得很，却说不出。只有七公主走出来说："我掉了一个发夹。"话才说完，一头漂亮的长发因为少了一个发夹，全部披散了下来，王子不由得看呆了。故事的结局，当然是王子与公主从此一起过上了幸福快乐的日子。

七公主在失去一个发夹后没有像其他的公主那样去从别人那里拿，而是心甘情愿地接受这个事情，不沮丧、不懊恼，结果最终"因祸得福"获得了王子的倾心。

在现实生活中，我们如果缺乏力量去改变已经发生的事情，就不如平静地观望事态的发展，毛毛躁躁，乱了方寸，甚至贸然行事，有可能贻误时机，更可能适得其反。女人要明白，我们没有办法去掌控生活中发生的一切，但是我们有能力决定自己的想法、判断，有能力去改变自己的心态。

女人在生活中，也许并没有什么波澜壮阔的事情要自己抵挡，她们通常都会面临一些看上去像"祸"的事情，比如，老板突然安排了一堆任务，自己却没有时间做完；上司总是吹毛求疵，对自己态度恶劣；今天辞职了，明天还能找到工作吗？……但是若能换一个思路却又成了这番景象：老板给我那么多任务，说明我的工作能力强，我一定要尽力完成，说不定还有升职的机会呢；上司对我要求严格，是因为我做得还不够好，我要争取做得更加完美；虽然辞职了，但是凭我的能力，完全可以找到下一份工作，说不定还更好呢……

祸并不一定都是绝对的祸，如果它不幸成了祸，那么只是你一厢情愿的想法促成了灾祸的发生。当我们面对挫折的时候，一定要先当塞翁，保持良好的心态，然后再"转祸为福"，若能做到这样，生活中的苦恼将会减少很多。

张国安原本是台湾三阳工业创办人黄继俊手下的创业老臣，正当他的事业达到高峰的时候，突然被免去了总经理的职务。他虽然毫无心理准备，但也坦然面对，并且抱着积极的心态创立了丰群集团，经过不懈努力，丰群集团的总营业额居然还超过了三阳工业。

张国安没有被一时的屈辱绊倒，反而看到了未来和希望，并因此奠定了成功的契机。

“塞翁失马，焉知非福”，人生中，有打击、挫折、失败，就会有帮助、成功和喜悦。对此，我们更应该以一颗理性之心来对待。也只有平静地接纳人生中的成功与失败，我们才能真正体会生命的苦辣酸甜！

女人在遇到不同的难关时，能否顺利地走过去，全凭女人自己。虽然朋友可以帮忙，父母和丈夫可以依靠，但多数情况下都需要自己面对。面对各种想象不到的困难，女人要坦然，不逃避。要知道，我们的人生时时都在改变，好与坏也只是暂时的，不必太在意，所需要的就是恒久的努力。当你陷入困境时，你可能认为世界万物都在同你作对，你无法支撑下去，但是，如果坚持下去，也许你很快就能体会到“柳暗花明又一村”的喜悦。

为幸福打拼的女人们要有“塞翁失马，焉知非福”的良好心态，让内心更平静，使生活更安然。

慈悲为怀，与人为善

“因为懂得，所以慈悲。”这是张爱玲写给胡兰成的一句话，道出了很多女人对于感情的心态。

在女人的心底，有着一抹永不褪去的色彩，那就是仁慈。不管是作为女儿、妻子，还是母亲，仁慈都是女人身上最好的品质之一。因为仁慈，女人善良、宽容、豁达。她们在付出的时候是一片赤心和真心,从没有想过要得到回报。慈悲为怀,与人为善,是一种无形的力量,是一种对待生活的豁达心态,更是魅力的源泉。

说到仁慈、善良,很多人首先想到的就是唐三藏。他没有孙悟空的法力,不及猪八戒的智慧,甚至连沙僧的力量都不如,但他却能够集合众人的力量,危难时刻,往往化险为夷。唐三藏之所以能够经历重重磨难,最终到达西天,取得真经,靠的就是他的慈悲心。他的慈悲心感化了三界,功夫不负有心人,唐三藏终于成为人人敬仰的佛。

当然,仁慈不是出家人的专利,救人于危难之中,是我们每个人的责任。人世间最宝贵的是什么?雨果说得好:与人为善。"与人为善是历史中稀有的珍珠,与人为善的人几乎优于伟大的人。"

古代朝鲜御膳厨房有一种惯例:凡是被赶出宫的内人永远不能再回到宫里任职。大长今就是一位受到仇人的迫害被发配到济州岛的上赞内人。她凭借与人为善的策略重新回到了宫里。

在济州岛,一位叫张德的医女告诉她,要想再回到宫里,只有勤学医术这一个办法,只要医术高明,就能得到朝廷选拔为医女重新进宫。

大长今非常聪颖好学,在张德的帮助下,医术突飞猛进。

一晃三年过去了,大长今的医术已今非昔比。朝廷选拔医女的日子到了。大长今沉着应试,在前几轮医学知识考试中她都得了第一,最后一轮是给患者看病的实践性考核了。

她非常自信,因为在之前她已经有了丰富的实践经验了。但是她做梦也没有想到,那名陷害她的仇人竟然是她要看的病人。那一刻,她动摇了。她不止一次想过,拒绝给他看病或者给他误诊,以报积郁在心中的深仇大恨。但是如果这样,她再次进宫的梦想就前功尽弃了。理智终于战胜了仇恨,她把他当作一名素昧平生的病人,体贴入微地为他诊治,亲自为他吸痰,甚至比给别人诊病更加周到耐心,在规定的时间内治好了他的病,使这个曾经迫害她的病人感动得泣不成声。终于,大长今顺利通过了实践考试,以优异的成绩入选为内医院的医女。

女人最需要的就是一颗博爱而仁慈的心,大长今把仇人当成普通患者,给予了无微不至的诊治，正是这样的胸襟，使她成为一名称职的医生。同样，正是这种与人为善的心态，使她成为一个受人尊敬的人。

马克·吐温曾说，善良是一种世界通用的语言，它可以使盲人感到，聋子闻到。女人多是柔弱的，当女人的善遇到了恶，相对与后者的强大，前者是显得多么的稚弱。然而正是这样对弱的坚守和弘扬才让人为之动容。

在十几年前，小彤一家还住在城乡结合部，到晚上四处很荒凉。那天为了省下坐车的钱，她和当老师的妈妈选择走小路。路坑坑洼洼的，也有没路灯。小彤的鞋子是姐姐穿过的，有些大。天已黑了，小彤耳边再次响起亲戚的话："年根儿治安乱，今晚别赶回去了。"而母亲谢绝了。

借到钱，母女俩还是很高兴的，母亲甚至还说要给小彤称半斤巧克力。谈话气氛轻松。那件事发生时，他们离家还有半小时路程。一声凶巴巴的"站住别动！"两个人像山一样挡住母女俩的路。

那是两个年轻的男人，每人手里拿一根粗棍子。小彤急得要命，却又一筹莫展。母亲35岁，自己13岁，一大一小两个女人怎么也敌不过两个壮年男人。

可怕的沉默之后，右边的男人说话了，带了丝颤音："我只想要钱。"他们似乎也不轻松。母亲没吭声。他继续说："我们真不想伤害你们，但是没办法。辛苦打工一年，老板带钱跑了，我们得拿钱回家过年。你们城里人好歹比我们容易。"

他语气倒还老实，可那根棍子却凶神恶煞地杵在那里。

对峙片刻，母亲忽然叹气，从口袋里拿出蓝色手绢，手绢里包裹的是借来的200块钱。

男人看到钱，自然伸出他空着的手。

"慢！"她把钱往怀里一缩，"这钱不能让你们抢走。"那人的手愣在半空，小彤也不明白母亲要说什么。

"今天你们抢了我的钱，不管多少数额都是犯罪。我知道你们有难言之隐，但法律不管那么多，不光法律判你们有罪，你们内心也不会原谅自己。"

此时她竟然讲起课来，实在出人意料。不仅如此，随即她做了一件仿若天方夜谭的事。她说："不如这样吧，我代你们写张借条，你们签字，不管多久还钱,5 年也好 10 年也好,甚至你们没钱还也好,只要记住,今天你们没抢,你们是借我的钱。我希望,从今以后你们不要再抢了。”

母亲从口袋里摸出纸笔,在黑暗里凭感觉写了那张字据,和钱一起放到了那人手里,“上面有我的名字和地址,至于你的名字,如果害怕,随便签一个假名也行。”

这样匪夷所思的事情,歹徒大概也没碰到过,他们愣了片刻,相互看看,什么也没说拿上钱和借据就走了。

那个春节,尽管母亲还是买了巧克力,可小彤心里很难过。关于那张愚蠢的借据,她始终无法释怀,她想,这绝不是母亲平日嘴里说的勇敢。

让小彤意外的是,两年后的一天,他们收到一张汇款单。上面的数额是 1000 块钱,汇款人的名字却是陌生的,附言栏上写着:“谢谢您没让我们走错路。”

哲人说,每一匹害群之马背后都有个令人心酸的故事,不要随意地去定性一个人的好坏。人的善念是可以被唤醒的,任何人都会有对高尚的追求,只是有时被蒙蔽了双眼。于是,需要有另外善良的、仁爱的心去开启他的善良之门。那些善良的人往往不善于自卫和抗争,那些看似的天真背后,却隐藏着一股感化万物的强大力量。

与人为善绝不是一种简单的同情心,它是一种无形的相助,一种博大的爱,是一股矫正世俗的春风。道家的始祖老子说得好:“上善如水。”我们也常言“女人如水”。“水溶万物而不争”,与人为善者与水一样能溶解万事万物,化解人间恩仇;“海纳百川,有容乃大”,与人为善者能包容一切,胸怀博大;“水质透明,清澈见底”,与人为善者白日为善,夜来省己,心如明镜……

一个女人处处与人为善,严以责己,宽以待人,就能建立与人和睦相处的基础。卡耐基说,你怎么对待别人,别人就会怎么对待你。这就教育女人们,要待人如待己。很多时候,你的善行会衍生出另一个善行。

在婚姻中,与人为善就是善待自己,让慈悲的雨露浸润彼此的心田。“因为懂得,所以慈悲。”这是张爱玲写给胡兰成的一句话,道出了很多女人对于感情的心态。有一个调查问卷,提问“如果男人花心了一回,你如何是好”。24 岁的女人第一个跳起来高呼:“打倒他!我眼里可不揉沙子!”34 岁的女人犹疑:“这个我得看具体情况。”44 岁的女人慢慢说道:“如果他试图回来,我接受他。”女人大多理解前者,但更应该敬爱后者。就如孟子所说的那样,“君子莫大乎与人为善”。那些懂得与人为善的女人,往往更容易获得幸福。

对生活怀有一颗感恩的心

任何时候,我们都要心存感恩。心存感恩是热爱生活的表现,也是获得生活所给予更多真爱的关键。

哲人说,生活需要一颗感恩的心来创造,一颗感恩的心需要生活来滋养。感恩是蕴藏在女人内心深处的一种情感,感恩的意思并不只是感谢恩人这么简单,其中更包含着对生活赐予自己的一切的一种感激。西方有一个节日叫“感恩节”,“感恩”也随着这个节日而被大家推崇。“感恩节”这一天,西方人必须要对自己所拥有的一切对神表示感激:他们要感谢神赐予他们的食物,使他们不至于忍受饥饿;他们要感谢神赐予他们的房子,使他们不至于流离失所;他们还要感谢神赐予他们衣物,使他们不至于在严冬遭受寒冷……无论这个世界上是否存在这样一个赐予我们食物、房子或衣物等的神,但是对于人生历程中所拥有和经历的一切,女人实在应该心存感激。

每个人的命运都不相同,你有了幸福的婚姻,她有了诸多的金钱。没有的我们不必强求,更不必怨天尤人,抱怨命运不公。对于自己已经拥有的,我们就应该用心感激。

在沙漠中艰难穿行的小骆驼问妈妈:“妈妈,为什么我们的睫毛那么长?”

骆驼妈妈回答说:“长长的睫毛可以遮挡风沙,让我们在风暴中都能够看得到方向。”

小骆驼又问："为什么我们的背那么驼，丑死了！"

骆驼妈妈又答道："这个叫驼峰，可以储存大量的水和养分，让我们能在沙漠里耐受十几天的无水无食。"

小骆驼又问："为什么我们的脚掌那么厚？"

骆驼妈妈说："那可以让我们的身子不至于陷在沙子里，便于长途跋涉啊。"

有些女人总有着满足不完的欲望，总是认为"别人嘴里的糖比自己的甜"，从而忽略了自己已经拥有的很多美好的东西。曾经在一篇文章中看到这样一句令人深受启发的话："活着一天，就是有福气，就该珍惜。当我哭泣我没有鞋子穿的时候，我发现有的人却没有脚。"虽然生活并不总是给予我们甜蜜，但我们也要清楚，我们拥有的已经够多，因此，我们必须要真诚地感激生活对我们的给予，并且善于利用生活所给予我们的一切，获得快乐与幸福。

一次，汤姆在国外一家雅致的餐厅就餐时，发现旁边有三个黑人孩子，他们似乎在餐桌上写着什么。在就餐的时间、就餐的地方，这三个孩子却没做与吃饭有关的事。汤姆难以按捺心中的好奇，试探着走了过去。这几个孩子看汤姆这样一个肤色不同的外国人到来，他们没有一丝扭捏，而是落落大方地和汤姆谈了起来。这三个孩子中，一个约莫十二三岁，戴眼镜的男孩是老大，八九岁的女孩是老二，另外一个五六岁的男孩是老三。从谈话中汤姆了解到他们和母亲是暂时住在这家酒店里的，因为他们正在搬家，新房还未安顿好。

当汤姆问他们在做什么时，老大回答说正在写感谢信。他一副理所当然的神情让汤姆满脸疑惑：这三个小孩一大早起来写感谢信？汤姆愣了一阵后追问道："写给谁的？""给妈妈。"汤姆心中的疑团一个未解一个又生。"为什么？"汤姆又问道。"我们每天都写，这是我们每日必做的功课。"孩子回答道。哪有每天都给妈妈写感谢信的？真是不可思议！

汤姆凑过去看了一眼他们每人手下的那沓纸。老大在纸上写了八九行字，妹妹写了五六行字，小弟弟只写了二三行。再细看其中的内容，却是诸如"路边的野花开得真漂亮""昨天吃的比萨饼很香""昨天妈妈给我讲了一个很有意思的故事”之类的简单语句。

汤姆的心头一震。原来他们写给妈妈的感谢信不是专门感谢妈妈给他们帮了多大的忙，而是记录下他们幼小心灵中感觉很幸福的一点一滴。他们还不知道什么叫大恩大德，只知道对于每一件美好的事物都应心存感激。他们感谢母亲辛勤的工作，感谢同伴热心的帮助，感谢兄弟姐妹之间的相互理解……他们对许多我们认为理所当然的事都怀有一颗“感恩的心”。

感恩就是这么简单，只要你从生活中的小事出发，领悟其中的道理。你的生活就会变得丰富有趣，你的眼界就会更加开阔，你就能领悟生活中更多的美好和爱。

“感恩”是一种生活态度，一种善于发现并欣赏的道德情操。如果女人能像这些孩子一样拥有一颗“感恩”的心，善于发现事物的美好，感受平凡中的美丽，就会以坦荡的心境、开阔的胸怀应对生活中的酸甜苦辣，让原本平淡的生活焕发出迷人的光彩。

任何时候，我们都要心存感恩。心存感恩是热爱生活的表现，也是获得生活给予更多真爱的关键。当我们想要抱怨生活的不公时，当我们慨叹人生苦短之时，想一想你比那些不幸的人拥有更多的幸运，你的心便会坦然。

一颗感恩之心来自对生活的热爱和感激，来自对自己已经拥有的东西知足和珍惜。拥有感恩之心的女人，定能更好地体验到生活的幸福，收获更多的快乐。

女人要用激情驱动生活

女人活着就该活得漂亮，活得精彩，要鼓起激情的风帆，给生活注入永不枯竭的动力。

卡耐基曾说：岁月使你皮肤起皱；但是失去了激情，就损伤了灵魂。女人的生活是一本厚重的书，翻开前半部分，充满新鲜和好奇，但越往后翻，越需要耐心品读，更需要激情来调味。

首先，女人对于爱情和婚姻要投入十足的激情，使它持久保鲜。很多女人在谈恋爱时精于打扮，每次约会都会花上半个小时以上的时间用于化妆，每一个细节都被她们看在眼里，不敢大意。哪怕是出门吃哪个口味的口香糖，带什么牌子的纸巾也都经过一番深思熟虑。对于爱情，她们投入百分之百的精力精心呵护，也由此让爱情之花开得更芬芳。

但时间的车轮碾碎了很多人的梦想。当爱情的甜蜜渐渐变淡，当女人感觉色衰爱则驰时，对于爱情和婚姻，多少减了几分精细。对于自己，特别是在家里时，更少有打扮；对于生活，虽然仍有美好的憧憬，但在现实的生活压力和金钱的至酷面前，难免垂头丧气，只得得过且过。这样的女人，并非潇洒和看得开，而是对爱情、对生活缺少激情和热爱。这样的女人，生活在走下坡路，幸福感无疑也在渐渐衰落。解救自己的办法很简单，多给予爱情和婚姻一点专注，用心一些，浪漫一点，调动彼此的激情。时常给对方一个惊喜，一个热吻，一个拥抱，点点滴滴间，让爱持续升温。

爱情是生活中的大餐，它能满足我们的很多欲望。但除了爱情，生活还有很多方面仍旧需要女人以激情来驱动，比如，梦想。女人的梦总是那么绚丽多彩和光怪陆离，同时也更如泡沫一样易碎。

很多怀有梦想的女人缺乏行动的魄力和韧劲，甚至永远也不能迈开前进的脚步。俗话说，醉过方知酒浓，爱过方知情重，什么事情都需要尝试过之后，方知个中的滋味和成败。没有激情，留下的只能是退却。

很多女人在追求心中的梦想时，哪怕只是实现一个小小目标的过程中都会碰到诸多的困难，深感理想与现实是有着巨大的差距，甚至经常让自己处于举步维艰的境遇。

当酸楚涌上心头，当美好的憧憬同现实的无情与残酷发生猛烈的撞击时，很多女人的身心就变得那般无力、那般无奈、那般脆弱、那般不堪一击。昔日的理想如同昨日黄花，往日的激情恍若消逝流水，一去不返了。于是，就逐渐颓唐、悲观、怨天尤人，抑或是安于现状、得过且过，再或是被生活与岁月磨得无棱无角，看惯了平庸，习惯了世俗。总之，那曾经拥有的热情与梦想、昂扬与纯真都变得无影无踪；人就在这已经逝去和即将逝去的日子里迷失了自己的希望和方向。

凡·高说，“生活对我来说就是一次艰难的航行，但是我又怎么知道潮水会不会涨，乃至淹没嘴唇，甚至会涨得更高呢？但我将奋斗，我将生活得有价值，我将努力战胜，并赢得生活。”是啊，生命对于每个女人来说都是一次艰难的跋涉，但这不是重点，重点是我们当我们前行的时候，能有激情相伴。

也许你仍在苦闷的生活中挣扎，既然不愿相信宿命，就要用实际行动去对抗宿命；既然不愿听从命运的安排，就要敢于把命运发来的险球给它扣回去；既然不认为自己注定平庸，就要试着把自己投入到铸就辉煌的惊心动魄之中。给自己注入激情的养料，把不满表达成上进，把委屈升华为不屈，把失意改写成冷峻。从一时的压抑中酝酿出一生的执着，从一时的失意中迸发出一生的激情。

女人在人生的道路上就需要这种积极的态度和激情的鼓舞。女人生得不漂亮，活得累一点，做事苦一点都不是问题，但如果整日缺乏激情，浑浑噩噩，那就大有问题了。无论生活怎样平凡与苦闷，无论人生怎样失意与压抑，都不要轻言放弃希望，都不要轻易放弃努力，都不应随意抛弃梦想。人生就是一段执着追求的旅程，也许它并没有终点，只有路程，但正是这份追求，才使得生活有滋有味。

女人想拥抱眼前的安逸，却不能抛弃前方的繁华。既然有蓝天的呼唤，就不能让奋飞的翅膀在安逸中退化；有大海的呼唤，就不能让搏击的勇气在风浪前却步；既然注定要走向远方，就不能让寻觅的信念在走不出的苦闷中消沉。

人生，要有梦想支撑；生活，要有激情常伴。当你给生活一份激情，它会还给你双倍的快乐。

平常心是女人心中最绚烂的花

当轰轰烈烈的人生引人向往时，平凡、平淡同样值得驻足欣赏！

人常说，平常心，平常事。事事平常，事事不平常。平常心，实不平常。以善为善则是大善，将心比心皆是真心。平常心也是一种生活的态度，更是女人的一种良好修养。女人只有保持一颗平常心，才能做好自己的事，做个有修养的女人。

有一位诗人曾经说过：人生就像一柄刚打造的剑，需要用磨石来不断地打磨，剑才会变得锋利；一块璞玉需要经过粗石的打磨，才会发出耀眼的光芒。这里的打磨，对女人来说就是一种考验。在人生的意外出现时，要得而不喜，失而不忧。

霍尔金娜是我们熟知的俄罗斯体操女选手，她的风采至今仍留在很多人的脑海里。

霍尔金娜 1985 年开始体操训练，她身材高挑气质优雅，艺术表现力尤其出众，个性也很突出。她参加了自 1994 年以来的所有世锦赛，共夺得 10 金 9 银 3 铜共 21 枚奖牌，其中包括 1995～2003 年的高低杠五连冠和三次全能冠军。

但是在 2004 年雅典奥运会上，霍尔金娜却遭遇了体操岁月中的劫难，这位十多年以来一直保持着在大型比赛中高低杠项目不败纪录的霍尔金娜，在比赛的时候，却从高低杠上——从她从来没有失手过的高低杠上意外摔了下来。在那一刹那，霍尔金娜眼神里闪过某种特别的神色，但她立刻又恢复了坦然，重新站起来，完成了所有的动作，然后从容退场。这一次，她最终以 8.925 分的成绩排名垫底，失去了完成奥运三连冠梦想的机会。

在品味了无数次胜利与欢笑之后，霍尔金娜收获了失败，但她只是淡然一笑，离开了心爱的赛场，告别了辉煌的体操生涯然而，她的脸上却始终挂着微笑，永远是那样成熟而优雅。她说“我并不觉得自己是第二，我认为自己是第一”，“我只想说，我尽力了”。

仍然是在这一届雅典奥运会上，仍然是俄罗斯的著名体操名将。28 岁的涅莫夫参加体操决赛时，在杠上非常精彩地完成了直体特卡切夫、分体特卡切夫、京格尔空翻、团身后空翻 2 周等连续 6 个空翻和腾越，只不过在落地的时候往前跨了一步。他征服了观众，但是挑剔的裁判只给了他 9.725 的较低分！此刻，体操史上少有的情况出现了：来自不同国家的观众们愤怒着，同时站了起来，发出了响亮的声音来表示他们心中的不满，比赛不得不被打断。他们嘴里不停地喊着涅莫夫的名字，表示对涅莫夫的声援和对裁判的不满。

开始，涅莫夫什么都没有说，只是安静地坐了下来。但比赛无法继续进行。这时，涅莫夫站了起来，他感激地向那些热爱他的观众挥手致意。

裁判们不得不改掉了原来的分数，但涅莫夫的得分仍然很低，观众台上的声音停了一会儿之后，又喧闹起来。这时，涅莫夫显示出了非凡的人格魅力和宽广胸襟，他重新回到比赛的场地上。只见涅莫夫先是举起强壮的右臂表示感谢观众的支持；然后将双手下压，要求观众们保持冷静。

观众理解了涅莫夫的苦心，他们渐渐安静了。比赛至此停顿了将近 10 分钟。虽然涅莫夫没能赢得金牌，但是，他很淡然。

得与失总在不经意间出现，生活中更没有绝对的稳妥和公平。许多意外发生时，注定了你会失去某些东西，但对于像霍尔金娜和涅莫夫这样的人来说，他们总能以一颗平常心对待。

失败和挫折其实都是人生的一部分。凡事都应该以平常心来看待，对于生命中的顺逆，不要太执着。对人生的诸多事情，要保持一份淡然。

曾听一位老人讲过这样一个故事：

在一座古老的寺院里，草地枯黄了一大片，很难看。小和尚看不过去，对师傅说：“师傅，快撒点种子吧！”师傅曰：“不着急，随时。”种子到手了，师傅对小和尚说：“去种吧。”不料，一阵风起，撒下去不少，也吹走不少。小和尚着急地对师傅说：“师傅，好多种子都被吹飞了。”师傅说：“没关系，吹走的净是空的，撒下去也发不了芽，随性。”刚撒完种子，这时飞来几只小鸟，在土里一阵刨食。小和尚急着对小鸟连轰带赶，然后向师傅报告说："糟了，种子都被鸟吃了。"师傅说："急什么，种子多着呢，吃不完，随遇。"半夜，一阵狂风暴雨骤起。小和尚来到师傅房间带着哭腔对师傅说："这下全完了，种子都被雨水冲走了。"师傅答："冲就冲吧，冲到哪儿都是发芽，随缘。"几天过去了，昔日光秃秃的地上长出了许多新绿，连没有播种到的地方也有小苗探出了头。小和尚高兴地说："师傅，快来看呐，都长出来了。"师傅却依然平静如昔地说："应该是这样吧，随喜。"

生活中的很多事情都无须我们过多忧虑，世界万物都是自然而然，平等平常的。事物的发展运动也是自然而然的，以一颗平常心对待，就会让心更加坦然。

一年四季里，有风和日丽也有雷电交加，一切都很平常。女人当以一颗平常心走过人生风风雨雨，顺其自然地收获酸甜苦辣的果实。

女人要笑看人生的各种风景

叔本华说，人生就是一次痛苦的旅程，从我们降临人世的那一刻起到我们生命的终结，无时无刻不在忍受着痛苦。看不开的人，一生都没有快乐。

人生在世，要经历许多风风雨雨，女人的角色，也会发生多种多样的变化。没有谁的人生会尽如人意，无风无浪。豁达的女人以"不以物喜，不以己悲"的态度看淡人生，更以微笑来对待生活中的种种遭遇。

光阴荏冉，韶华易逝，女人的一生是那么短暂，转瞬即逝，美好的回忆与失意的事情，都会成为过眼云烟。

有的女人苦于人生短暂，几十年如白驹过隙，弹指一挥间，就要了却此生，一想到此，不禁悲从中来，再加上生活中有接二连三的不如意，难免失落不已，感觉生活暗淡无光。苟活于世，徒增烦恼，乃至轻言生死。这种消极的心态导致她们原本充满欢笑、快乐、幸福的人生之路变得单调、乏味，人生也就此走向下坡路。

从前，有位女士觉得自己的人生太悲惨、太沉重，她终于忍受不住了，跑到一座山顶上，准备跳下去一了百了。

一位守山的老人听到了她的哭诉，走过来对她说："你说你的人生太悲惨，说来听听，看看我们两个到底谁更悲惨。"

这位女士说："我从小没有母亲，父亲从不管我。我没有考上大学，读了一个中专，到现在还没有找到工作。男朋友和我分手了。现在我无依无靠，租的房子也到期了……你说我这样还不够悲惨吗？"

老人听了哈哈大笑起来："年轻人，你的人生多么幸福啊！"

这位女士很恼怒老人在这个时候还有心情开玩笑。

老人接着说："你从小没有母亲，我连自己的父母是谁都不知道。你没有考上大学，我幼儿园都没有读。你和男朋友分手了，我的生命快要结束了，可我始终独身一人。你还有钱租房子，我只能住在山洞里……你说，我们两个到底谁更悲惨？"这位女士很惊讶地说："想不到还有比我更悲惨的人，如果我是你那样还不如死了算了。"老人又笑了："如果大家都像你这样想，人类早就死光了！"

这位女士不解地问："你的遭遇如此悲惨，为什么还那么开心呢？"

"因为还有比我更悲惨的人。因为我还活着。"

很多时候，女人对生活的感受是可以从多方面来看待的，特别是在和不同的人比较之时，感受更是大为不同。就如那位老人说的，还有比你更悲惨的人，你还活着，所以你应该庆幸，你总不是最悲惨的那一个，何必认为自己已经走投无路呢？你应该笑着面对未来的生活。

威廉是英国的一位著名作家，他在成名之前，曾经窘迫得连一双袜子都买不起。他的妻子终于不堪忍受寂寞和凄苦离开了他，带走了他唯一的精神支柱。有一段时间，他几乎快要绝望了。投出去的三部小说已经快半年了，仍然没有消息。没有钱买食物了，他只好去山上采摘野果充饥。

这天，散步回来的威廉收到一封出版社的来信，说真的，威廉高兴了一阵,他还以为是出版社要出版他的小说了呢。结果拆开一看,既不是出版通知,也不是退稿信,而是一封道歉信。信上说,出版社不小心把他的小说原稿弄丢了,特此致歉。威廉看到这几乎要疯了,因为他根本没有留底稿,为了尽快出版,他一写完就把原稿寄出去了。那一刻,他瘫软在地,觉得整个世界都完了,命运对他太残酷了。

后来朋友劝他放弃写作,并为他找了一份工作。威廉拒绝了,他说:"只要我还活着,我就不会放弃!任何人都不可以叫我放弃!"威廉借了朋友一笔钱,又开始了艰苦的创作。

终于有一天,曾经道歉的那个出版社来信告诉他,他的小说找到了,并愿意以50000美金的价格买下它的版权,还承诺,以后威廉的任何一部作品他们都愿意出版。

就这样,威廉红遍了英国,成了著名的作家。但他从未忘记自己穷困潦倒时候的日子。从威廉的经历中,我们看到,人生就是这样充满变数,命运总是喜怒无常。即使我们谋划好明天要做的事,也无法确定明天会发生什么。但女人要始终坚信,无论身处多么苦难的境遇,也会有峰回路转的时候,不必让自己陷入绝望的境地。

生活是多彩的,它对每个人都是平等的,关键是看你如何把握生活,享受生命。用微笑来面对生活,即使在寒冷的冬天也会感到生活的温暖,漆黑的午夜也会看到希望的曙光。用微笑来面对生活,用微笑来面对每个人、每件事,你就会感受到阳光灿烂,迎接你的也必定是一路的鸟语花香。

俄国诗人普希金说过:"假如生活欺骗了你,不要悲伤,不要心急,忧郁的日子里需要镇静,相信吧,快乐的日子将会来临。"如果生命没有给予你完美与幸福,那你更要以笑容来面对。

有一个出生在普通家庭的小男孩,很不喜欢被父母严加管束的生活,就时常地反抗和故意捣蛋,于是严厉的父亲就想了个法子来"对付"他。

这一天,父亲把小男孩叫到了身边,对他说:"我有个要紧的口信,你赶紧把它送到警察局去!"说着,从口袋里摸出了一张纸条来。

小男孩二话没说,接过纸条拔脚就往警察局跑去。见到一个警察,小男孩迫不及待地把纸条交了上去。没想到,警察看完纸条之后什么话也没说,揪起小男孩就把他拖进了一间黑黝黝的屋子里。

小男孩吓坏了，使劲儿地拍打着屋门号啕大哭起来，但是却没有人来理他，四周只回荡着他那惊恐无助的哭声。

“我到底犯了什么罪呢?”小男孩不明白，越想越怕，越害怕越紧张……

也不知道过了多久，小男孩被释放了出来，只见那个警察凶巴巴地说道：“小家伙，知道为什么把你关起来吗？告诉你，我们就是专门对付像你这样的顽皮小孩的。”

这个时候，小男孩才明白原来是父亲让警察把自己关押起来的。

不过，虽然被关押了几天，但惩罚似乎并未因此而结束。紧接着，父亲又把小男孩送进以严格著称的圣那休格公学，这里的体罚是所有小朋友的噩梦——每犯一次错，都要打六下手板。于是，隔三差五的，小男孩的双手总被打得红肿红肿的。

就这样，一连串的可怕经历，深深地烙印在了小男孩的童年记忆之中，而且还严重地影响着他长大成人之后的生活——他每天都生活在一片阴影之下，恐惧、紧张、焦虑，构成了他性格中最重要的部分。

20 岁的时候，他进入电影界，但却一直无法成名，为此常常苦恼不已。27 岁那一年，他突发奇想地把自己对世界深深的恐惧、紧张、焦虑，对极度礼教压抑下滋生的反叛和变态心理，作为一种“另类”的电影元素融入了作品中去，结果竟然出人意料地大获成功。

他就是世界著名的悬念大师——“现代恐怖片之父”希区柯克，一生共拍了 53 部电影，几乎部部著名，其中尤以《精神病患者》等经典影片赢得了世界性的无上声誉。

在大文学家雨果的眼里，生活，就是自己身上有一架天平，在那上面衡量善与恶。生活，就是有正义感、有真理、有理智，就是始终不渝、诚实不欺、表里如一、心智纯正，并且对权利与义务同等重视。生活，就是知道自己的价值，知道自己所能做到的与自己所应该做到的。

能够如此透彻、理智地理解生活、面对生活，实属不易。现实生活中的女人，弄清生活的真谛，多给自己以鼓励和宽慰，幸福的口子就会越开越大。

美国的著名歌唱家卡丝·戴莉有一副动人的歌喉，唱起歌来婉转美妙，像百灵鸟一样,但她却长着一口龅牙,十分难看。她在参加歌唱比赛时,总是顾及自己难看的龅牙,尽力避免将口张得太开,一方面要放声歌唱,一方面又要极力掩饰自己的缺点,所以她的表演失败了。几乎每次参赛都是如此,她渐渐对自己感到绝望了。只有一个评委发现了她的歌唱天赋,告诉她:“你有唱歌的天才,你会取得成功,但你必须忘掉自己的龅牙”。在这位评委的帮助下,卡丝·戴莉渐渐走出自己龅牙的心理阴影,终于在一次全国性的大赛中,以极富个性化的演唱倾倒了观众、征服了评委,进而脱颖而出。

任何一个人,在来到这个世界上的时候,他的容貌是无法选择的,就像我们无法选择自己出生的国度、家庭、父母一样。也许,你长得并不够漂亮或帅气,但你不应该自卑。我们不能选择容貌,但可展观笑容,依然可以让生活拥有一抹亮色。

生活对每个人都是平等的,然而不是每个女人都这样想。悲观的女人认为生活是痛苦的,这是因为她只看到了生活的一面,没有积极的人生观,而乐观的人认为生活是丰富多彩的,因为她能把握生活,享受生活。

“艺术人生”曾向全国电视观众介绍了一个人,这个人叫丛飞。丛飞是谁?他是深圳一个普通的歌手,一个没有固定工作的30出头的男人,但就是这个脸上始终带笑的歌手,在11年的时间里,他参加了400多场义演,捐出了自己辛辛苦苦挣来的300万元,资助了178名贫困学生。同时他也是一个病人——一个被诊断为“胃癌晚期”却连医疗费也付不起的病人,但是他始终用微笑面对生活。当然,丛飞还有另外的一些很光荣的头衔:爱心大使、五星级义工、中国百名优秀志愿者。而丛飞在接受采访时则笑着说:“有人说我有3个头衔:傻子、疯子、神经病。”

一个被诊断为“胃癌晚期”却连医疗费也付不起的病人,没有抱怨生活的不公平,而是以微笑的姿态面对周边的人和事以及一切厄运和不幸,他打开心灵的窗户,尽情享受着窗外那片蔚蓝的天空。

另一位病人的楷模史铁生曾说过:“既然痛苦把我推到悬崖的边缘,那么就让我在悬崖边上坐下来,顺便看悬崖下流岚雾绕,唱支歌给你听。”这是多么坚强、慷慨、乐观的人生,在苦痛中也能用微笑面对生活中的困难。也正因为人们能用微笑面对生活,才会有刘禹锡的“沉舟侧畔千帆过,病树前头万木春”的积极人生态度，才会有李白的“乘风破浪会有时，直挂云帆济沧海”的旷达情怀。

在平淡的生活中，女人也不要得过且过

女人不应该陷入茫然无措的生活状态中，更不应该成为男人身上的藤蔓，依附于男人，在得过且过中生活，放弃幸福生活的控制权。

很多女人对美好生活的憧憬总是高于现实的境遇，在自己的努力接二连三碰壁之后，难免对生活失去热情，她们觉得自己的命运就是这样，已无太多改变的可能，不如现实一点，认命吧，得过且过。

殊不知，平凡的生活是孕育成功、幸福的温床，那些受人羡慕、敬仰的女人都曾在上面久留。得过且过的人甘愿从床上摔下来，在冰冷的地上感受自己对生活冷漠的态度。而那些对美好生活总是心怀希冀的女人，总是能追求到梦想中的风景。

史晓燕的名字如今早已被大家熟悉。从相夫教子的全职太太到资产过亿的伊利诺依老板，从女护士到董事长，史晓燕仅用七年时间就完成了跳跃人生。同很多普通的女性一样，她在成功之前也过着平凡的生活。

从协和医院护校毕业后，史晓燕被分配到了又脏又累的骨科病房。打针送药、端屎端尿，周而复始，工作的艰辛和压力她倒能应付自如，但是每月70元钱的薪水、六角钱的夜班补助却让她忍受不了。史晓燕不想就这样得过且过下去，虽然工作很稳定，但这不是她想追求的。当时史晓燕就暗想：我的理想可大了，我的志愿可大了，怎么能在这儿呢？那时的史晓燕，下了夜班，还在拼命学外语。

1984年，史晓燕没有和任何人商量，从协和医院停薪留职，应聘到一家外企公司做了前台接待。在1984年，跳槽对于许多人来说是一件不可思议的事，时至今日，她当年的同事回忆说：她给我的第一印象是精明、能干、聪明，对任何事反应都很快。她跳槽大家一点都不惊讶，她那时就不甘于寂寞，不适合做护士。

接着，史晓燕认识了自己后来的丈夫，开始了全职太太的生涯。在经历了一段时间的居家生活之后，史晓燕对生活的热情使得她身体内不安分的因子更加活跃。全职太太的生活虽然优越，但对于一个有梦想的女人来说，这同样是得过且过的生活。

1989 年，史晓燕的丈夫叶明钦到新加坡工作，她再也不甘心做相夫教子的全职太太，先是做起了导游，后来就开始自作主张，在新加坡买房子、卖房子。她说："当时没有和先生商量，第一次买房子买到了红灯区，第二次卖了房子，我赚了 8 万新币，我觉得我适合做贸易。"

找着感觉的史晓燕了解了发达国家对家的概念，看过了有品位的、精心设计的家，她迫不及待地要在一个高起点上开始自己的事业。于是，她支付了每年 7 万美金的学费，到美国芝加哥惠灵顿学习室内设计。史晓燕已经看准了国内方兴未艾的家具业，她同先生一起在机场高速路旁建起了一座家具厂，起初只是干些修修改改的活。就是这间占地五十余亩、仅仅投资 150 万元的工厂，最终成为史晓燕起飞的发动机。有了相当规模的生产能力后，史晓燕便义无反顾地在家具顶级品牌荟萃的中粮广场租下了百余平方米的卖场。就是在这里，她连连创下了每月零售 100 万元的销售额。

很少有人生下来就带着成功的光环，大多数成功女性都是从平凡的境遇中走出的。在和普通人同列时，她们有着一颗充满梦想的心。哲人说，如果你想改变自己的命运，首先应该积极地改变你自己。美好的生活，总是青睐于不甘于现状的人。

佐拉是威尼斯著名的运输公司的老板，他完全控制了整个威尼斯海港的海上运输，资产已经可以购买整个威尼斯城了。但是在他 30 岁前，他和许多人一样过着非常平凡的生活，不过，他不甘心安于现状。那时，他是一普通的搬运工，艰辛的工作与微薄的收入，让他产生了自己做老板的想法。

最初，他用手头上很少的资金，承包了一些搬运业务。开始时非常顺利，于是他手上有了一笔可观的积蓄。他并没有为此满足，开始承包海港中运输中的其他业务。就这样他慢慢熟悉了海港运输的整个流程以及各种关系。经过几十年的努力与经营扩张,他拥有了整个威尼斯的海港。他在回忆自己的创业经历时说:“如果我的想法保守一点的话,我现在依然过着普通而平凡的生活,但我就是不甘于那样,我的脑子里无时不在想着怎么样通过努力去改变那样的生活,今天我终于成功了!”

纵观古今中外,凡是拥有非凡成就的人,无不是通过极大的努力改变了平凡的生活,然后步入辉煌的人生、事业的殿堂。如果你在平凡的生活里得过且过,你的锐气和创造才能很容易被磨掉。

女人不应该陷入茫然无措的生活状态中,更不应该成为男人身上的藤蔓,依附于男人,在得过且过中生活,放弃幸福生活的控制权。女人应该有自己的梦想和事业,以一颗不甘平庸的心去对待自己的生活,走好属于你自己的人生之路。

美好生活,青睐于懂得争取的女人

女人从出生的那天起,就注定这辈子要艰难地跋涉。女人的一生不是铺满玫瑰花的坦途,每天都应是争取的路程。

哲人说,在最悲伤的时刻,不能忘记信念;在最幸福的时刻,不能忘记人生的坎坷。女人的一生不是铺满玫瑰花的坦途,每天都应是争取的路程。也许这条路上会充满驿站,但它只能供你停歇,你不应在此久留。

对年轻的女人而言,任何事情都贵在争取,无论风雨有多大,二十几岁的女人,岂能把生活的权利和幸福拱手交给他人?争取是拥有之母,拥有是争取之子。与其规定自己一定要成为一个什么样的女人,获得什么东西,不如磨练自己做一个执着争取的人。

美国阿肯色州的密西西比河大堤在1927年的洪水中被冲垮,一个黑人小男孩的家被冲毁,在生死关头,母亲用力地把他拉上了堤岸。

后来,男孩八年级毕业了,因为阿肯色的中学不招收黑人,他只能到芝加哥读中学,却苦于没钱。那时他母亲作出一个惊人的决定——让他复读一年。她则为整整 50 名工人洗衣,熨衣和做饭,为他攒钱上学。

来年夏天,终于凑足了那笔钱,母亲带着男孩踏上了火车,奔向芝加哥。而后,男孩以优异的成绩中学毕业并顺利读完了大学。1942 年,年轻的他创办了一份杂志,但却因缺少 500 美元邮费,而不能给订户发函。一家信贷公司愿借贷,但得有一笔财产做抵押。母亲曾分期付款好长时间买了一批新家具,这是她一生最心爱的东西,但她最后还是同意将家具做了抵押。

1943 年,那份杂志获得巨大成功。二十多岁的他终于能做自己梦想多年的事:将母亲列入他的工资花名册,并告诉她算是退休工人,再不用工作了。那天,母亲哭了,那个男孩也哭了。

后来,在一段艰难的日子里,他的一切仿佛都坠入谷底,面对巨大的困难和障碍,他已无力回天。他忧郁地告诉母亲:"妈妈,看来这次我真要失败了。"

"儿子,"她说,"你争取试过了吗?"

"试过。"

"非常争取吗?"

"是的。"

"很好。"母亲果断地结束了谈话,"无论何时,只要你努力争取,就不会失败。"

果然,年轻的他渡过了难关,攀上了事业的巅峰。这个男人就是驰名世界的美国《黑人文摘》杂志创始人,约翰森出版公司总裁、拥有三家无线电台的约翰·H. 约翰森。

争取是一种行动,即使环境不利、荆棘满布,也要积极地尝试,这是取得成就的归途。天道酬勤,努力必有希望。敢于尝试的女人,她们不会输,因为即使不成功,也能从中学到教训。相反,那些不敢尝试的女人,才是绝对的失败者。女人要明白,凡事必是先难后易,先繁后简的。女人若遇难则退,遇繁则怕,而非知难而进,则心之所愿,必将无法达成。因为争取,杨澜从一个普普通通的大学生成为如今众多女性心中的榜样。

每个人的生活中都有许多困难之事横亘在面前，有些人轻易地就被一些鸡毛蒜皮的小事囚困一生，愁苦哀怨。而有些人则生而目光高远，希冀一个又一个的人生高峰。

在生活的舞台上。女人的面前有两条路：要么积极尝试，努力争取，要么踏步不前，碌碌无为。哲人说，与其诅咒黑暗，不如燃起蜡烛。

争取是一种境界，不仅可以发挥个人的才能，而且可以提升人生的境界和层次。一个女人只有全身心地在生活中积极争取，其人生才能壮美，人生之路才能走得更远、更踏实、更幸福。

参考文献

[1] 李开复. 做最好的自己[M]. 北京:人民出版社,2005.

[2] 林少波. 我的人生我做主[M]. 北京:中国纺织出版社,2005.

[3] 金韵容. 先斟满自己的杯子[M]. 北京:中信出版社,2008.

[4] 靳西. 卡耐基人际关系学[M]. 北京:燕山出版社,2007.

[5] 郑沄,郑鉴. 二十几岁决定人的一生[M]. 北京:中国纺织出版社,2008.

[6] 赵倩. 活出自己:永远不做大多数[M]. 北京:中国纺织出版社,2008.